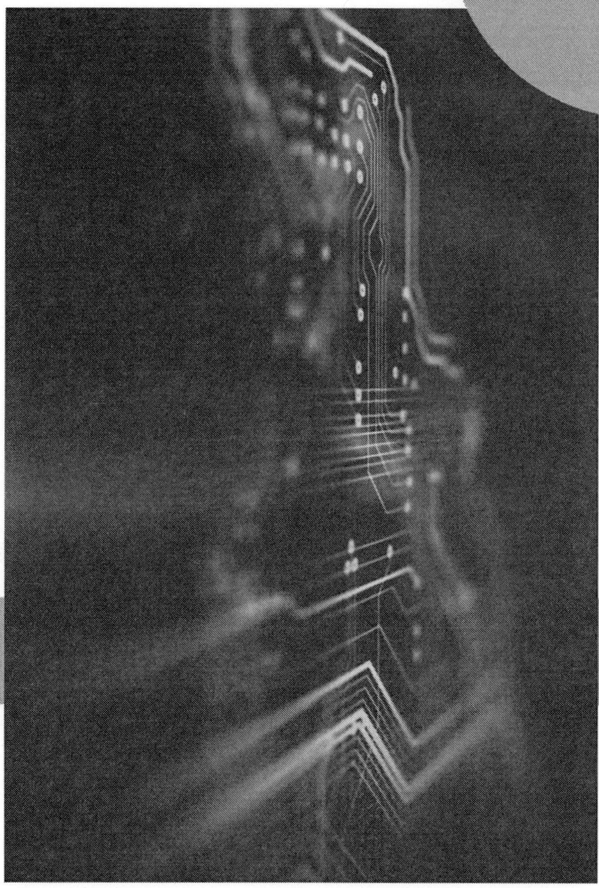

자동차 전기회로 판독실습

AUTOMOTIVE ELECTRICAL CIRCUIT READING PRACTICE

구민사

저자약력 | **이용주** 現 두원공과대학교 자동차과 교수
정주윤 現 두원공과대학교 자동차과 교수
김상영 現 두원공과대학교 자동차손해보상과 교수
김병우 現 두원공과대학교 스마트자동차과 교수

자동차 전기회로 판독실습

초판 인쇄 | 2023년 2월 21일
초판 발행 | 2023년 2월 28일

저 자 | 이용주·정주윤·김상영·김병우
발행인 | 조규백
발행처 | 도서출판 구민사
(07293) 서울특별시 영등포구 문래북로 116, 604호(문래동3가 46, 트리플렉스)
전화 | (02) 701-7421(~2)
팩스 | (02) 3273-9642
홈페이지 | www.kuhminsa.co.kr

신고번호 | 제2012-000055호 (1980년 2월 4일)
I S B N | 979-11-6875-206-1 93550

값 20,000원

PREFACE

머리말

눈부시게 발달하는 국내 자동차 산업에 발맞추어 자동차 기술도 급속도로 발전하고 있다. 이제 자동차는 기계, 전자, 통신, 네트워크, 정보산업 등이 총체적으로 결합되고 있으며 앞으로도 더욱 많은 분야의 기술이 융합되어 발전할 것으로 예상된다. 이러한 현실에 따라 자동차 전기회로에 대한 이해와 지식은 그 무엇보다도 중요함을 더해 가고 있다.

자동차의 전기회로를 학습하기 위해서는 자동차에 어떠한 기술이 적용되고 있는지 우선 파악하여야 한다. 아울러 전기 회로에 대한 기초적인 지식도 필요로 하고 있다.

본 교재는 대학 자동차과 1학년 학생들을 대상으로 하고 있으며 기초전기 전자 과목을 학습한 후에 자동차 전기회로의 기초적인 내용을 이론과 실습을 병행하여 학습 할 수 있도록 꾸며 졌다. 본 교재의 회로는 국내에서 가장 널리 사용되는 소나타 차량에 적용된 전기 회로를 기본으로 하고 있다.

자동차의 전자장치는 크게 미등, 안개등, 방향등, 실내등, 전조등 등의 등화장치와 와이퍼 모터, 윈도우 모터, 도어록 모터, 선루프 모터, 파워시트 모터 등의 모터장치로 크게 구분할 수 있다. 본 교재도 위와 같이 자동차 등화회로와 자동차 모터 회로로 나누어 작성하였다.

끝으로이 책의 출판을 위해 적극적으로 도움주신 도서출판 구민사 조규백 대표님과 직원 여러분께 깊은 감사를 드린다.

저자

CONTENTS

차례

01 전자회로도 기호 식별법 및 고장진단법

01 전자회로도 기호 식별법

02 전자회로도 고장진단

02 자동차 전등제어

01 경음기 제어회로

02 방향등 및 비상등 제어회로

03 미등 · 안개등 제어회로

00 부록

01 전장회로도

02 정답

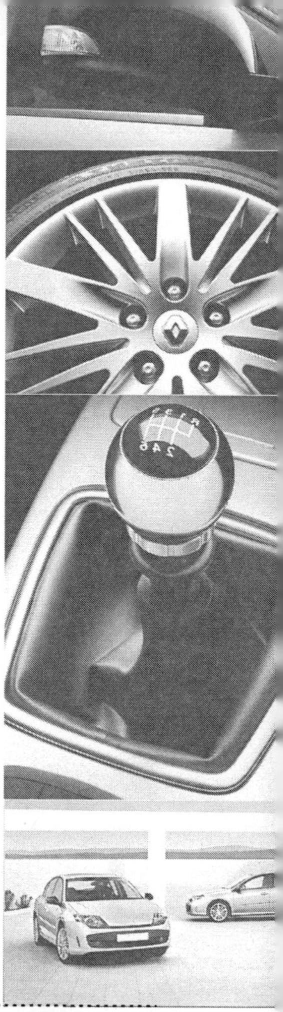

전자회로도 기호 식별법 및 고장진단법

PART 01

CHAPTER

01. 전자회로도 기호 식별법
02. 전자회로도 고장진단법

01 CHAPTER
전자회로도 기호 식별법

1. 커넥터

1.1. 커넥터 종류 및 커넥터 핀 넘버링

1.1.1. 커넥터 종류

자동차에서 사용하는 커넥터는 크게 암 커넥터와 수 커넥터로 구분할 수 있으며 그 형상은 아래 그림과 같다. 수 커넥터는 커넥터 내부에 핀이 돌출되어 있으며 암 커넥터는 수 커넥터의 핀이 꽂혀질 수 있도록 구조가 되어 있다.

[1] 암 커넥터

(a) 실제적 형상 (b) 회로도상 표기

[암 커넥터]

[2] 수 커넥터

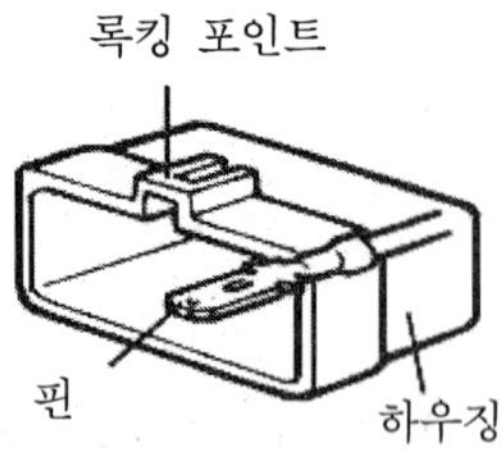

(a) 실제적 형상

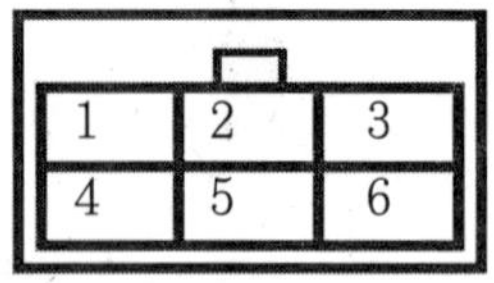

(b) 회로도상 표기

[수 커넥터]

1.1.2. 넘버링

[1] 암 커넥터

암 커넥터는 우측 상단이 1번으로 되어 있고 그림과 같이 번호가 붙여지고 왼쪽 하단이 마지막 번호가 된다.

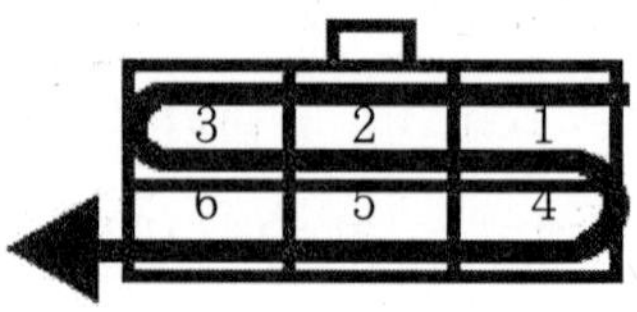

[2] 수 커넥터

수 커넥터는 좌측 상단이 1번으로 되어 있고 그림과 같이 번호가 붙여져서 오른쪽 하단이 마지막 번호이다.

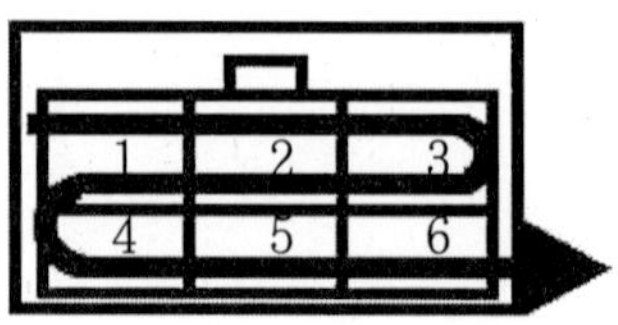

1.2. 커넥터 식별

아래 그림은 자동차에서 사용하고 있는 여러 가지 종류의 커넥터의 기호를 표시하였다. 대게는 그 커넥터의 모양과 핀의 수 및 배열을 가지고 커넥터를 구분할 수 있게 된다.

아래 배열 그림은 각 구성부품에 하니스 커넥터가 연결되지 않은 상태의 배선측 커넥터를 보여준다. 아울러, 하나의 부품에 2개 이상의 커넥터가 연결되어있는 경우에는 2개 이상의 커넥터를 모두 보여준다.

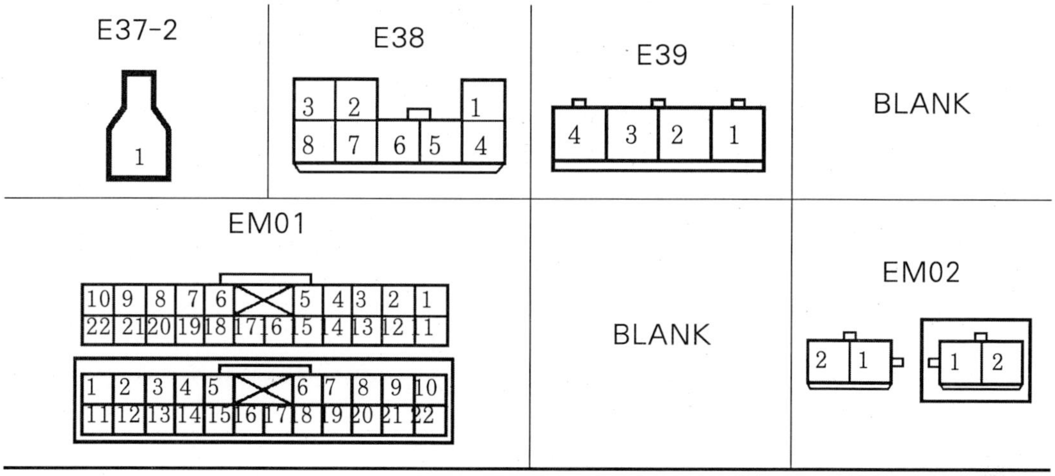

2. 전기 회로도 기호

2.1. 전기 회로도 기호

2.1.1. 구성부품

기 호	내 용	기 호	내 용
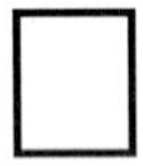	전체 해당 구성부품	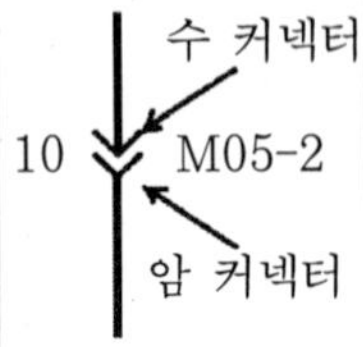	커넥터 이름(M05-2)
	부분 구성부품		단자의 핀번호(10)
	구성부품의 명칭을 우측 상단에 나타낸다.	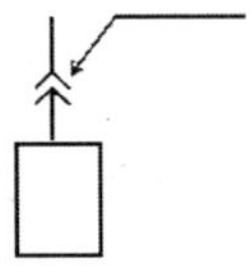	커넥터가 구성부품과 배선으로 연결되었다.
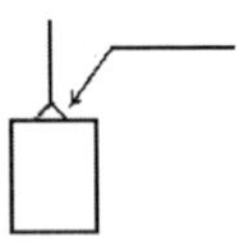	구성부품에 커넥터가 붙여있다.	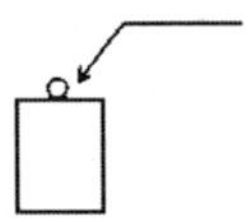	구성부품 자체의 스크류 단자를 의미한다.

2.1.2. 다이오드

2.1.3. 퓨즈 및 퓨즈블링크

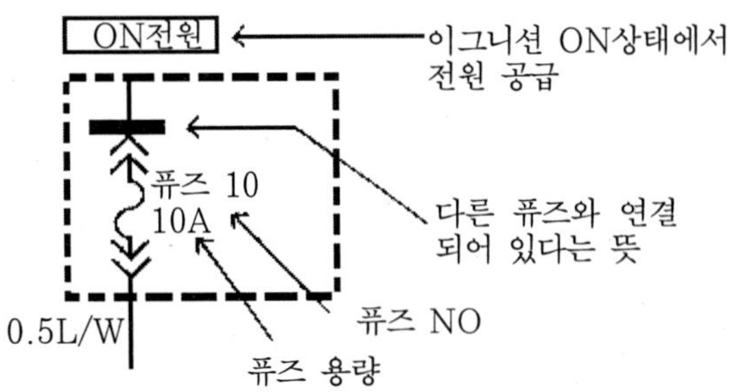

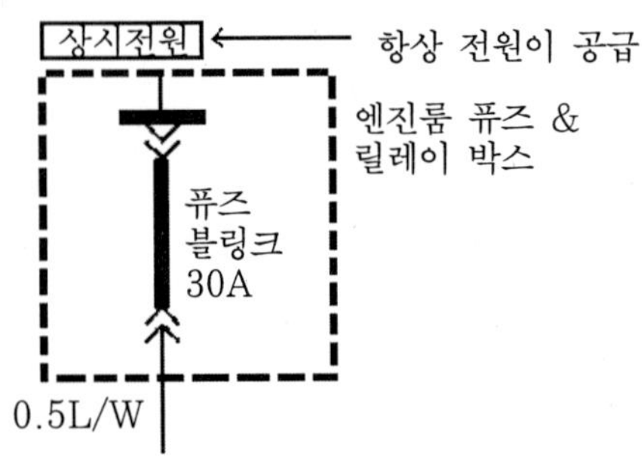

2.1.4. 와이어

기 호	내 용	기 호	내 용
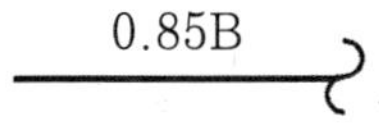		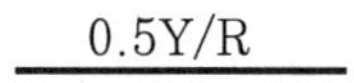	배선칼라(Y/R), 배선 굵기(0.5)를 의미한다.
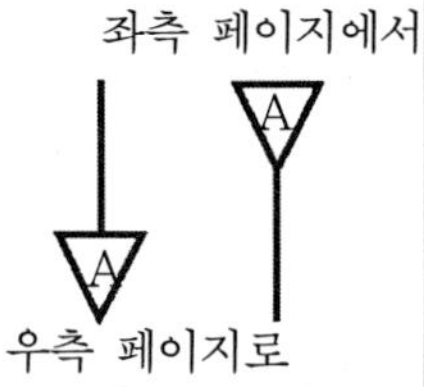	같은 문자를 가진 배선에 연결한다.	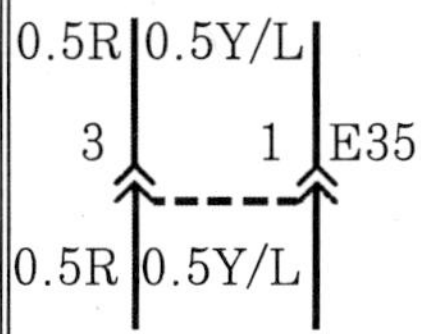	같은 커넥터(E35)에 1번 핀과 3번 핀이 접속된다.
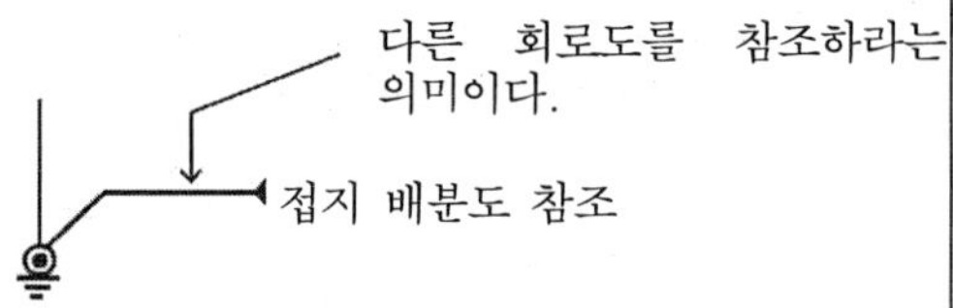		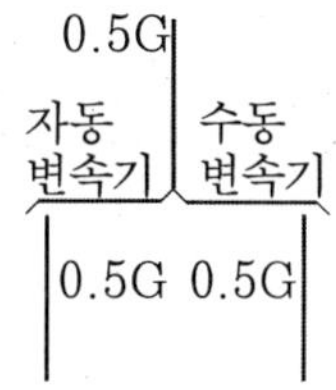	차종이 다른 경우에 구분하기 위해서 사용한다.
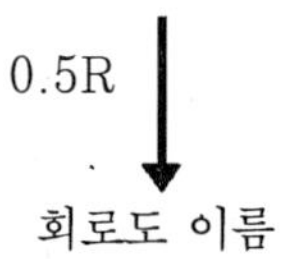	화살표가 지시하는 회로를 참조한다.	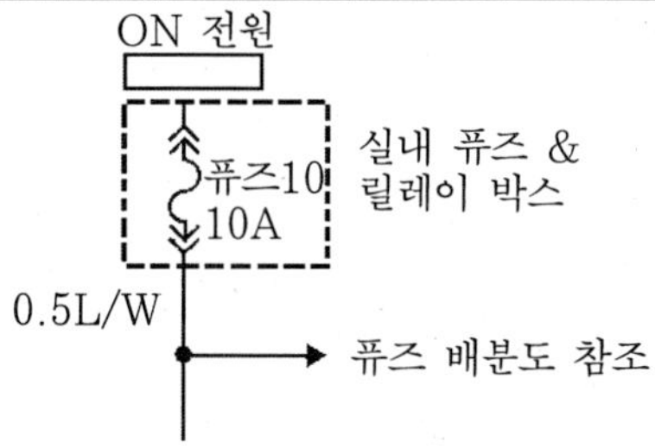	

2.1.5. 조인트

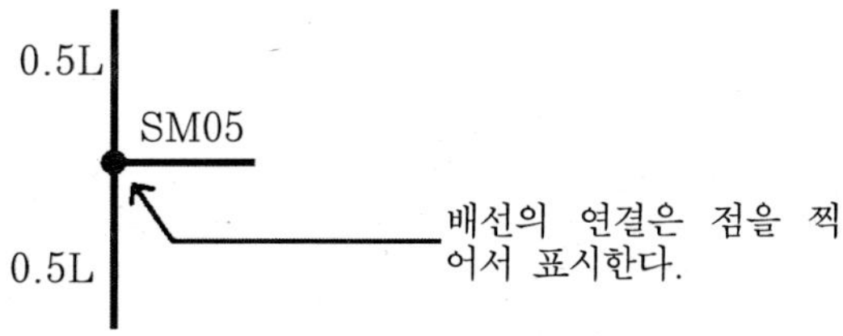

2.1.6. 접지 G

기 호	내 용	기 호	내 용
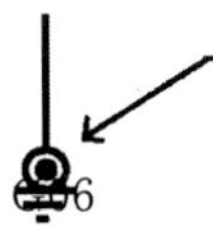	차체에 접지됨 위치는 G06번이다.	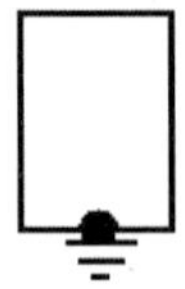	부품이 차체에 접지되어 있다.

2.1.7. 실드 와이어

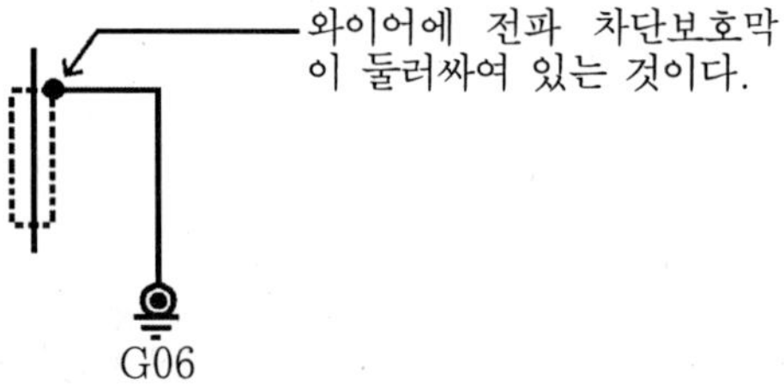

2.1.8. 스위치

기 호	내 용
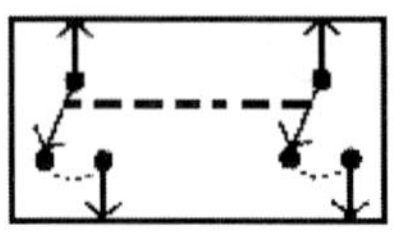	두 개의 스위치가 동시에 작동한다.

2.1.9. 릴레이

기 호	내 용
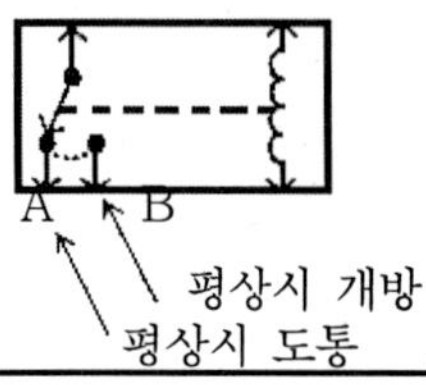	코일에 전류가 흐르면 스위치는 B에 붙고, 전류가 흐르지 않으면 A에 위치한다.

2.1.10. 조인트 커넥터

기 호	내 용
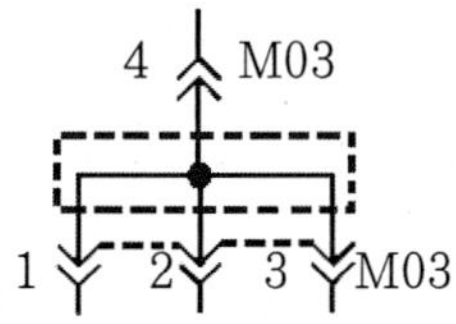	와이어가 커넥터 내부에서 연결된다.

2.1.11. 경고등

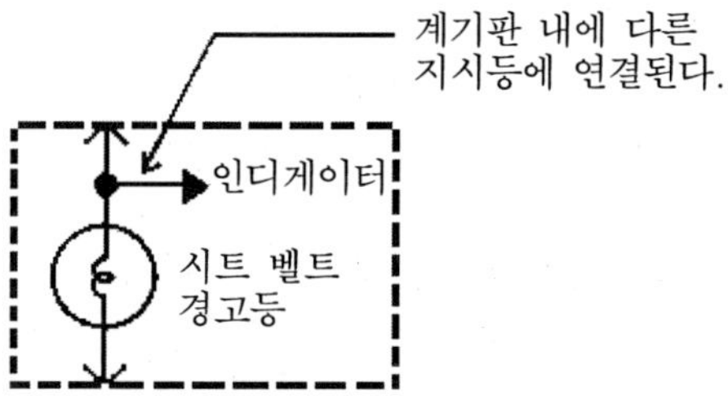

2.2. 배선 색깔 약어

본 책자의 전기 회로도에서 사용하는 배선 색깔은 다음과 같이 되어 있다.

기 호	와이어 색상	기 호	와이어 색상
B	검정색(Black)	O	오렌지색(Orange)
Br	갈색(Brown)	P	분홍색(Pink)
G	초록색(Green)	R	빨강색(Red)
Gr	회색(Gray)	T	황갈색(Tawny)
L	파랑색(Blue)	W	흰색(White)
Lg	연두색(Light Green)	Y	노랑색(Yellow)
LI	하늘색(Light Blue)	Pp	자주색(Purple)

2.3. 하니스 식별기호

본 책자의 전기 회로도상의 커넥터의 문자는 다음과 같이 되어 있다.

하니스 명칭	위 치	심 벌
메인, 플로워, 루프, 시트 하니스	실내 구성품	M
엔진 하니스	엔진룸	E
인스트루먼트, 에어백 하니스	크래쉬 패드	I
컨트롤 하니스	엔진룸	C
도어 하니스	도어	D
트렁크 리드 & 룸 하니스	차량 후미/트렁크 부위	R

2.4. 커넥터의 식별

2.4.1. 부품과 와이어링의 연결

커넥터 식별기호는 다음과 같이 표시한다.

C 10 -1

- -1: 보조 커넥터 일련번호
- 10: 메인 커넥터 일련번호
- C: 컨트롤 하니스 심벌

2.4.2. 와이어링 간의 연결

와이어링과 와이어링의 연결 커넥터는 아래의 심벌로 나타낸다.

M R 01

- 01: 커넥터 일련번호
- R: 리어 와이어링 하니스 심벌
- M: 메인 와이어링 하니스 심벌

2.4.3. 정션박스와의 연결

정션박스 커넥터는 아래의 심벌과 같이 된다.

I/P -A

- -A : 실내 정션박스 내의 커넥터 명칭
- I/P : 실내 정션박스를 나타내는 약어

J M 01

- 01 : 커넥터 일련번호
- M : 메인 와이어링 하니스 심벌
- J : 정션박스를 나타내는 약어

MEMO

02 CHAPTER

전자회로도 고장진단

1. 고장진단 과정

1.1. 문제점 분석(제1단계)

자동차의 전기회로의 문제점을 분석하기 위해서는 문제되는 회로의 구성부품을 작동시킨 다음 현상을 검토하고, 현상을 기록한다.

1.2. 회로도의 판독 및 분석(제2단계)

전기 회로도에서 고장회로를 찾아 시스템 구성부품에의 전류 흐름을 파악한다. 또한 고장회로를 공유하는 다른 회로도를 참조한다. 같은 퓨즈, 접지, 스위치 등을 공유하는 회로를 각 회로도에서 참조한다. 그리고 점검하지 않았던 공유되는 회로를 작동시켜 본다. 공유회로의 작동이 정상이면 고장회로 자체의 문제이고, 몇 개의 회로가 동시에 문제가 있으면 퓨즈나 접지상의 문제일 것이다.

1.3. 회로 및 구성부품 검사(제3단계)

회로 테스터를 실시하여 2단계의 고장진단을 점검한다. 효율적인 고장진단은 논리적이고 단순한 과정으로 실시되어야 한다. 가장 큰 원인으로 파악된 부분부터 테스트를 실시하며, 테스트가 쉬운 부분에서부터 시작한다.

1.4. 고장수리(제4단계)

고장이 발견되면 필요한 수리를 실시한다.

1.5. 회로작업 확인(제5단계)

수리 후 확인을 위해 다시한번 더 점검을 실시한다. 만약 문제가 퓨즈가 끊어지는 것이었다면, 그 퓨즈를 공유하는 모든 회로의 테스트를 실시한다.

2. 고장진단 설비

2.1. 전압계 및 테스트 램프

보통 한쪽 끝은 집게로 되어 있고, 다른 쪽 끝은 바늘 침으로 되어 있으므로 집게를 차체나 필요한 곳에 물려놓고 다른 쪽에 바늘 침을 사용하여 배선의 도통 여부 등을 확인하는 데 사용한다. 테스트 램프의 중앙에는 전구가 연결되어 있으므로 전구에 불이 켜지면 배선에 전류가 흐르는 것을 알게 된다. 단, 전원은 없으므로 외부의(자동차 배터리) 것을 사용해야 한다.

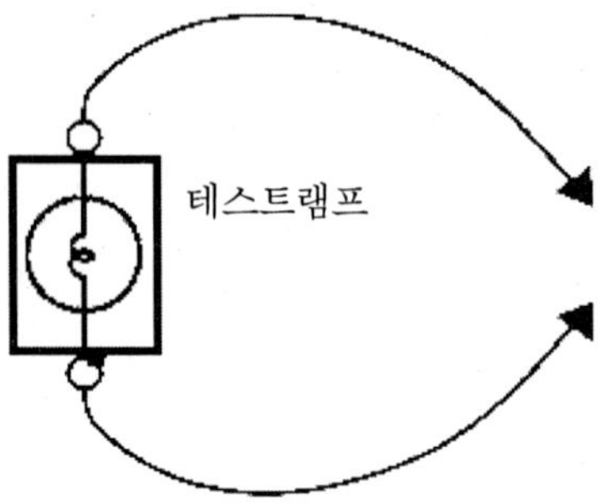

회로는 컴퓨터 제어 인젝션과 함께 사용하는 ECU와 같은 반도체가 포함된 모듈(유닛)을 갖는다. 이러한 회로의 전압은 10MΩ이나 그 이상의 임피던스를 갖는 디지털 볼트 메타로 테스트해야 한다. 안정상태의 모듈이 포함된 회로는 테스트 램프 사용시 내부 회로가 손상될 수 있으므로 테스트 램프를 절대 사용하지 말아야 한다.

테스트 램프와 동일한 요령으로 전압계를 사용할 수도 있으며, 전압의 유 · 무만 판독하는 테스트 램프와는 달리 전압계에서는 전압의 세기까지 표시한다.

2.2. 자체 전원 테스트 램프

자체 전원 테스트 램프는 배터리가 내방되어 있는 것으로 자동차의 배터리가 없어도 진단할 수 있는 장점이 있다. 사용방법은 테스트 램프와 동일하다.

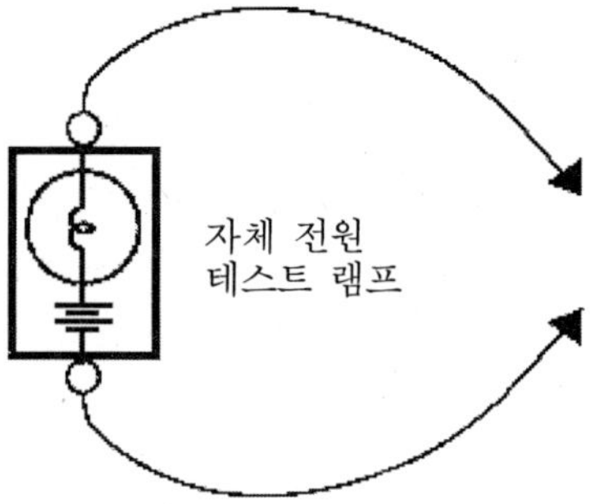

반도체가 포함된 유닛(ECU, TCU가 접속된 상태) 회로에서는 유닛이 손상될 위험이 있으므로 자체 전원 테스트램프를 사용하지 말아야 한다. 저항기는 자체 전원 테스트 램프 위치에서 사용할 수 있으며, 회로의 두 지점간의 저항을 나타낸다. 낮은 저항은 양호한 통전상태를 나타낸다. 반도체가 포함된 유닛회로는 10MΩ이나 임피던스가 큰 용량의 디지털 멀티메타만 사용해야 한다. 디지털 멀티미터로 저항측정시에는 배터리의 (-)단자는 분리해야 한다.

그렇지 않을 경우 부정확한 수치가 나타날 수 있다. 회로상에서 다이오드나 모듈에서는 잘못된 수치를 나타낼 수 있다. 유닛이 측정치에 영향을 줄 경우에는 수치를 한번 측정한 후 리드를 반대로 갖다대고 다시한번 측정한다. 측정치가 다르면 유닛이 영향을 미치는 것이다.

2.3. 퓨즈 포함된 점프 와이어

열려진 회로를 통과해야 할 때는 점프 와이어를 사용한다. 점프 와이어는 스몰 클램프 커넥터와 함께 대부분의 커넥터에 손상을 주지 않고 사용 가능하다.

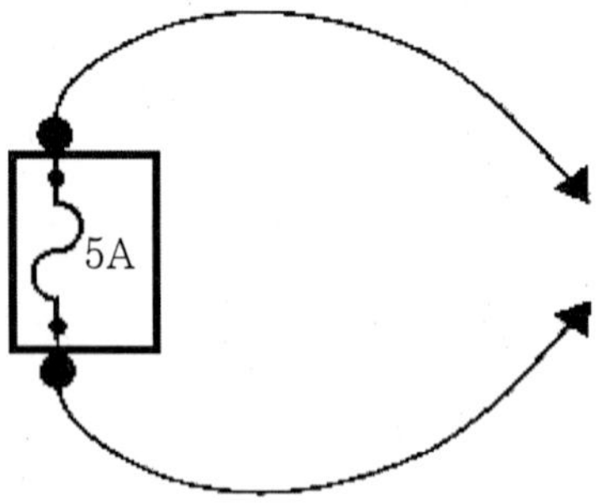

테스트되는 회로 보호를 위해 정격 퓨즈 용량 이상의 것은 사용하지 말아야 한다. ECU, TCU 등과 같은 것은 커넥터가 접속된 유닛 상태에서 입 · 출력을 위한 대체용 등 어떤 상황에서도 사용해서는 안 된다.

3. 고장진단 테스트

3.1. 전압 테스트

커넥터의 전압 측정시에는 커넥터를 분리시키지 않고 탐침을 커넥터 뒤쪽에서 꽂아 점검한다. 커넥터의 접속표면사이의 오염, 부식 등으로 고장이 발생될 수도 있다.

① 테스트 램프나 전압계의 한쪽 리드선을 접지시킨다. 전압계 사용시는 접지시키는 쪽에 반드시 전압계의 (-)리드선을 연결해야 한다.

② 테스트 램프나 전압계의 다른 한쪽 탐침을 선택한 테스트 위치(커넥터나 단자)에 연결한다.

③ 테스트 램프가 켜진다면 전압이 있다는 것을 의미한다.

④ 전압계 사용시는 수치를 읽는다. 규정치보다 1V 이상 낮은 경우는 고장이다.

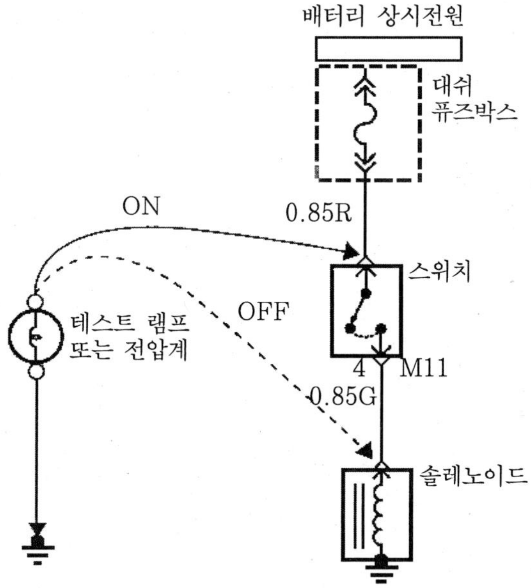

[전압 테스트]

2.2. 통전 테스트

① 배터리 (-)단자를 분리한다.

② 자체 전원 테스트 램프나 저항기의 한쪽 리드선을 테스트하고자 하는 회로의 한쪽 끝에 연결한다. 저항기 사용시에는 리드선 2개를 함께 잡는 다음 저항이 0Ω이 되도록 저항기를 조정한다.

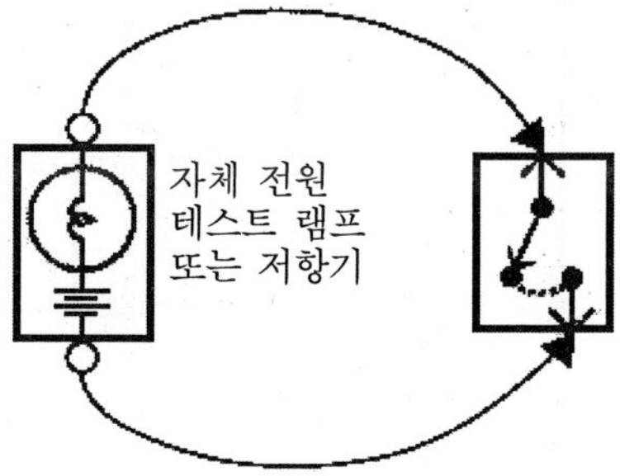

[통전 테스트]

③ 다른 한쪽 리드선은 테스트 하고자하는 회로의 다른 한쪽 끝에 연결한다.

④ 자체 전원 테스트 램프가 켜지면 통전상태이다. 저항기 사용시에는 저항이 0Ω 또는 값이 작을 때 양호한 통전상태를 나타낸다.

2.3. 접지 단락 테스트

① 배터리의 (-)단자를 분리한다.

② 자체 전원 테스트 램프나 저항기의 한쪽 리드선을 구성품 한쪽의 퓨즈 단자에 연결한다.

③ 다른 한쪽 리드선은 접지시킨다.

④ 퓨즈박스에서 근접해 있는 하니스부터 순차적으로 점검해 간다.

⑤ 자체 전원 테스트 램프가 열화되거나 저항이 기록되면 그 위치점 주의 와이어링의 접지가 단락된 것이다.

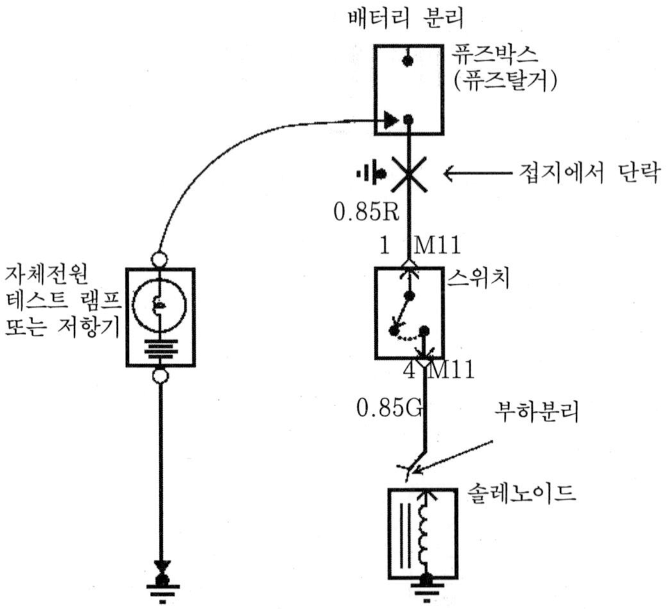

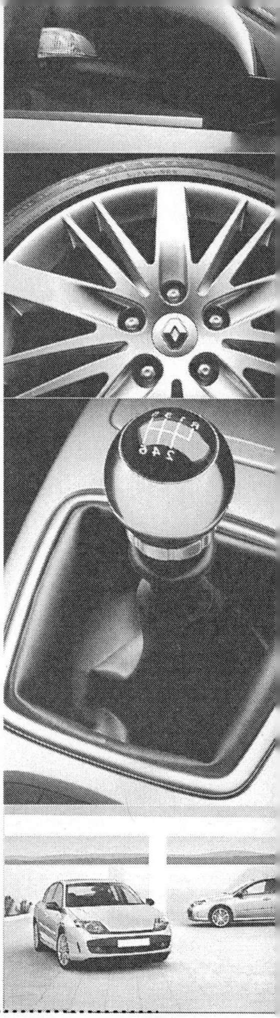

자동차 전등제어

PART

02

CHAPTER

01 CHAPTER

경음기 제어회로

1. 교재의 구성

1.1. 내용소개

자동차 경음기의 고장진단 및 정비에 필요한 관련 지식과 그 목적을 달성하기 위한 기본적이 능력인 자동차 경음기 전기 회로도를 해독할 수 있도록 실습을 구성하였다. 여러 가지 해석문제와 실습을 통해 학생 스스로 흥미를 갖고 회로도의 해석에 자신감을 갖을 수 있도록 한다. 학습 후 학생 스스로 자신의 학습능력을 검토할 수 있도록 하였다.

1.2. 학습목표

여러 가지 종류의 자동차 경음기장치를 고장진단하고 정비하는데 필요한 여러 차종의 경음기 전기 회로도를 설명할 수 있다.

1.3. 선수 학습모듈

자동차 전기부품 및 전자장치에 대한 구조 및 작동원리에 대한 기초적인 지식을 타 교과에서 이수하도록 한다.

2. 경음기 제어회로 실습

2.1. 주요어

경음기, 다기능 스위치, 스티어링 휠, 경음기 릴레이

2.2. 개요

자동차 경음기의 고장진단 및 정비에 필요한 관련 지식과 그 목적을 달성하기 위한 기본적이 능력인 자동차 경음기 전기 회로도를 해독할 수 있도록 실습을 구성하였다. 여러 가지 해석문제와 실습을 통해 학생 스스로 흥미를 갖고 회로도의 해석에 자신감을 갖을 수 있도록 한다. 학습 후 학생 스스로 자신의 학습능력을 검토할 수 있도록 하였다.

2.3. 학습목표

여러 가지 종류의 자동차 경음기장치를 고장진단하고 정비하는데 필요한 여러 차종의 경음기 전기 회로도를 설명할 수 있다.

◎ 다음 회로도를 보고 경음기에 소리가 나기위해서 경음기 스위치를 작동시킬 때의 전류의 흐름을 상시전원부터 접지까지 회로도 위에 표시하시오.

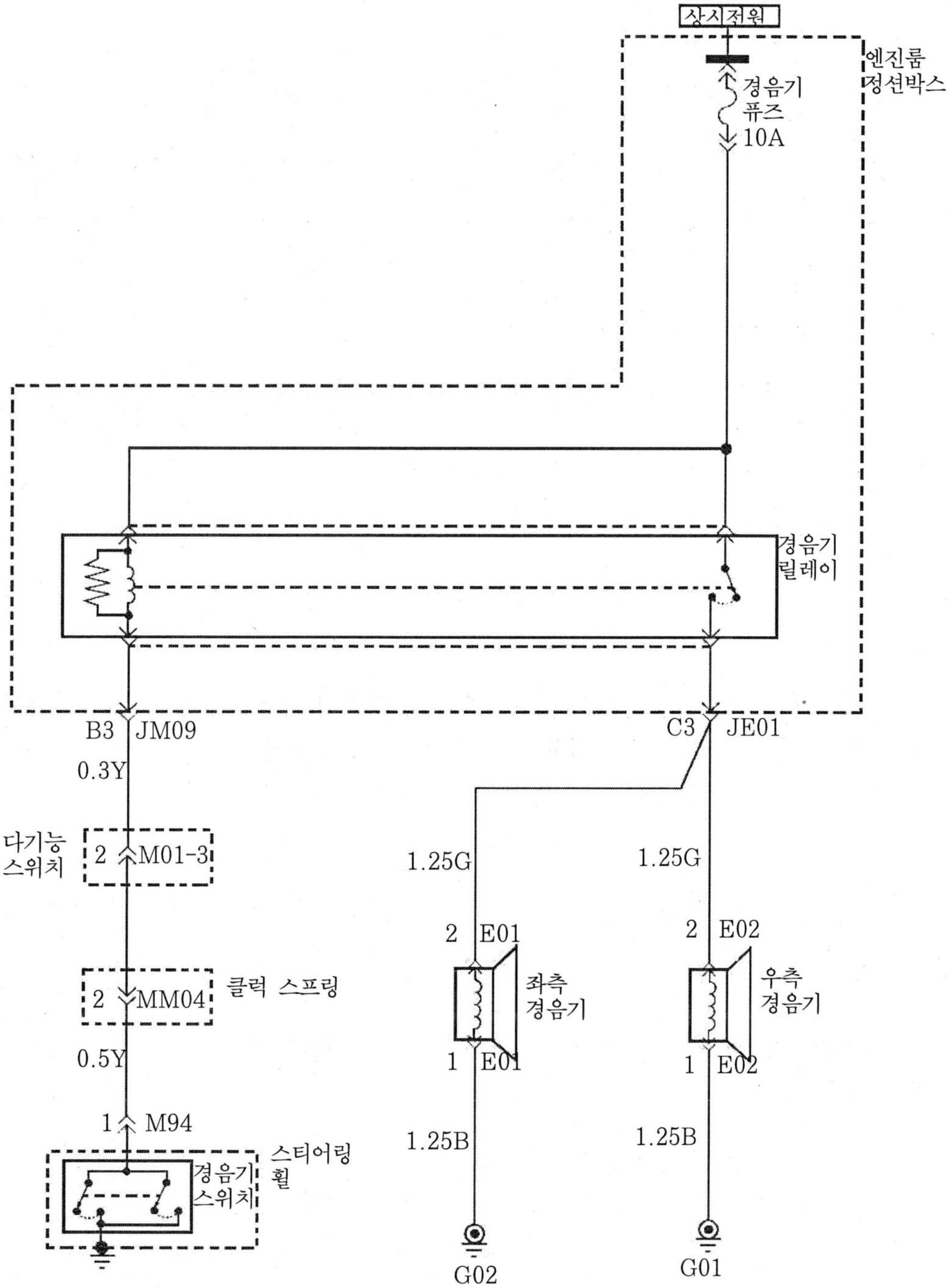

◘ 전류 흐름도를 보고 다음 물음에 답하시오.

1. 경음기에 소리가 나기위해서 경음기 스위치를 작동시키는 경우에 회로도상의 전류가 흐르는 요소들을 잘 보고 2개의 (   )를 채우시오.

1.1. 경음기 스위치를 ON하여 경음기 릴레이를 동작시킴

상시전원 → 엔진룸 정션박스 경음기 퓨즈 → 경음기 릴레이 코일 → JM09의 B3번 핀 → M94의 (   )번 핀 → 경음기 스위치 → ON → 경음기 스위치 접지

1.2. 좌·우측 경음기 스피커에서 소리가 남

상시전원 → 엔진룸 정션박스 경음기퓨즈 경음기 릴레이스위치 → ON → JE01의 C3번 핀 → E01의 ( )번 핀→
→ E02의 2번 핀 →

→ 좌측 경음기 → E01의 1번 핀 → G02접지

→ 우측 경음기 → E02의 1번 핀 → G01접지

2. 위의 회로도에서 경음기 스피커와 스위치 중에서 전기 배선의 굵기가 더 굵은 쪽은 어디 인가 ? 그렇게 한 이유는 무엇이라고 생각되는지 적으시오.

3. 위의 회로도에서 경음기의 소리를 내게 하는데 경음기 릴레이를 사용한 목적은 무엇일까 ? 아래에 적으시오.

4. 위 전기회로도에 나타난 전기 배선의 모든 색깔을 아래에서 찾아서 (   )안에 적으시오.

검정색, 갈색, 초록색, 회색, 파랑색, 연두색, 하늘색, 오렌지색, 분홍색, 빨강색, 황갈색, 흰색, 노랑색, 자주색

(   ) (   ) (   )

◈ 다음 실험을 실시한다.

1. **실험 준비물을 확인한다.**

   실습 교재, 다기능 스위치, 경음기 스피커 모듈, 배선, 전원공급기

2. **다음 방법에 따라서 실험을 실시한다.**

   ① 전원공급기의 1A의 (+), (-)를 자동차의 배터리로 사용한다.

   ② 회로도를 보고 경음기 스위치를 사용해서 경음기에서 소리가 나도록 회로를 연결한다.

   ③ 회로도에 나타나 있는 배선의 색깔과 커넥터의 핀을 잘 확인하여 연결한다.

   ④ 전원공급기의 (-)를 자동차의 접지(G01, G02, 스티어링 휠 접지)로 사용한다.

   ⑤ 경음기 스위치를 눌러서 경음기스피커에서 경음기 소리가 나는지 살펴본다.

   ⑥ 경음기가 작동하지 않으면 회로도와 비교하면서 틀린 곳을 찾아 바르게 연결한다.

   ⑦ 위의 과정을 반복해서 실시하여 숙달이 되도록 한다.

3. **경음기는 정상적으로 구동이 되었는가 ?**

   예(　　　), 아니오(　　　)

4. **만약 경음기가 잘 구동이 되지 않았다면 그 원인은 무엇이라고 생각되는지 아래에 적으시오.**

5. **위의 실험을 통해 느낀 점을 아래에 적으시오.**

MEMO

02 CHAPTER

방향등 및 비상등 제어회로

1. 교재의 구성

1.1. 내용소개

자동차 방향등 및 비상등장치의 고장진단 및 정비에 필요한 관련 지식과 그 목적을 달성하기 위한 기본적이 능력인 자동차 방향등 및 비상등 전기 회로도를 해독할 수 있도록 실습을 구성하였다.

여러 가지 해석문제와 실습을 통해 학생 스스로 흥미를 갖고 회로도의 해석에 자신감을 갖을 수 있도록 한다. 학습 후 학생 스스로 자신의 학습능력을 검토할 수 있도록 하였다.

1.2. 학습목표

여러 가지 종류의 자동차 방향등 및 비상등장치를 고장진단하고 정비하는데 필요한 여러 차종의 방향등 및 비상등 전기 회로도를 설명할 수 있다.

1.3. 선수 학습모듈

자동차 전기부품 및 전자장치에 대한 구조 및 작동원리에 대한 기초적인 지식을 타 교과에서 이수하도록 한다.

2. 방향등 제어회로 실습

2.1. 주요어

방향등, 다기능 스위치, 계기판, 플래셔 유닛

2.2. 개요

자동차 방향등의 고장진단 및 정비에 필요한 관련 지식과 그 목적을 달성하기 위한 기본적이 능력인 자동차 방향등 전기 회로도를 해독할 수 있도록 실습을 구성하였다. 여러 가지 해석문제와 실습을 통해 학생 스스로 흥미를 갖고 회로도의 해석에 자신감을 갖을 수 있도록 한다. 학습 후 학생 스스로 자신의 학습능력을 검토할 수 있도록 하였다.

2.3. 학습목표

여러 가지 종류의 자동차 방향등장치를 고장진단하고 정비하는데 필요한 여러 차종의 방향등 전기 회로도를 설명할 수 있다.

◘ 다음 회로도를 보고 다기능 스위치를 사용해서 좌측 방향등을 켰을 때의 전류의 흐름을 회로도에서 ON/START 전원부터 접지까지 회로도 위에 표시하시오.

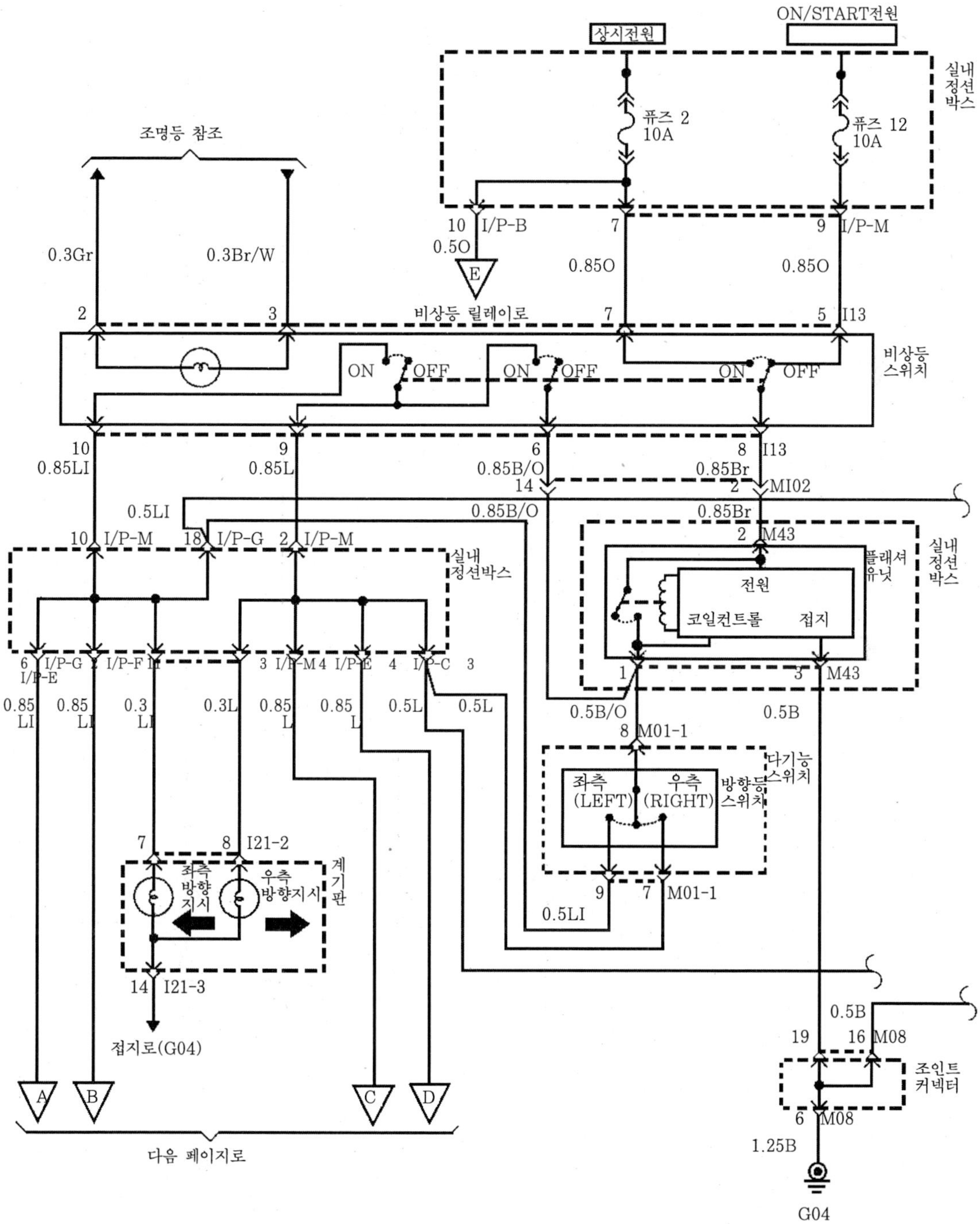

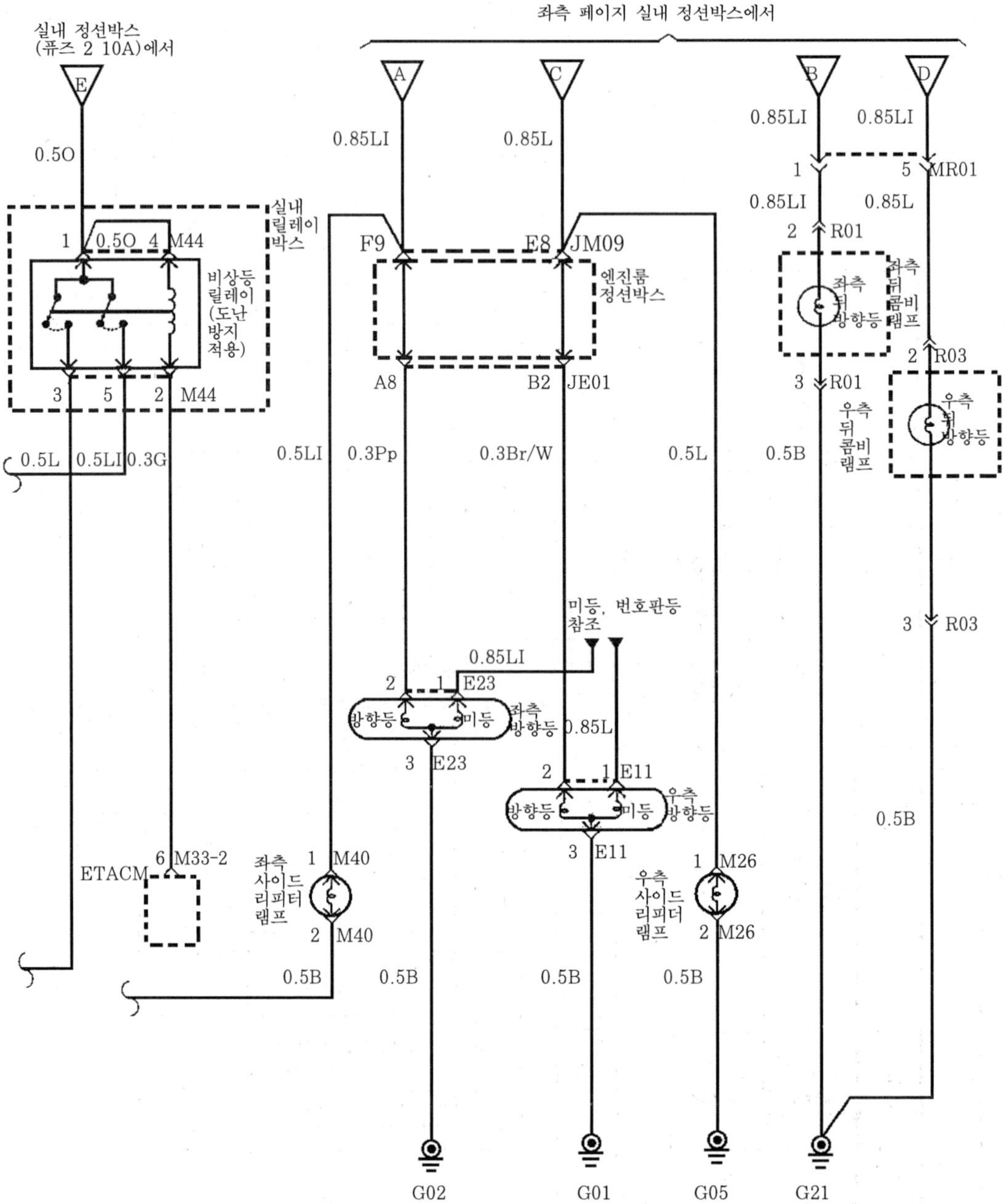
좌측 페이지 실내 정션박스에서
실내 정션박스
(퓨즈 2 10A)에서
E
A
C
B
D
0.5O
0.85LI
0.85L
0.85LI
0.85LI
1
5
MR01
0.85LI
0.85L
2
R01
실내
릴레이
박스
1
0.5O
4
M44
F9
E8
JM09
엔진룸
정션박스
좌측
뒤
방향등
좌측
뒤
콤비
램프
비상등
릴레이
(도난
방지
적용)
2
R03
A8
B2
JE01
3
R01
우측
뒤
방향등
우측
뒤
콤비
램프
3
5
2
M44
0.5L
0.5LI
0.3G
0.5LI
0.3Pp
0.3Br/W
0.5L
0.5B
미등, 번호판등
참조
3
R03
0.85LI
2
1
E23
방향등
미등
좌측
방향등
0.85L
3
E23
2
1
E11
방향등
미등
우측
방향등
0.5B
3
E11
6
M33-2
ETACM
좌측
사이드
리피터
램프
1
M40
2
M40
1
M26
우측
사이드
리피더
램프
2
M26
0.5B
0.5B
0.5B
0.5B
G02
G01
G05
G21

◎ 전류 흐름도를 보고 다음 물음에 답하시오.

1. 다기능 스위치를 사용해서 좌측 방향등을 켜는 경우에 회로도상의 전류가 흐르는 요소들을 잘 보고 4개의 ( )를 채우시오.

1.1. 다기능 스위치의 방향등 스위치를 좌측(LEFT)으로 ON 함, 계기판의 좌측 방향등 점등

ON/START 전원 → 실내 정션박스의 퓨즈 12 → I/P-M의 9번 핀 → I13의 5번 핀 → 비상등 스위치 → I13의 8번 핀 → M43의 2번 핀 → 플래셔 유닛 → M43의 1번 핀 → M01-1의 8번 핀 → 방향등스위치 좌측(LEFT) → ON → M01-1의 ( ) 번 핀 → I/P-G의 18번 핀 → 실내 정션박스
- → I/P-G의 6번 핀 → A
- → I/P-F의 2번 핀 → B
- → I/P-M의 11번 핀 → I21-2의 7번 핀

1.2. 계기판의 좌측방향등 점등

I21-2의 7번 핀 → 계기판(좌측 방향지시등) → I21-3의 14번 핀 → G04접지

1.3. 좌측 방향등 점등

A → JM09의 ( ) 핀 → 엔진룸 정선 박스 → JE01의 A8번 핀 → E23의 2번 핀 → 좌측 방향등 → E23의 3번 핀 → G02접지

1.4. 좌측 사이드 리피터 램프 점등

A → M40의 1번 핀 → 좌측 사이드 리피터 램프 → M40의 ( )번 핀 → M08의 16번 핀 → 조인트 커넥터 → M08의 6번 핀 → G04접지

1.5. 좌측 뒤 콤비 램프 점등

B → R01의 2번 핀 → 좌측 뒤 방향등 → R01의 3번 핀 → (   )접지

1.6. 플래셔 유닛 접지

M43의 2번 핀 → 플래셔 유닛 → M43의 3번 핀 → M08의 19번 핀 → 조인트 커넥터 → M08의 6번 핀 → G04접지

2. 위의 전기 회로도에서 좌측 방향등이 깜박거리도록 신호를 제어하는 요소는 무엇인지 아래의 빈칸에 적으시오.

3. 위의 전기회로도에서 다기능 스위치를 사용해서 좌측 방향등을 켜는 경우에 전류가 흐르는 배선의 색깔 6가지를 다음 중에서 모두 찾아서 (   )안에 적으시오.

검정색, 갈색, 초록색, 회색, 파랑색, 연두색, 하늘색, 오렌지색, 분홍색, 빨강색, 황갈색, 흰색, 노랑색, 자주색, 검정색에 오렌지색 줄무늬

(   ) (   ) (   ) (   ) (   ) (   )

◘ 다음 실험을 실시한다.

1. 실험 준비물을 확인한다.

실습 교재, 다기능 스위치, 방향등 및 비상등 모듈, 배선, 전원공급기

2. 다음 방법에 따라서 실험을 실시한다.

① 전원공급기의 1A의 (+), (-)를 자동차의 배터리로 사용한다.

② 회로도를 보고 방향등 스위치를 사용해서 좌측, 우측 방향등이 점등할 수 있도록 회로를 연결한다.

③ 회로도에 나타나 있는 배선의 색깔과 커넥터의 핀을 잘 확인하여 연결한다.

④ 실내 정션박스, 엔진룸 정션박스 등은 없으므로 직접 배선으로 연결한다.

⑤ 전원공급기의 (-)를 자동차의 접지(G01, G02, G04, G05, G21)로 사용한다.

⑥ 방향등을 좌측 또는 우측으로 ON시켜서 좌우측 방향등이 깜박거리면서 점등이 되는지 살펴본다.

⑦ 방향등 작동하지 않으면 회로도와 비교하면서 틀린 곳을 찾아 바르게 연결한다.

⑧ 위의 과정을 반복해서 실시하여 숙달이 되도록 한다.

3. 방향등은 정상적으로 점등이 되었는가 ?

예(　　　), 아니오(　　　)

4. 만약 방향등이 정상적으로 점등이 되지 않았다면 그 원인은 무엇이라고 생각되는지 아래에 적으시오.

5. 위의 실험을 통해 느낀 점을 아래에 적으시오.

MEMO

3. 비상등 제어회로 실습

3.1. 주요어

비상등, 다기능 스위치, 플래셔 유닛, 비상등 릴레이

3.2. 개요

자동차 비상등의 고장진단 및 정비에 필요한 관련 지식과 그 목적을 달성하기 위한 기본적이 능력인 자동차 비상등 전기 회로도를 해독할 수 있도록 실습을 구성하였다. 여러 가지 해석문제와 실습을 통해 학생 스스로 흥미를 갖고 회로도의 해석에 자신감을 갖을 수 있도록 한다. 학습 후 학생 스스로 자신의 학습능력을 검토할 수 있도록 하였다.

3.3. 학습목표

여러 가지 종류의 자동차 비상등장치를 고장진단하고 정비하는데 필요한 여러 차종의 비상등 전기 회로도를 설명할 수 있다.

◈ 다음 회로도를 보고 비상등 스위치를 사용해서 좌우측 방향등을 ON시킬 때의 전류의 흐름을 상시전원부터 접지까지 회로도 위에 표시하시오.

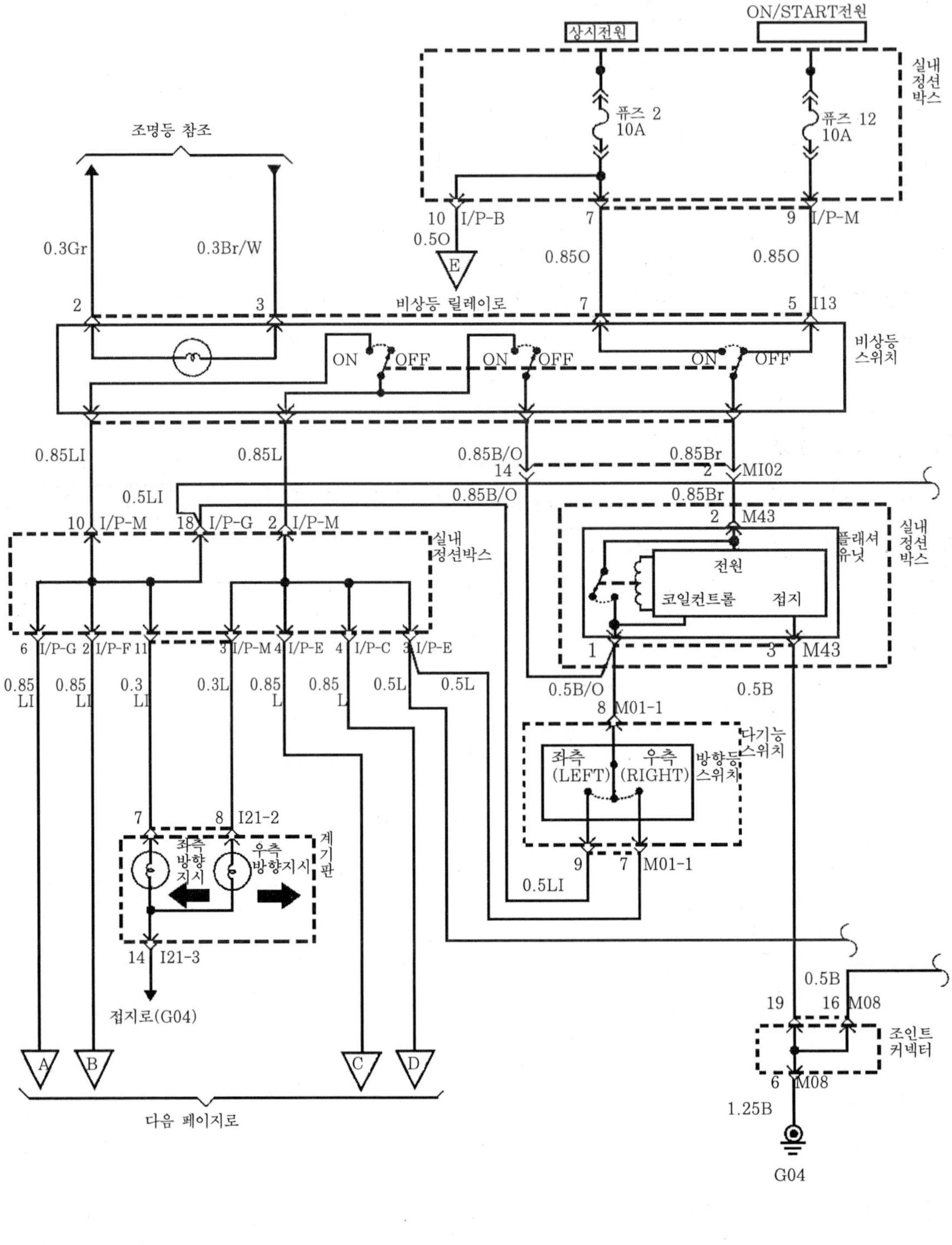

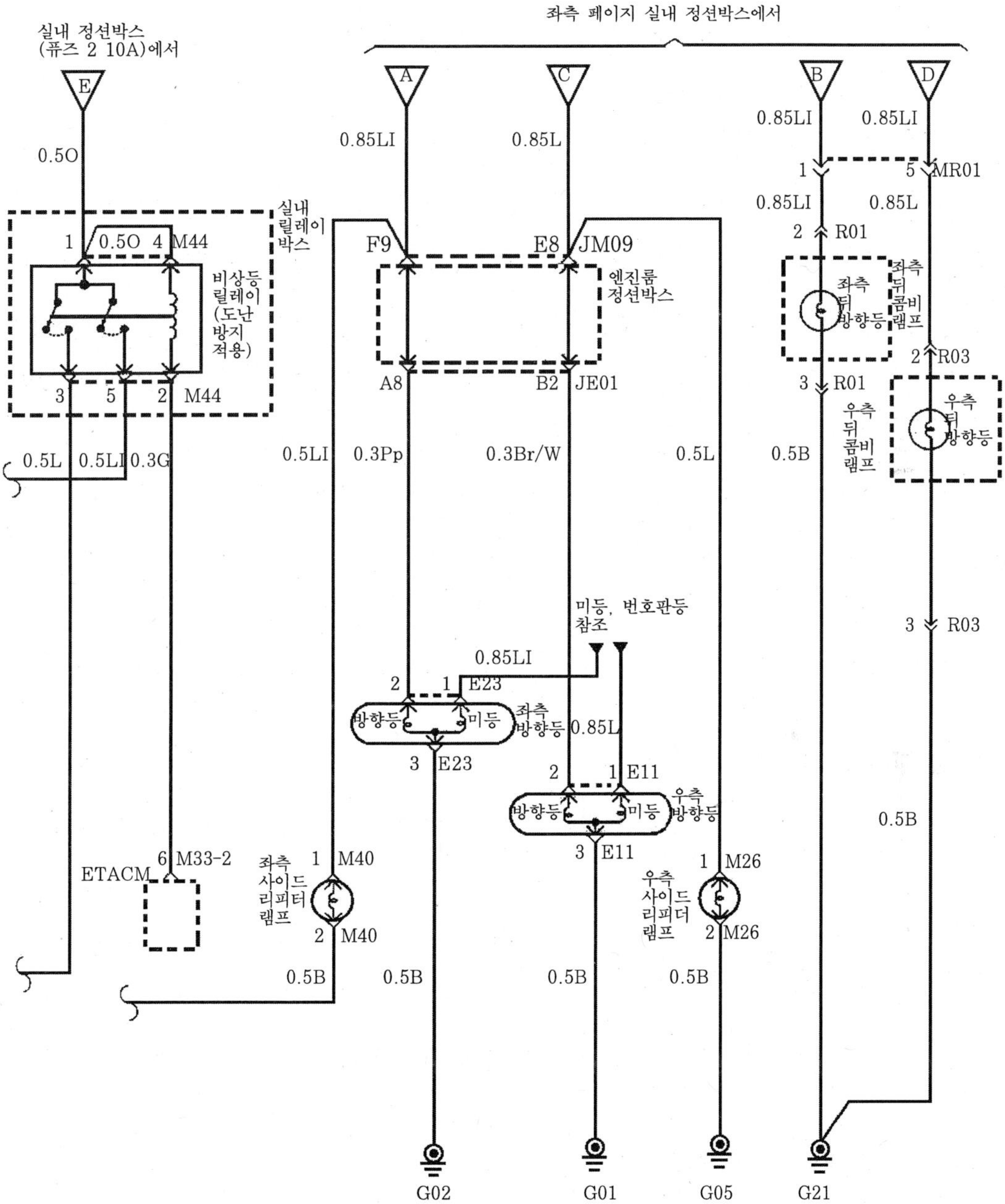

실내 정션박스
(퓨즈 2 10A)에서
좌측 페이지 실내 정션박스에서
E
A
C
B
D
0.5O
0.85LI
0.85L
M44
실내
릴레이
박스
비상등
릴레이
(도난
방지
적용)
F9
E8
JM09
엔진룸
정션박스
A8
B2
JE01
MR01
R01
좌측
뒤
방향등
좌측
뒤
콤비
램프
R03
우측
뒤
콤비
램프
우측
뒤
방향등
0.5L
0.5LI
0.3G
0.3Pp
0.3Br/W
0.5B
미등, 번호판등
참조
E23
방향등
미등
좌측
방향등
E11
우측
방향등
ETACM
M33-2
좌측
사이드
리피터
램프
M40
우측
사이드
리피더
램프
M26
G02
G01
G05
G21

◎ 전류 흐름도를 보고 다음 물음에 답하시오.

1. 비상등 스위치를 사용해서 좌우측 방향등이 깜박이도록 하는 경우에 회로도상의 전류가 흐르는 요소들을 잘 보고 6개의 ( )를 채우시오.

1.1. 비상등 스위치를 ON시킴

상시전원 → 실내 정션박스의 퓨즈 2번 → I/P-M의 7번 핀 → I13의 7번 핀 → 비상등스위치 → ON → I13의 8번 핀 → M43의 2번 핀→ 플래셔 유닛 → M43의 1번 핀→ I13의 6번 핀→ 비상등스위치→ON →I13의 10번 핀→I/P-M의 10번 핀
→ I13의 9번 핀 → I/P-M의 2번 핀

1.2. 좌측 방향등

I/P-M의 10번 핀 → 실내 정션박스
→ I/P-G의 6번 핀 → A
→ I/P-F의 2번 핀 → B
→ I/P-M의 11번 핀 → I21-2의 7번 핀

[1] 계기판의 좌측 방향등 점등

I21-2의 7번 핀 → 계기판(좌측방향지시등) → I21-3의 14번 핀 → G04접지

[2] 좌측 방향등 점등

A → JM09의 ( )번 핀 → 엔진룸 정선 박스 → JE01의 A8번 핀 → E23의 2번 핀 → 좌측 방향등 → E23의 3번 핀 → G02접지

[3] 좌측 사이드 리피터 램프 점등

A → M40의 1번 핀 → 좌측 사이드 리피터 램프 → M40의 ( )번 핀 → M08의 16번 핀 → 조인트 커넥터 → M08의 6번 핀 → G04접지

[4] 좌측 뒤 콤비 램프 점등

B → R01의 2번 핀 → 좌측 뒤 방향등 → R01의 3번 핀 → (　)접지

1.3. 우측 방향등

I/P-M의 2번 핀 → 실내 정션박스
→ I/P-E의 4번 핀 → C
→ I/P-C의 4번 핀 → D
→ I/P-M의 (　)번 핀 → I21-2의 8번 핀

[1] 계기판의 우측 방향등 점등

I21-2의 8번 핀 → 계기판(우측방향지시등) → I21-3의 14번 핀 → G04접지

[2] 우측 방향등 점등

C → JM09의 E8 핀 → 엔진룸 정션박스 → JE01의 B2번 핀 → (　)의 2번 핀 → 우측 방향등 → E11의 3번 핀 → G01접지

[3] 우측 사이드 리피터 램프 점등

C → M26의 1번 핀 → 우측 사이드 리피터 램프 → M26의 (　)번 핀 → G05 접지

[4] 우측 뒤 콤비 램프 점등

D → R03의 2번 핀 → 우측 뒤 방향등 → R03의 3번 핀 → G21접지

1.4. 플래셔 유닛 접지

M43의 2번 핀 → 플래셔 유닛 → M43의 3번 핀 → M08의 19번 핀 → 조인트 커넥터 → M08의 6번 핀 → G04접지

2. 위의 전기회로도에서 비상등 스위치를 사용하여 좌우측 방향등을 켜는 경우에 전류가 흐르는 배선의 색깔이 아닌 것을 다음에서 2가지를 찾아 (　　)안에 적으시오.

오렌지색, 검정색에 오렌지색 줄무늬, 자주색, 갈색에 흰색 줄무늬, 파랑색, 흰색, 갈색, 하늘색, 초록색, 검정색

(　　　　　　)　　(　　　　　　)

◘ 다음 실험을 실시한다.

1. 실험 준비물을 확인한다.

실습 교재, 비상등 스위치 모듈, 방향등 모듈, 배선, 전원공급기

2. 다음 방법에 따라서 실험을 실시한다.

① 전원공급기의 1A의 (+), (-)를 자동차의 배터리로 사용한다.

② 회로도를 보고 비상등 스위치를 사용해서 모든 방향등이 점등할 수 있도록 회로를 연결한다.

③ 회로도에 나타나 있는 배선의 색깔과 커넥터의 핀을 잘 확인하여 연결한다.

④ 실내 정션박스, 엔진룸 정션박스 등은 없으므로 직접 배선으로 연결한다.

⑤ 전원공급기의 (-)를 자동차의 접지(G01, G02, G04, G05, G21)로 사용한다.

⑥ 비상등 스위치를 누르면서 좌측 우측 방향등이 점등되는지 살펴본다.

⑦ 비상등이 작동하지 않으면 회로도와 비교하면서 틀린 곳을 찾아 바르게 연결한다.

⑧ 위의 과정을 반복해서 실시하여 숙달이 되도록 한다.

3. 비상등은 정상적으로 구동이 되었는가 ?

예(　　　), 아니오(　　　)

4. 만약 비상등이 정상적으로 점등이 되지 않았다면 그 원인은 무엇이라고 생각되는지 아래에 적으시오.

5. 위의 실험을 통해 느낀 점을 아래에 적으시오.

MEMO

03 CHAPTER

미등•안개등 제어회로

1. 교재의 구성

1.1. 내용소개

자동차 미등과 안개등의 고장진단 및 정비에 필요한 관련 지식과 그 목적을 달성하기 위한 기본적이 능력인 자동차 미등과 안개등 전기 회로도를 해독할 수 있도록 실습을 구성하였다.

여러 가지 해석문제와 실습을 통해 학생 스스로 흥미를 갖고 회로도의 해석에 자신감을 갖을 수 있도록 한다. 학습 후 학생 스스로 자신의 학습능력을 검토할 수 있도록 하였다.

1.2. 학습목표

여러 가지 종류의 자동차 미등과 안개등장치를 고장진단하고 정비하는데 필요한 여러 차종의 미등과 안개등 전기 회로도를 설명할 수 있다.

1.3. 선수 학습모듈

자동차 전기부품 및 전자장치에 대한 구조 및 작동원리에 대한 기초적인 지식을 타 교과에서 이수하도록 한다.

2. 미등 제어회로 실습

2.1. 주요어

미등, 다기능 스위치, 전조등, 미등 릴레이

2.2. 개요

자동차 미등의 고장진단 및 정비에 필요한 관련 지식과 그 목적을 달성하기 위한 기본적이 능력인 자동차 미등 전기 회로도를 해독할 수 있도록 실습을 구성하였다. 여러 가지 해석문제와 실습을 통해 학생 스스로 흥미를 갖고 회로도의 해석에 자신감을 갖을 수 있도록 한다. 학습 후 학생 스스로 자신의 학습능력을 검토할 수 있도록 하였다.

2.3. 학습목표

여러 가지 종류의 자동차 미등장치를 고장진단하고 정비하는데 필요한 여러 차종의 미등 전기 회로도를 설명할 수 있다.

◆ 다음 회로도를 보고 라이트 스위치를 사용해서 미등을 점등 시킬 때의 전류의 흐름을 상시전원부터 접지까지 회로도 위에 표시하시오(LED 미적용 회로의 경우).

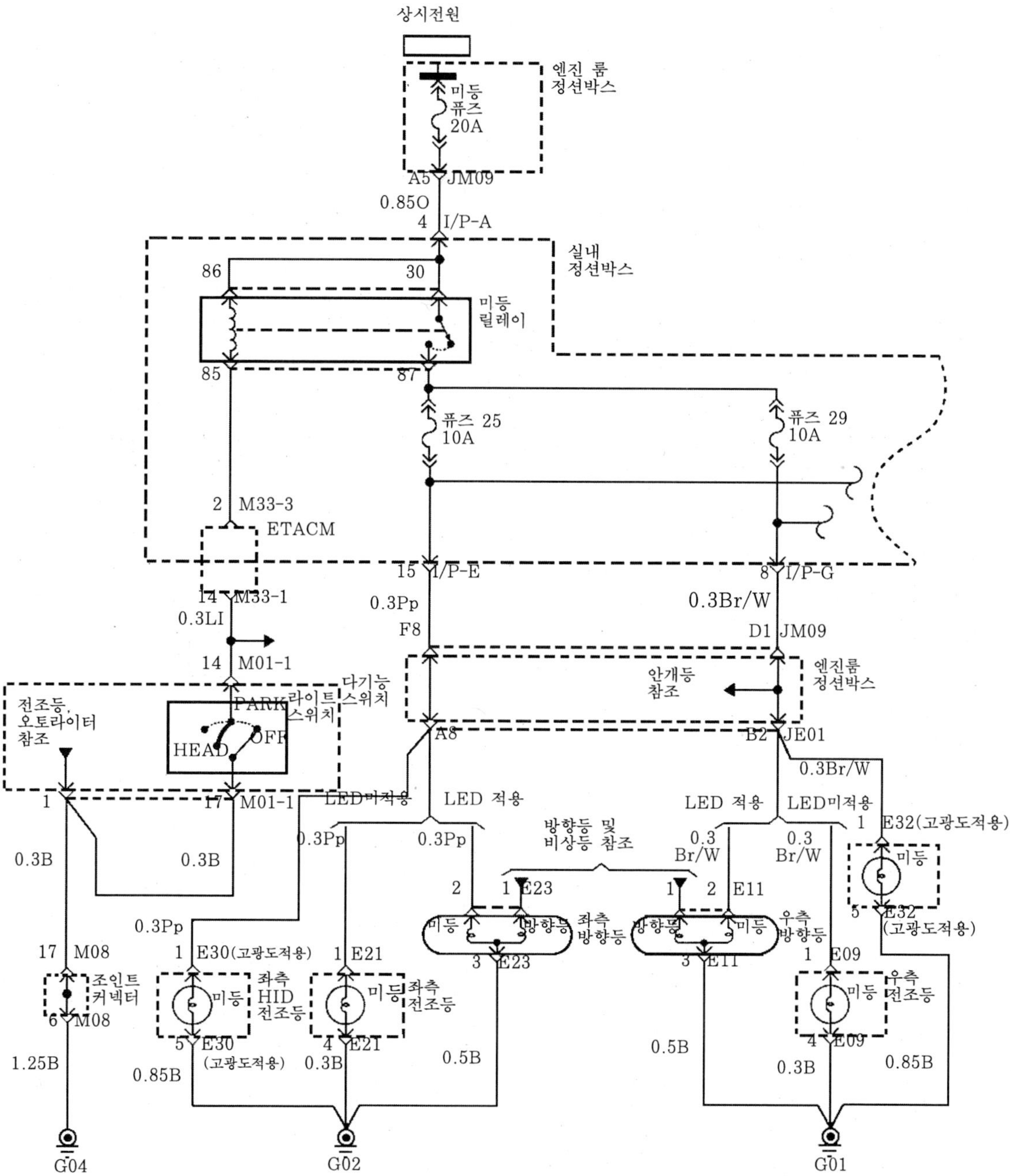

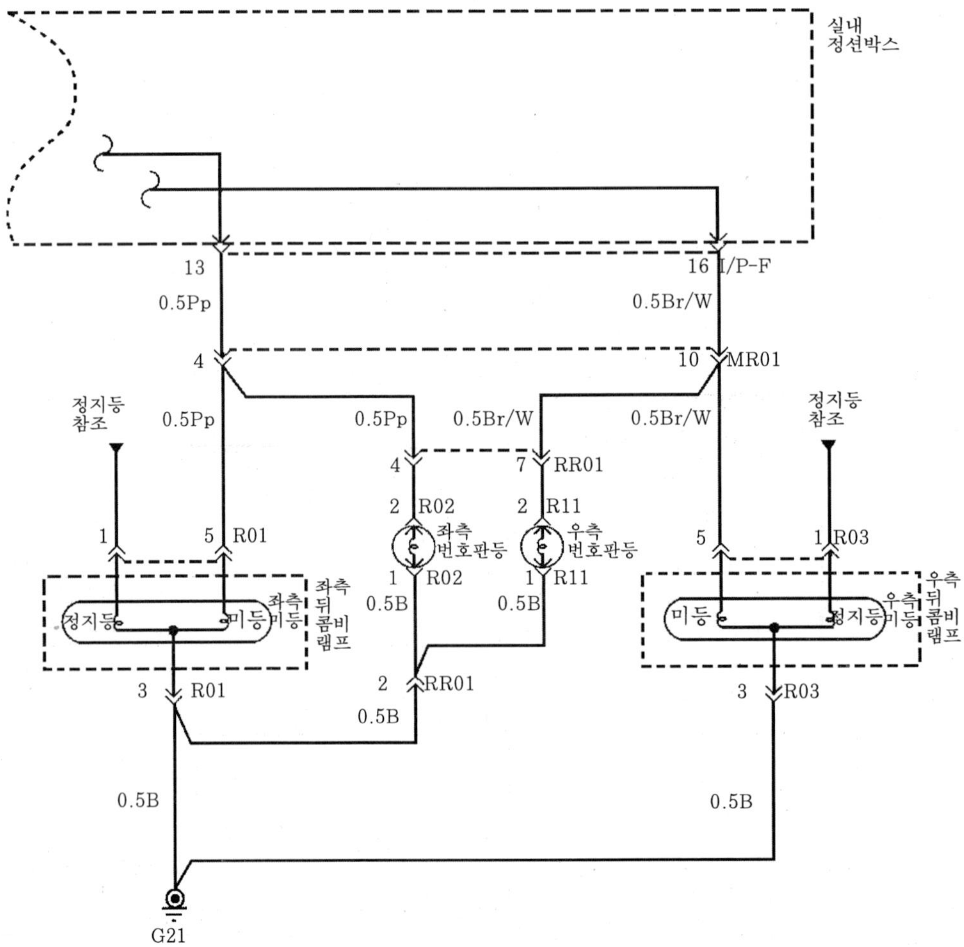
실내
정션박스
13
16 I/P-F
0.5Pp
0.5Br/W
4
10 MR01
정지등
참조
0.5Pp
0.5Pp
0.5Br/W
0.5Br/W
정지등
참조
4
7 RR01
2 R02
2 R11
좌측
번호판등
우측
번호판등
1
5 R01
5
1 R03
1 R02
1 R11
0.5B
0.5B
정지등
좌측
미등
미등
좌측
뒤
콤비
램프
미등
정지등
우측
미등
우측
뒤
콤비
램프
3 R01
2 RR01
3 R03
0.5B
0.5B
0.5B
G21

◎ 전류 흐름도를 보고 다음 물음에 답하시오.

1. 다기능 스위치에 있는 라이트 스위치를 사용해서 미등을 점등시키는 경우에 회로 도상의 전류가 흐르는 요소들을 잘 보고 4개의 (　　)를 채우시오(LED 미적용 회로의 경우).

1.1. 라이트 스위치를 PARK에 놓으면 미등 릴레이가 작동한다.

상시전원 → 엔진룸 정선박스 미등 퓨즈 → JM09의 A5번 핀 → IP-A의 4번 핀 → 미등 릴레이 → M33-1의 14번 핀 → M01-1의 (　　)번 핀 → 라이트 스위치 → PARK → M01-1의 17번 핀 → M08의 17번 핀 → 조인트 커넥터 → M08의 6번 핀 → G04접지

1.2. 미등 릴레이가 ON

상시전원 → 엔진룸 정선박스 미등 퓨즈 → JM09의 A5번 핀 → IP-A의 4번 핀 →

미등 릴레이 스위치 → ON
- → 퓨즈25 → I/P-E의 15번 → JM09의 F8번 핀
- → 퓨즈29 → I/P-G의 8번 → JM09의 D1번 핀
- → I/P-F의 (　　)번 핀
  - → R01의 5번 핀
  - → R02의 2번 핀
- → I/P-F의 16번 핀
  - → R03의 5번 핀
  - → R11의 2번 핀

1.3. 좌측 전조등의 미등 ON

JM09의 F8번 핀 → 엔진룸 정선 박스 → JE01의 A8번 핀 → E21의 1번 핀 → 좌측 전조등의 미등 → E21의 (　　)번 핀 → G02접지

1.4. 우측 전조등의 미등 ON

JM09의 D1번 핀 → 엔진룸 정선 박스 → JE01의 B2번 핀 → E09의 1번 핀 → 우측 전조등의 미등 → E09의 4번 핀 → G01접지

1.5. 좌측 뒤 콤비 램프의 미등과 번호판등 ON

① R01의 5번 핀 → 좌측 뒤 콤비램프의 미등 → R01의 3번 핀 → G21접지

② R02의 2번 핀 → 좌측 번호판 등 → R02의 1번 핀 → G21접지

1.6. 우측 뒤 콤비 램프의 미등과 번호판등 ON

① R03의 5번 핀 → 좌측 뒤 콤비램프의 미등 → R03의 ( )번 핀 → G21접지

② R11의 2번 핀 → 우측 번호판 등 → R11의 1번 핀 → G21접지

2. 위의 전기회로도에서 라이트 스위치를 사용해서 미등을 점등시킬 때에 전류가 흐르는 배선의 색깔이 5가지를 찾아 ( ) 안에 배선 색깔 이름을 적으시오(LED 미적용의 경우).

( ) ( ) ( ) ( ) ( )

◘ 다음 실험을 실시한다.

1. 실험 준비물을 확인한다.

실습 교재, 다기능 스위치, 미등 모듈, 배선, 전원공급기

2. 다음 방법에 따라서 실험을 실시한다.

① 전원공급기의 1A의 (+), (-)를 자동차의 배터리로 사용한다.

② 회로도를 보고 라이트 스위치를 사용해서 미등을 구동할 수 있도록 회로를 연결한다.

③ 회로도에 나타나 있는 배선의 색깔과 커넥터의 핀을 잘 확인하여 연결한다.

④ 실내 정션박스, 엔진룸 정션박스 등은 없으므로 직접 배선으로 연결한다.

⑤ 전원공급기의 (-)를 자동차의 접지(G01, G02, G04, G21)로 사용한다.

⑥ 라이트 스위치를 PARK에 위치시켜서 미등이 점등이 되는지 살펴본다.

⑦ 미등이 작동하지 않으면 회로도와 비교하면서 틀린 곳을 찾아 바르게 연결한다.

⑧ 위의 과정을 반복해서 실시하여 숙달이 되도록 한다.

3. 미등은 정상적으로 구동이 되었는가 ?

예(　　　), 아니오(　　　)

4. 만약 미등이 잘 점등이 되지 않았다면 그 원인은 무엇이라고 생각되는지 아래에 적으시오.

5. 위의 실험을 통해 느낀 점을 아래에 적으시오.

MEMO

3. 안개등 제어회로 실습

3.1. 주요어

안개등, 다기능 스위치, 미등 릴레이, 안개등 릴레이

3.2. 개요

자동차 안개등의 고장진단 및 정비에 필요한 관련 지식과 그 목적을 달성하기 위한 기본적이 능력인 자동차 안개등 전기 회로도를 해독할 수 있도록 실습을 구성하였다. 여러 가지 해석문제와 실습을 통해 학생 스스로 흥미를 갖고 회로도의 해석에 자신감을 갖을 수 있도록 한다. 학습 후 학생 스스로 자신의 학습능력을 검토할 수 있도록 하였다.

3.3. 학습목표

여러 가지 종류의 자동차 안개등장치를 고장진단하고 정비하는데 필요한 여러 차종의 안개등 전기 회로도를 설명할 수 있다.

◘ 다음 회로도를 보고 안개등 스위치를 사용해서 안개등을 점등시킬 때의 전류의 흐름을 상시전원부터 접지까지 회로도 위에 표시하시오.

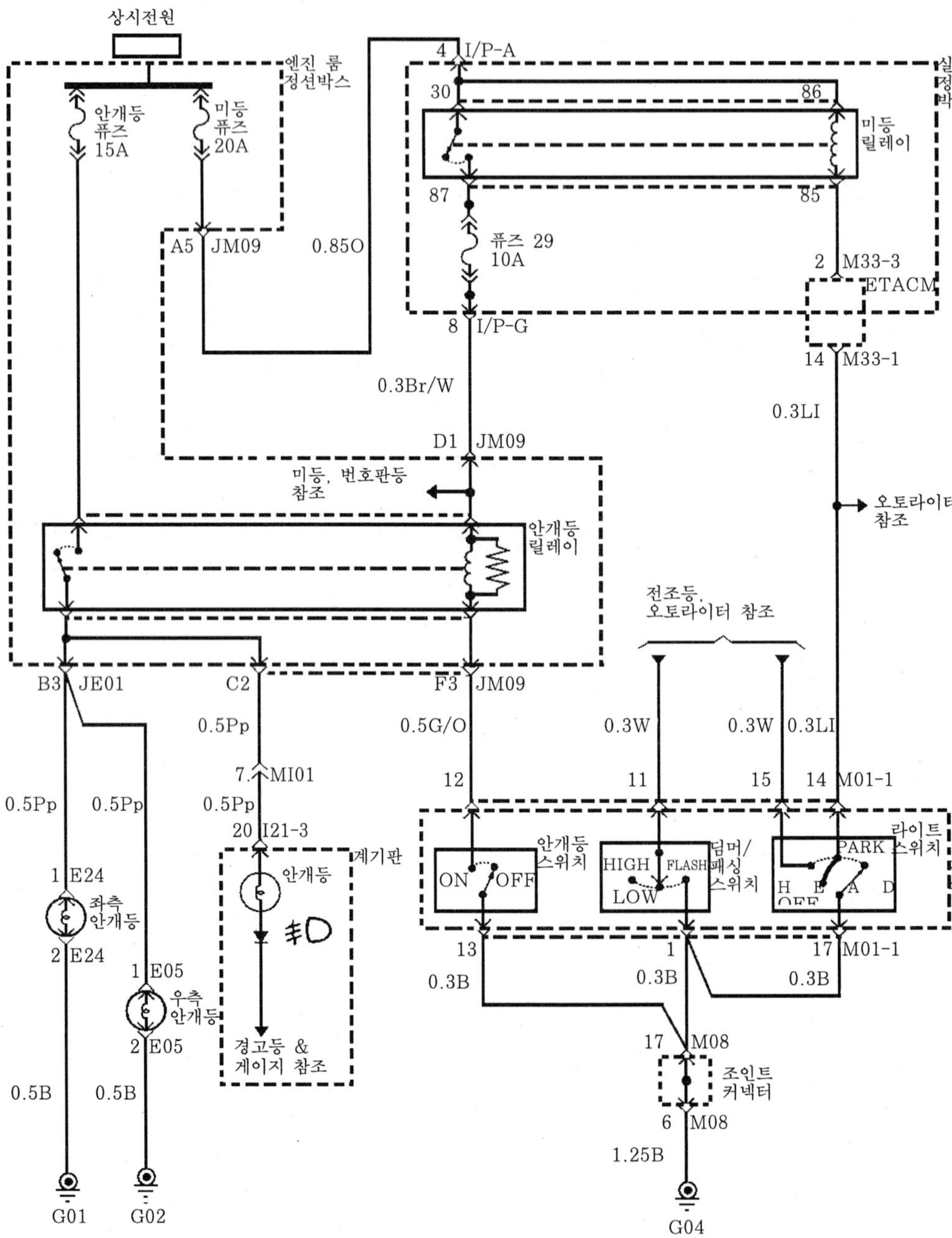

◘ 전류 흐름도를 보고 다음 물음에 답하시오.

1. 안개등 스위치를 사용해서 안개등을 점등시키는 경우에 회로도상의 전류가 흐르는 요소들을 잘 보고 4개의 (　　)를 채우시오.

1.1. 라이트 스위치를 PARK → 미등 릴레이 구동

상시전원 → 엔진룸 정션박스 미등 퓨즈 → JM09의 A5번 핀 → IP-A의 4번 핀 → 미등 릴레이 → ETACM → M33-1의 14번 핀 → M01-1의 14번 핀 → 라이트 스위치 → PARK → (　　)의 17번 핀 → M08의 17번 핀 → 조인트 커넥터 → M08의 6번 핀 → G04접지

1.2. 안개등 스위치를 ON하여 안개등 릴레이 구동

상시전원 → 엔진룸 정션박스 미등 퓨즈 → JM09의 A5번 핀 → IP-A의 4번 핀 → 미등 릴레이 스위치 → ON → 퓨즈29 → I/P-G의 8번 핀 → JM09의 (　　)번 핀 → 안개등 릴레이 → JM09의 F3번 핀 → M01-1의 12번 핀 → 안개등 스위치 → ON → M01-1의 13번 핀 → M08의 17번 핀 → 조인트 커넥터 → M08의 6번 핀 → G04접지

1.3. 안개등 점등

상시전원 → 엔진룸 정션박스 안개등 퓨즈 안개등 릴레이 스위치 → ON
- → JE01의 B3번
  - → E24의 1번 핀
  - → E05의 1번 핀
- → JM09의 C2번 핀→ I21-3의 20번 핀

1.4. 좌측 안개등 점등

E24의 1번 핀 → 좌측 안개등 → E24의 (　　)번 핀 → G01접지

1.5. 우측 안개등 점등

E05의 1번 핀 → 우측 안개등 → E05의 (　　)번 핀 → G02접지

1.6. 계기판의 안개등

I21-3의 20번 핀 → 계기판의 안개등 → 접지

2. 위의 전기 회로도에서 미등을 켜지 않고 안개등 스위치만 ON시키면 안개등이 점등될 수 있는가? 아니면 될 수 없는가 ? 만약 될 수 없다면 그 이유는 무엇인지 회로도를 보면서 적으시오.

3. 안개등이 점등되지 않았을 경우에 점검해야할 퓨즈는 어느 곳의 몇 번 퓨즈를 확인해야 하는지 회로도를 보고 아래의 빈칸에 퓨즈 위치와 번호를 적으시오.

4. 위의 전기회로도에서 라이트 스위치를 사용해서 안개등을 점등시킬 때에 전류가 흐르는 배선의 색깔이 6가지를 찾아 (　　　)안에 배선 색깔 이름을 적으시오(LED 미적용의 경우).

(　　　　　　) (　　　　　　) (　　　　　　)(　　　　　　)(　　　　　　)

◘ 다음 실험을 실시한다.

1. 실험 준비물을 확인한다.

실습 교재, 다기능 스위치, 안개등 모듈, 배선, 전원공급기

2. 다음 방법에 따라서 실험을 실시한다.

① 전원공급기의 1A의 (+), (-)를 자동차의 배터리로 사용한다.

② 회로도를 보고 안개등을 점등할 수 있도록 회로를 연결한다.

③ 회로도에 나타나 있는 배선의 색깔과 커넥터의 핀을 잘 확인하여 연결한다.

④ 실내 정션박스, 엔진룸 정션박스 등은 없으므로 직접 배선으로 연결한다.

⑤ 전원공급기의 (-)를 자동차의 접지(G01, G02, G04)로 사용한다.

⑥ 라이트 스위치를 PARK에 위치시키고 안개등을 ON시켜서 안개등이 점등되는지 살펴본다.

⑦ 안개등이 작동하지 않으면 회로도와 비교하면서 틀린 곳을 찾아 바르게 연결한다.

⑧ 위의 과정을 반복해서 실시하여 숙달이 되도록 한다.

3. 안개등은 정상적으로 구동이 되었는가 ?

예(   ), 아니오(   )

4. 만약 안개등이 정상적으로 작동이 되지 않았다면 그 원인은 무엇이라고 생각되는지 아래에 적으시오.

5. 위의 실험을 통해 느낀 점을 아래에 적으시오.

MEMO

4 CHAPTER

전조등 제어회로

1. 교재의 구성

1.1. 내용소개

자동차 전조등 장치의 고장진단 및 정비에 필요한 관련 지식과 그 목적을 달성하기 위한 기본적이 능력인 자동차 전조등장치 전기 회로도를 해독할 수 있도록 실습을 구성하였다.

여러 가지 해석문제와 실습을 통해 학생 스스로 흥미를 갖고 회로도의 해석에 자신감을 갖을 수 있도록 한다. 학습 후 학생 스스로 자신의 학습능력을 검토할 수 있도록 하였다.

1.2. 학습목표

여러 가지 종류의 자동차 전조등장치 장치를 고장진단하고 정비하는데 필요한 여러 차종의 전조등장치 전기 회로도를 설명할 수 있다.

1.3. 선수 학습모듈

자동차 전기부품 및 전자장치에 대한 구조 및 작동원리에 대한 기초적인 지식을 타 교과에서 이수하도록 한다.

2. 로우(LOW) 빔 제어회로

2.1. 주요어

전조등 로우(LOW)빔 장치, 다기능 스위치, 고광도 전조등, 전조등 로우(LOW) 빔 릴레이

2.2. 개요

자동차 전조등 로우(LOW) 빔 장치의 고장진단 및 정비에 필요한 관련 지식과 그 목적을 달성하기 위한 기본적이 능력인 자동차 전조등 로우(LOW) 빔 장치 전기 회로도를 해독할 수 있도록 실습을 구성하였다.

여러 가지 해석문제와 실습을 통해 학생 스스로 흥미를 갖고 회로도의 해석에 자신감을 갖을 수 있도록 한다. 학습 후 학생 스스로 자신의 학습능력을 검토할 수 있도록 하였다.

2.3. 학습목표

여러 가지 종류의 자동차 전조등 로우(LOW) 빔 장치 장치를 고장 진단하고 정비하는데 필요한 여러 차종의 전조등 로우(LOW) 빔 장치 전기 회로도를 설명할 수 있다.

◘ 다음 회로도를 보고 라이트를 ON시킬 때(LOW 상태)의 전류의 흐름을 상시전원부터 접지까지 회로도 위에 표시하시오. 일반 전조등과 고광도 전조등 모두 표시하시오.

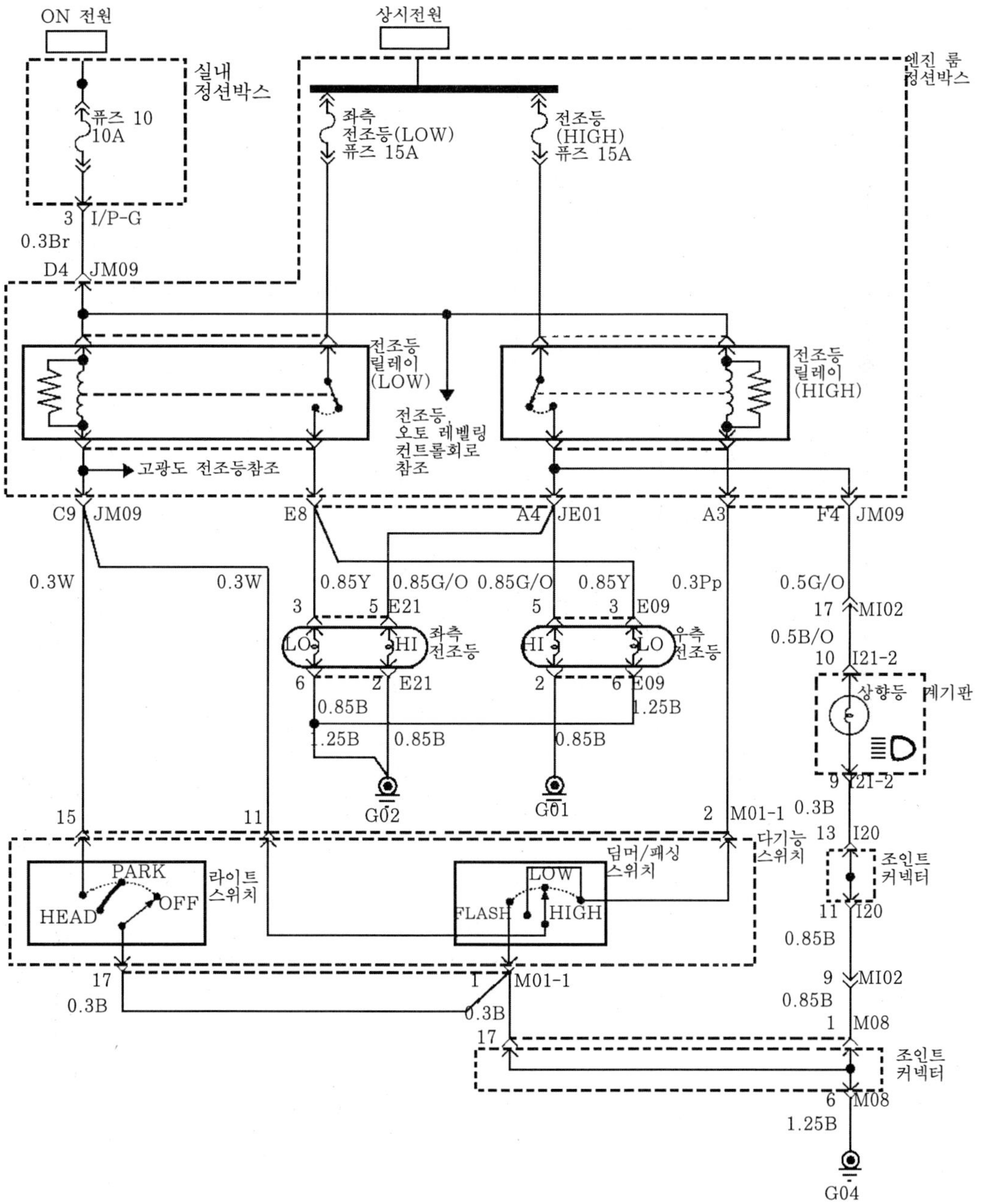

【일반 전조등】

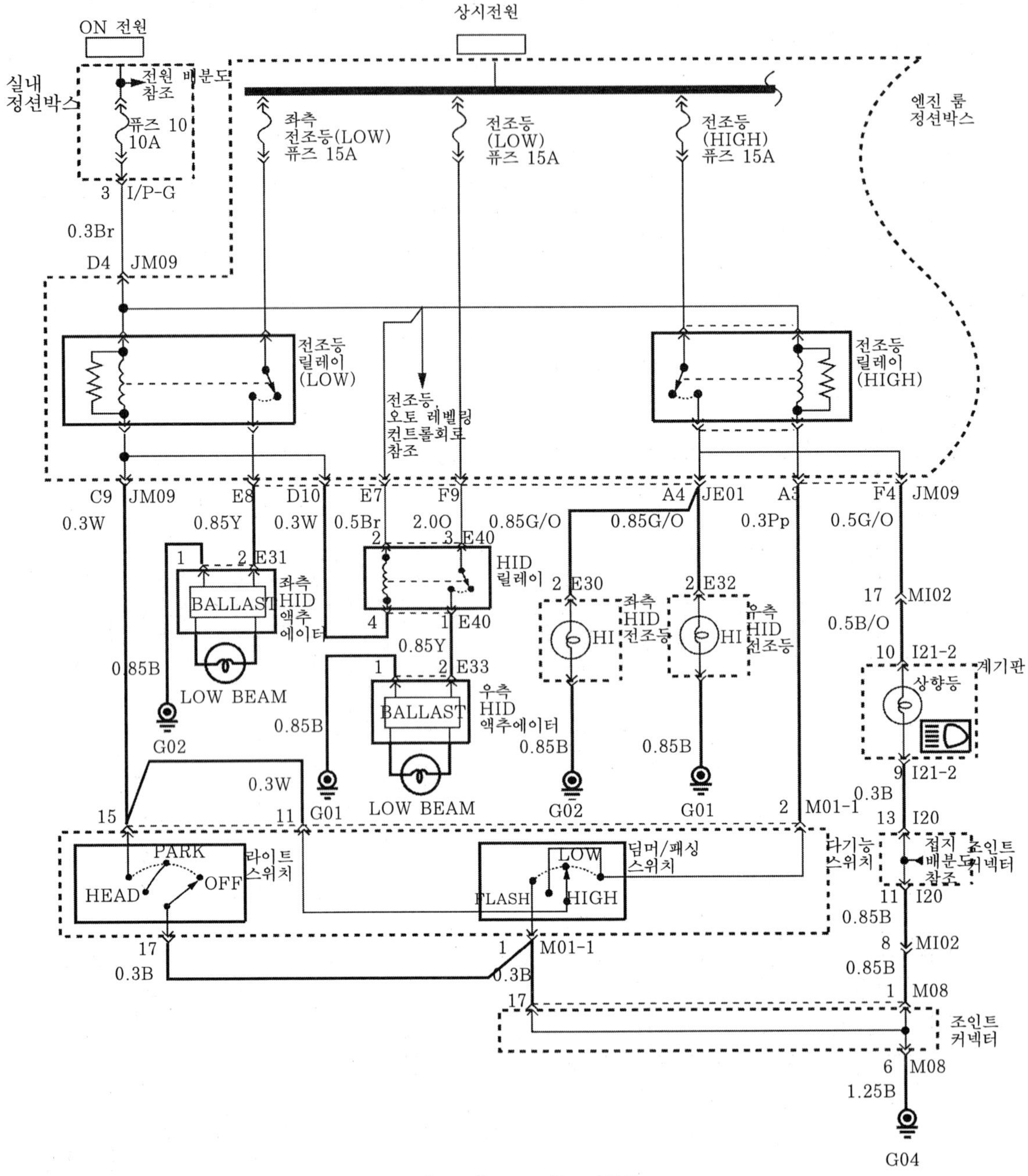
ON 전원
상시전원
실내 정션박스
전원 배분도 참조
퓨즈 10 10A
엔진 룸 정션박스
좌측 전조등(LOW) 퓨즈 15A
전조등 (LOW) 퓨즈 15A
전조등 (HIGH) 퓨즈 15A
3 I/P-G
0.3Br
D4 JM09
전조등 릴레이 (LOW)
전조등 오토 레벨링 컨트롤회로 참조
전조등 릴레이 (HIGH)
C9 JM09
E8
D10
E7
F9
A4 JE01
A3
F4 JM09
0.3W
0.85Y
0.3W
0.5Br
2.0O
0.85G/O
0.85G/O
0.3Pp
0.5G/O
1
2 E31
BALLAST
좌측 HID 액추에이터
LOW BEAM
2
3 E40
HID 릴레이
4
1 E40
0.85Y
1
2 E33
BALLAST
우측 HID 액추에이터
LOW BEAM
2 E30
좌측 HID 전조등
HI
2 E32
우측 HID 전조등
HI
17 MI02
0.5B/O
10 I21-2
계기판
상향등
9 I21-2
0.3B
13 I20
접지 배분도 참조
조인트 커넥터
11 I20
0.85B
8 MI02
0.85B
1 M08
조인트 커넥터
6 M08
1.25B
G04
0.85B
G02
0.85B
G01
0.85B
G02
0.85B
G01
0.3W
15
11
2 M01-1
PARK
HEAD
OFF
라이트 스위치
LOW
FLASH
HIGH
딤머/패싱 스위치
다기능 스위치
17
0.3B
1 M01-1
0.3B
17

【고광도 전조등】

◘ 전류 흐름도를 보고 다음 물음에 답하시오.

1. 일반 전조등 회로에서 라이트를 HEAD에 놓고 딤머/패싱 스위치를 LOW상태로 ON 시키는 경우에 회로도상의 전류가 흐르는 요소들을 잘 보고 4개의 (　　)를 채우시오.

1.1. 라이트 스위치를 HEAD에 위치시켜서 전조등 릴레이(LOW)를 구동함

ON전원 → 실내 정션박스 퓨즈 10 → I/P-G의 3번 핀 → JM09의 (　　)번 핀 → 전조등 릴레이(LOW) → JM09의 C9번 핀 → M01-1의 15번 핀 → 라이트 스위치 → HEAD → M01-1의 (　　)번 핀 → M08의 17번 핀 → 조인트 커넥터 → M08의 6번 핀 → G04 접지

1.2. 전조등 점등

상시전원 → 전조등(LOW) 퓨즈 → 전조등 릴레이(LOW)스위치 → ON → JE01의 E8번 → E21의 3번 핀

→ E09의 3번 핀

1.3. 좌측 전조등(LOW) 점등

E21의 3번 핀 → 좌측 전조등 → E21의 (　)번 핀 → G02 접지

1.4. 우측 전조등(LOW) 점등

E09의 (　)번 핀 → 우측 전조등 → E09의 6번 핀 → G02 접지

2. 고광도 전조등 회로에서 라이트를 HEAD에 놓고 딤머/패씽 스위치를 LOW상태로 ON시키는 경우에 회로도상의 전류가 흐르는 요소들을 잘 보고 4개의 (　　)를 채우시오.

2.1. 라이트 스위치를 HEAD에 위치시켜서 전조등 릴레이(LOW)를 구동함

ON전원 → 실내 정션박스 퓨즈 10 → I/P-G의 3번 핀 → JM09의 (　　)번 핀 → 전조등 릴레이(LOW) → JM09의 C9번 핀 → M01-1의 (　　)번 핀 → 라이트 스위치 → HEAD → M01-1의 17번 핀 → M08의 17번 핀 → 조인트 커넥터 → M08의 6번 핀 → G04 접지

2.2. 라이트 스위치를 HEAD에 위치시켜서 HID 릴레이 구동함

ON전원 → 실내 정션박스 퓨즈 10 → I/P-G의 3번 핀 → JM09의 D4번 핀 → 엔진 룸 정션박스 → JE01의 E7번 핀 → E40의 2번 핀 → HID 릴레이 → E40의 4번 핀 → JE01의 D10번 핀 → JM09의 C9번 핀 → M01-1의 15번 → 라이트 스위치 → HEAD → M01-1의 (　　)번 핀 → M08의 17번 핀 → 조인트 커넥터 → M08의 6번 핀 → G04 접지

2.3. 좌측 HID 액추에이터 점등

상시전원 → 좌측전조등(LOW) 퓨즈 → 전조등 릴레이(LOW)스위치 → ON → JE01의 E8번 핀 → E31의 2번 핀 → 좌측 HID 액추에이터 → E31의 1번 핀 → G02 접지

2.4. 우측 HID 액추에이터 점등

상시전원 → 우측전조등(LOW) 퓨즈 → JE01의 F9번 핀 → E40의 3번 핀 → HID 릴레이 스위치 → ON → E40의 1번 핀 → E33의 2번 핀 → 우측 HID 액추에이터 → E33의 1번 핀 → G01 접지

3. 일반 전조등 회로와 고광도 전조등 회로를 비교하면서 라이트를 LOW상태로 ON 시키는데 어떤 차이가 있는지 아래의 빈칸에 적으시오(릴레이를 위주로 생각할 것). 그리고 그 이유도 함께 적으시오.

4. 일반전조등 전기회로도에서 라이트 스위치를 사용해서 헤드라이트(LOW)를 점등 시킬 때에 전류가 흐르는 배선의 색깔 4가지를 찾아서 (　　)안에 배선 색깔 이름을 적으시오.

(　　　　　　) (　　　　　　) (　　　　　　)(　　　　　　)

5. 고광도 전조등 전기회로도에서 라이트 스위치를 사용해서 좌, 우측 HID 액추에이터(LOW)를 점등시킬 때에 전류가 흐르는 배선의 색깔 중에서 일반 전조등 회로도의 배선에서는 사용하지 않은 배선 색깔 이름 2가지를 적으시오.

(　　　　　　) (　　　　　　)

◘ 다음 실험을 실시한다.

1. 실험 준비물을 확인한다.

실습 교재, 다기능 스위치, 헤드라이트 모듈, 배선, 전원공급기

2. 다음 방법에 따라서 실험을 실시한다.

① 전원공급기의 1A의 (+), (-)를 자동차의 배터리로 사용한다.

② 회로도를 보고 헤드라이트를 점등할 수 있도록 회로를 연결한다.

③ 회로도에 나타나 있는 배선의 색깔과 커넥터의 핀을 잘 확인하여 연결한다.

④ 실내 정션박스, 엔진룸 정션박스 등은 없으므로 직접 배선으로 연결한다.

⑤ 전원공급기의 (-)를 자동차의 접지(G01, G02, G04)로 사용한다.

⑥ 라이트 스위치를 HEAD에 위치시키고 딤머 패싱 스위치를 LOW에 위치시켜서 헤드라이트가 점등되는지 살펴본다.

⑦ 헤드라이트가 작동하지 않으면 회로도와 비교하면서 틀린 곳을 찾아 바르게 연결한다.

⑧ 위의 과정을 반복해서 실시하여 숙달이 되도록 한다.

3. 헤드라이트는 정상적으로 구동이 되었는가 ?

예(　　　), 아니오(　　　)

4. 만약 헤드라이트가 정상적으로 작동이 되지 않았다면 그 원인은 무엇이라고 생각되는지 아래에 적으시오.

5. 위의 실험을 통해 느낀 점을 아래에 적으시오.

3. 하이(HIGH) 빔 제어회로 실습

3.1. 주요어

전조등 하이(HIGH) 빔장치, 다기능 스위치, 스티어링 휠, 전조등 하이(HIGH) 빔장치 릴레이

3.2. 개요

자동차 전조등 하이(HIGH) 빔장치의 고장진단 및 정비에 필요한 관련 지식과 그 목적을 달성하기 위한 기본적이 능력인 자동차 전조등 하이(HIGH) 빔장치 전기 회로도를 해독할 수 있도록 실습을 구성하였다.

여러 가지 해석문제와 실습을 통해 학생 스스로 흥미를 갖고 회로도의 해석에 자신감을 갖을 수 있도록 한다. 학습 후 학생 스스로 자신의 학습능력을 검토할 수 있도록 하였다.

3.3. 학습목표

여러 가지 종류의 자동차 전조등 하이(HIGH) 빔장치 장치를 고장진단하고 정비하는데 필요한 여러 차종의 전조등 하이(HIGH) 빔장치 전기 회로도를 설명할 수 있다.

◘ 다음 회로도를 보고 라이트를 ON시킬 때(HIGH상태)의 전류의 흐름을 상시전원부터 접지까지 회로도 위에 표시하시오. 일반 전조등과 고광도 전조등 모두 표시하시오.

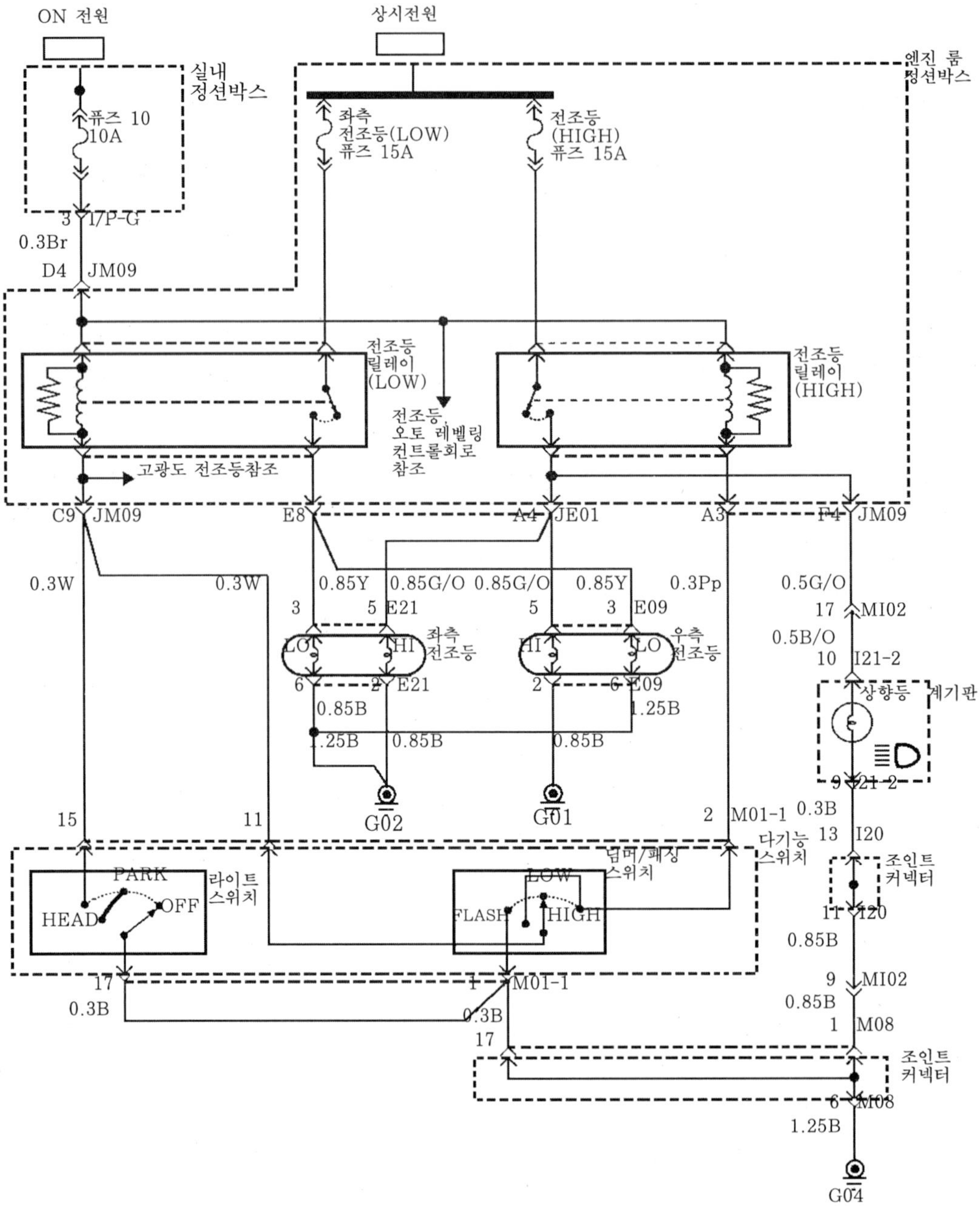

【일반 전조등】

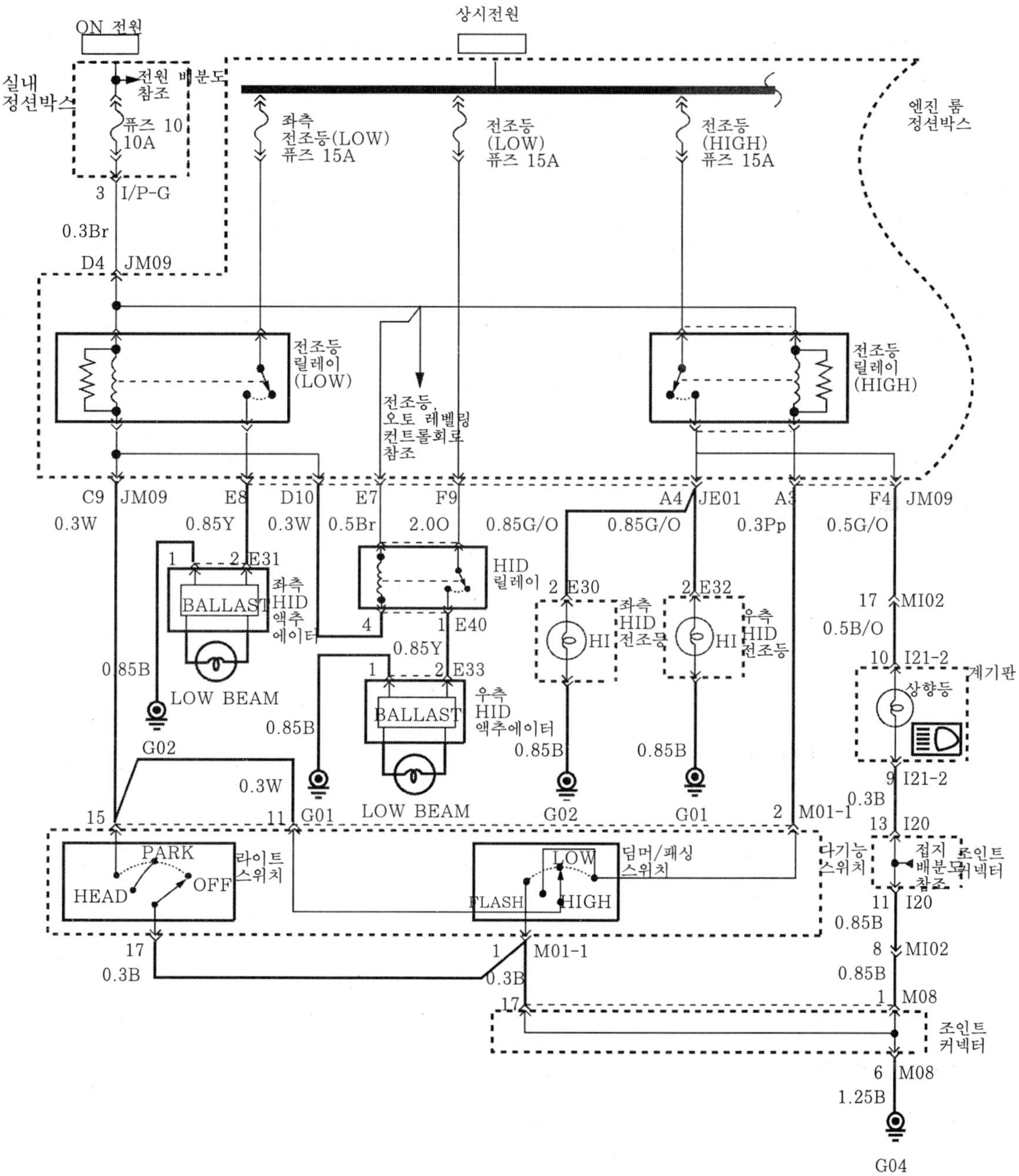
ON 전원
상시전원
실내
정션박스
전원 배분도
참조
퓨즈 10
10A
좌측
전조등(LOW)
퓨즈 15A
전조등
(LOW)
퓨즈 15A
전조등
(HIGH)
퓨즈 15A
엔진 룸
정션박스
3 I/P-G
0.3Br
D4 JM09
전조등
릴레이
(LOW)
전조등
오토 레벨링
컨트롤회로
참조
전조등
릴레이
(HIGH)
C9 JM09
E8
D10
E7
F9
A4 JE01
A3
F4 JM09
0.3W
0.85Y
0.3W
0.5Br
2.0O
0.85G/O
0.85G/O
0.3Pp
0.5G/O
1
2 E31
BALLAST
좌측
HID
액추
에이터
HID
릴레이
4
1 E40
0.85Y
2 E30
좌측
HID
전조등
HI
2 E32
우측
HID
전조등
HI
17 MI02
0.5B/O
10 I21-2
계기판
상향등
0.85B
LOW BEAM
1
2 E33
BALLAST
우측
HID
액추에이터
0.85B
0.85B
0.85B
G02
0.3W
9 I21-2
0.3B
15
11 G01
LOW BEAM
G02
G01
2 M01-1
13 I20
PARK
HEAD
OFF
라이트
스위치
LOW
FLASH
HIGH
딤머/패싱
스위치
다기능
스위치
접지
배분도
참조
조인트
커넥터
11 I20
0.85B
17
0.3B
1 M01-1
0.3B
8 MI02
0.85B
1 M08
17
조인트
커넥터
6 M08
1.25B
G04

【고광도 전조등】

◘ 전류 흐름도를 보고 다음 물음에 답하시오.

1. 위의 일반 전조등 회로에서 라이트를 HEAD에 놓고 딤머/패싱 스위치를 HIGH상태로 ON시키는 경우에 회로도상의 전류가 흐르는 요소들을 잘 보고 6개의 (   )를 채우시오.

1.1. 라이트 스위치를 HEAD에 위치시켜서 전조등 릴레이(LOW)를 구동함

ON전원 → 실내 정션박스 퓨즈 10 → I/P-G의 3번 핀 → JM09의 ( )번 핀 → 전조등 릴레이(LOW) → JM09의 C9번 핀 → M01-1의 15번 핀 → 라이트 스위치 → HEAD → M01-1의 17번 핀 → M08의 17번 핀 → 조인트 커넥터 → M08의 6번 핀 → G04 접지

1.2. 전조등 LO 점등

상시전원 → 전조등(LOW) 퓨즈 → 전조등 릴레이(LOW) 스위치 → ON → JE01의 E8번 → E21의 3번 핀 / → E09의 3번 핀

[1] 좌측 전조등(LOW) 점등

E21의 3번 핀 → 좌측 전조등(LO) → E21의 (   )번 핀 → G02 접지

[2] 우측 전조등(LOW) 점등

E09의 (   )번 핀 → 우측 전조등(LO) → E09의 6번 핀 → G02 접지

1.3. 딤머/패싱 스위치를 HIGH에 놓아서 전조등 릴레이(HIGH)를 구동함

ON전원 → 실내 정션박스 퓨즈 10 → I/P-G의 3번 핀 → JM09의 D4번 핀 → 전조등 릴레이(HIGH) → JM09의 A3번 핀 → M01-1의 2번 핀 → 딤머/패싱 스위치 → HIGH → M01-1의 (　　　)번 핀 → M01-1의 15번 핀 → 라이트 스위치 → HEAD → M01-1의 17번 핀 → M08의 17번 핀 → 조인트 커넥터 → M08의 6번 핀 → G04 접지

1.4. 전조등 HI 점등

상시전원 → 전조등(HIGH) 퓨즈 → 전조등 릴레이(HIGH)스위치 → ON → JE01의 (　)번 → E09의 5번 핀
→ E21의 5번 핀

[1] 좌측 전조등(HI) 점등

E21의 5번 핀 → 좌측 전조등(HI) → E21의 2번 핀 → G02 접지

[2] 우측 전조등(HI) 점등

E09의 (　)번 핀 → 우측 전조등(HI) → E09의 2번 핀 → G01 접지

1.5. 계기판의 상향등 점등

상시전원 → 전조등(HIGH) 퓨즈 → 전조등 릴레이(HIGH)스위치 → ON → JM09의 F4번 → I21-2의 10번 핀 → 계기판의 상향등 → I21-2의 9번 핀 → I20의 13번 핀 → 조인트 커넥터 → I20의 11번 핀 → M08의 1번 핀 → 조인트 커넥터 → M08의 6번 핀 → G04 접지

2. 고광도 전조등 회로에서 라이트를 HEAD에 놓고 딤머/패싱 스위치를 HIGH상태로 ON시키는 경우에 회로도상의 전류가 흐르는 요소들을 잘 보고 6개의 (　　)를 채우시오.

2.1. 라이트 스위치를 HEAD에 위치시켜서 전조등 릴레이(LOW)를 구동함

ON전원 → 실내 정션박스 퓨즈 10 → I/P-G의 3번 핀 → JM09의 (　　)번 핀 → 전조등 릴레이(LOW) → JM09의 C9번 핀 → M01-1의 15번 핀 → 라이트 스위치 → HEAD → M01-1의 (　)번 핀 → M08의 17번 핀 → 조인트 커넥터 → M08의 6번 핀 → G04 접지

2.2. 라이트 스위치를 HEAD에 위치시켜서 HID 릴레이 구동함

ON전원 → 실내 정션박스 퓨즈 10 → I/P-G의 3번 핀 → JM09의 D4번 핀 → 엔진 룸 정션박스 → JE01의 E7번 핀 → E40의 2번 핀 → HID 릴레이 → E40의 4번 핀 → JE01의 D10번 핀 → JM09의 C9번 핀 → M01-1의 15번 → 라이트 스위치 → HEAD → M01-1의 (　　)번 핀 → M08의 17번 핀 → 조인트 커넥터 → M08의 6번 핀 → G04 접지

[1] 좌측 HID 엑추에이터 점등

상시전원 → 좌측전조등(LOW) 퓨즈 → 전조등 릴레이(LOW)스위치 → ON → JE01의 E8번 핀 → E31의 2번 핀 → 좌측 HID 액추에이터 → E31의 1번 핀 → G02 접지

[2] 우측 HID 액추에이터 점등

상시전원 → 우측전조등(LOW) 퓨즈 → JE01의 F9번 핀 → E40의 3번 핀 → HID 릴레이 스위치 → ON → E40의 1번 핀 →E33의 2번 핀 → 우측 HID 액추에이터 → E33의 1번 핀 → G01 접지

2.3. 딤머/패씽 스위치를 HIGH에 놓아서 전조등 릴레이(HIGH)를 구동함

ON전원 → 실내 정션박스 퓨즈 10 → I/P-G의 3번 핀 → JM09의 D4번 핀 → 전조등 릴레이(HIGH) → JM09의 A3번 핀 → M01-1의 2번 핀 → 딤머/패싱 스위치 → HIGH → M01-1의 (   )번 핀 → M01-1의 15번 핀 → 라이트 스위치 → HEAD → M01-1의 17번 핀 → M08의 17번 핀 → 조인트 커넥터 → M08의 6번 핀 → G04 접지

2.4. 전조등 HI 점등

상시전원 → 전조등(HIGH) 퓨즈 → 전조등 릴레이(HIGH)스위치 → ON → JE01의 (   )번 → E30의 2번 핀 / → E32의 2번 핀

[1] 좌측 HID 전조등 (HI) 점등

E30의 2번 핀 → 좌측 HID 전조등 (HI) → E30의 5번 핀 → G02 접지

[2] 우측 HID 전조등(HI) 점등

E32의 2번 핀 → 우측 HID 전조등 (HI) → E32의 5번 핀 → G01 접지

2.5. 계기판의 상향등 점등

상시전원 → 전조등(HIGH) 퓨즈 → 전조등 릴레이(HIGH)스위치 → ON → JM09의 F4번 → I21-2의 10번 핀 → 계기판의 상향등 → I21-2의 9번 핀 → I20의 13번 핀 → 조인트 커넥터 → I20의 11번 핀 → M08의 1번 핀 → 조인트 커넥터 → M08의 6번 핀 → G04 접지

3. 위의 2가지 종류의 회로도를 비교하면서 일반 전조등과 고광도 전조등의 구조상의 차이점을 아래의 빈칸에 적으시오.

4. 일반 전조등 전기회로도에서 라이트 스위치를 사용해서 헤드라이트를 HIGH상태로 점등시킬 때에 전류가 흐르는 배선의 색깔이 6가지를 찾아 (　　)안에 배선 색깔 이름을 적으시오.

5. 고광도 전조등 전기회로도에서 배선의 굵기가 각각 다르게 되어 있다. 가장 굵은 배선의 굵기는 얼마이며 어느 곳에서 사용하고 있는가 ? 그리고 이렇게 굵기가 다른 배선을 사용한 이유는 무엇일까 ? 다음 빈칸에 적으시오.

- 굵기 (　　　　　　　　　　)
- 사용한 곳 (　　　　　　　　　　)
- 굵기가 다른 배선은 사용한 이유 (　　　　　　　　　　　　　　　　)

◘ 다음 실험을 실시한다.

1. 실험 준비물을 확인한다.

실습 교재, 다기능 스위치, 헤드라이트 모듈, 배선, 전원공급기

2. 다음 방법에 따라서 실험을 실시한다.

① 전원공급기의 1A의 (+), (-)를 자동차의 배터리로 사용한다.

② 회로도를 보고 헤드라이트를 점등할 수 있도록 회로를 연결한다.

③ 회로도에 나타나 있는 배선의 색깔과 커넥터의 핀을 잘 확인하여 연결한다.

④ 실내 정션박스, 엔진룸 정션박스 등은 없으므로 직접 배선으로 연결한다.

⑤ 전원공급기의 (-)를 자동차의 접지(G01, G02, G04)로 사용한다.

⑥ 라이트 스위치를 HEAD에 위치시키고 딤머/패싱 스위치를 HIGH에 놓고 헤드라이트가 HIGH로 점등되는지 살펴본다.

⑦ 헤드라이트가 작동하지 않으면 회로도와 비교하면서 틀린 곳을 찾아 바르게 연결한다.

⑧ 위의 과정을 반복해서 실시하여 숙달이 되도록 한다.

3. 헤드라이트는 정상적으로 구동이 되었는가 ?

예(　　　), 아니오(　　　)

4. 만약 헤드라이트가 정상적으로 작동이 되지 않았다면 그 원인은 무엇이라고 생각되는지 아래에 적으시오.

5. 위의 실험을 통해 느낀 점을 아래에 적으시오.

MEMO

4. 패싱(PASS) 제어회로 실습

4.1. 주요어

전조등 패싱(PASS)장치, 다기능 스위치, 스티어링 휠, 전조등 패싱(PASS)장치 릴레이

4.2. 개요

자동차 전조등 패싱(PASS)장치의 고장진단 및 정비에 필요한 관련 지식과 그 목적을 달성하기 위한 기본적이 능력인 자동차 전조등 패싱(PASS)장치 전기 회로도를 해독할 수 있도록 실습을 구성하였다.

여러 가지 해석문제와 실습을 통해 학생 스스로 흥미를 갖고 회로도의 해석에 자신감을 갖을 수 있도록 한다. 학습 후 학생 스스로 자신의 학습능력을 검토할 수 있도록 하였다.

4.3. 학습목표

여러 가지 종류의 자동차 전조등 패싱(PASS)장치 장치를 고장진단하고 정비하는데 필요한 여러 차종의 전조등 패싱(PASS)장치 전기 회로도를 설명할 수 있다.

◆ 다음 회로도를 보고 라이트 스위치를 OFF에 놓고 딤머/패싱 스위치를 FLASH로 놓았을 때의 전류의 흐름을 전원부터 접지까지 회로도 위에 표시하시오(일반 전조등과 고광도 전조등을 모두 표시하시오).

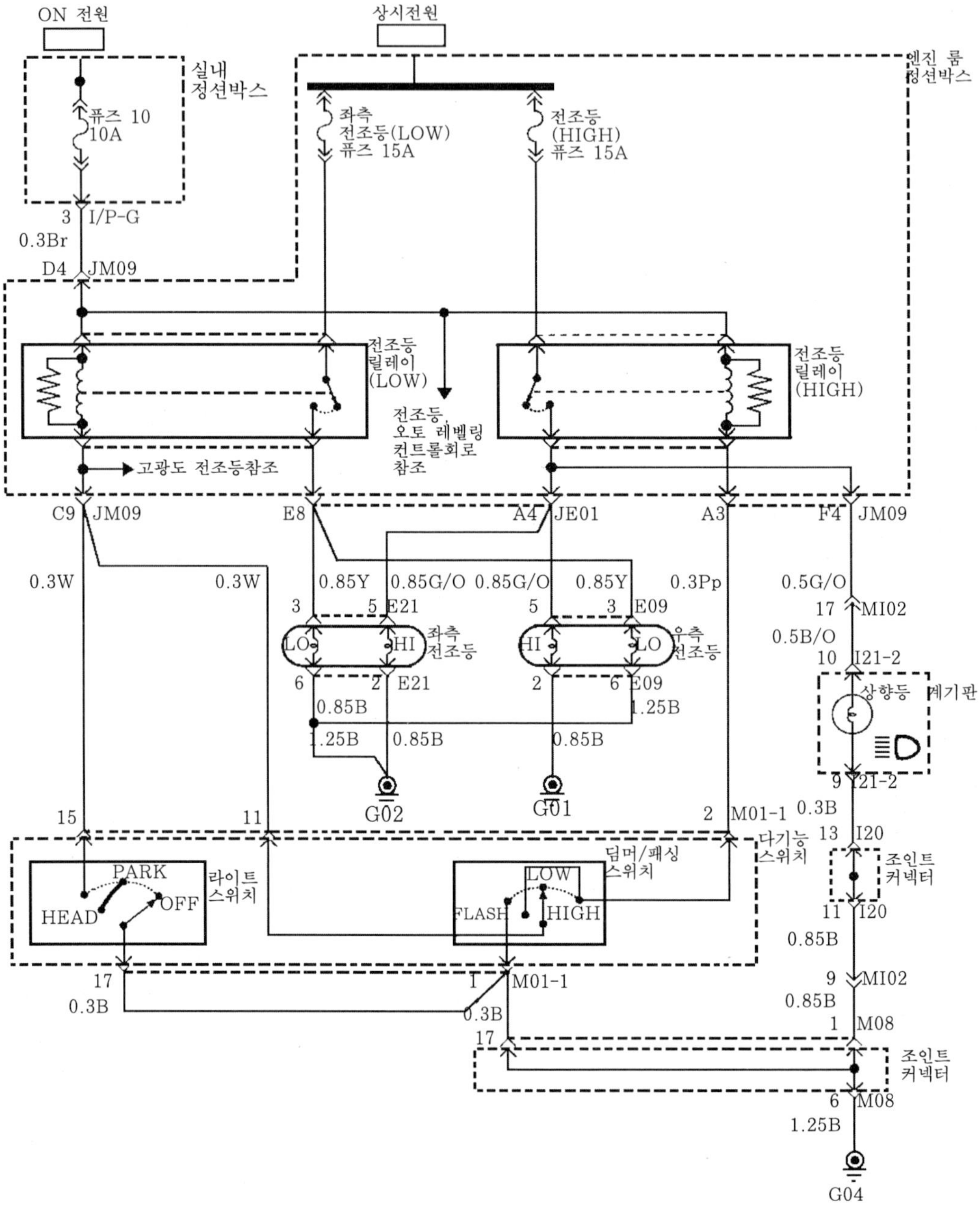

【일반 전조등】

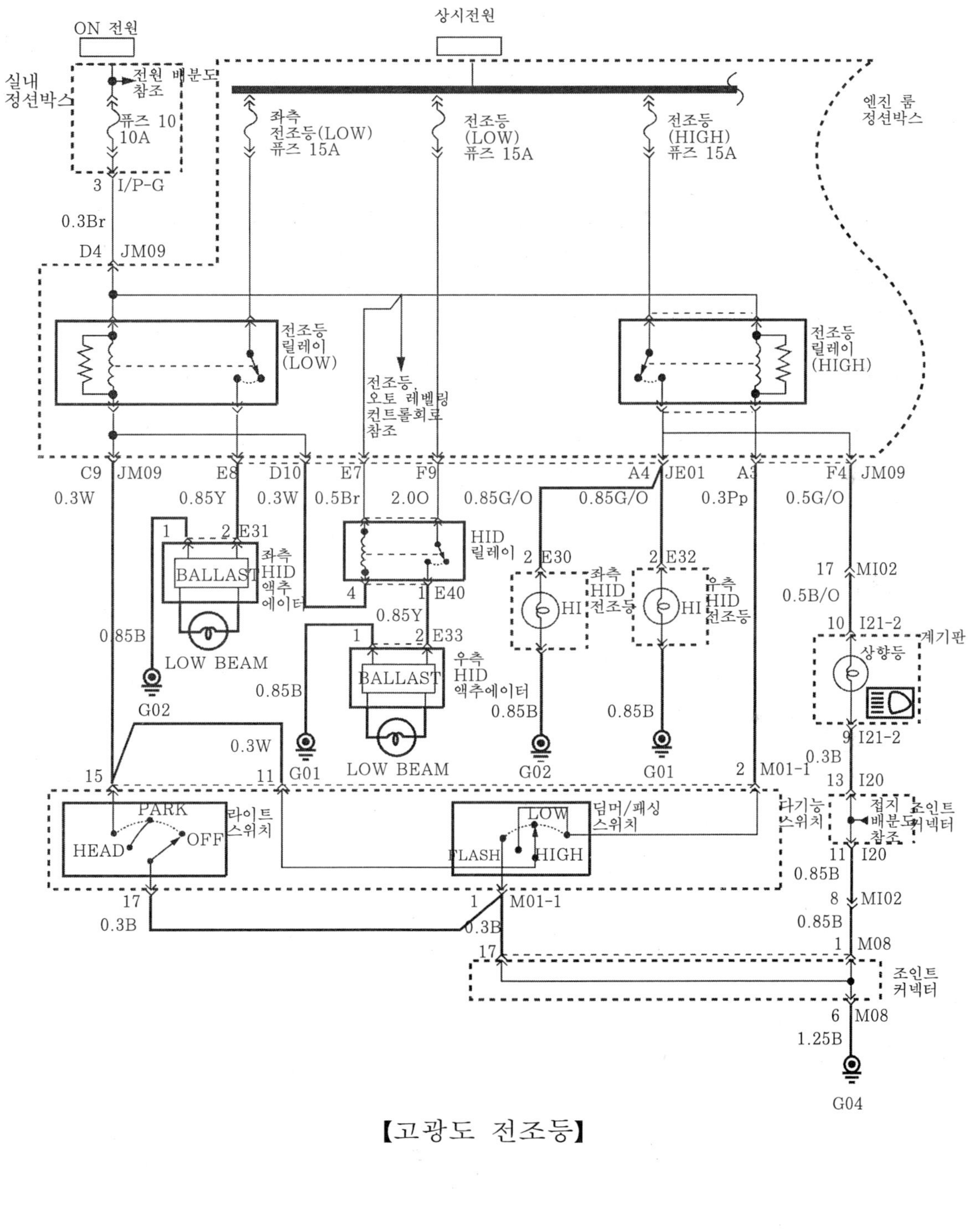
ON 전원
상시전원
실내 정션박스
전원 배분도 참조
퓨즈 10 10A
좌측 전조등(LOW) 퓨즈 15A
전조등 (LOW) 퓨즈 15A
전조등 (HIGH) 퓨즈 15A
엔진 룸 정션박스
3 I/P-G
0.3Br
D4 JM09
전조등 릴레이 (LOW)
전조등 릴레이 (HIGH)
전조등, 오토 레벨링 컨트롤회로 참조
C9 JM09
E8
D10
E7
F9
A4 JE01
A3
F4 JM09
0.3W
0.85Y
0.3W
0.5Br
2.0O
0.85G/O
0.85G/O
0.3Pp
0.5G/O
1
2 E31
BALLAST
좌측 HID 액추에이터
HID 릴레이
4
1 E40
0.85Y
2 E30
좌측 HID 전조등
2 E32
우측 HID 전조등
HI
17 MI02
0.5B/O
10 I21-2
계기판
상향등
9 I21-2
0.85B
LOW BEAM
G02
1
2 E33
BALLAST
우측 HID 액추에이터
0.85B
0.85B
0.85B
G01
G02
G01
0.3W
15
11 G01
2 M01-1
0.3B
13 I20
PARK
라이트 스위치
HEAD
OFF
LOW
딤머/패싱 스위치
FLASH
HIGH
다기능 스위치
접지 배분도 참조
조인트 커넥터
11 I20
0.85B
8 MI02
0.85B
1 M08
17
1 M01-1
0.3B
0.3B
조인트 커넥터
6 M08
1.25B
G04

【고광도 전조등】

◘ 전류 흐름도를 보고 다음 물음에 답하시오.

1. 위의 일반 전조등 회로에서 라이트를 OFF상태로 놓고 딤머/패싱 스위치를 FLASH에 놓았을 경우에 회로도상의 전류가 흐르는 요소들을 잘 보고 6개의 (　　)를 채우시오.

1.1. 딤머/패싱 스위치를 FLASH에 위치시켜서 전조등 릴레이(LOW)를 구동함

ON전원 → 실내 정션박스 퓨즈 10 → I/P-G의 3번 핀 → JM09의 D4번 핀 → 전조등 릴레이 (LOW) → JM09의 C9번 핀 → M01-1의 (　　　)번 핀 → 딤머/패싱 스위치 → FLASH → M01-1의 1번 핀 → M08의 17번 핀 → 조인트 커넥터 → M08의 6번 핀 → G04 접지

1.2. 전조등 LO 점등

상시전원 → 전조등(LOW) 퓨즈 → 전조등 릴레이(LOW)스위치 → ON → JE01의 E8번 → E21의 3번 핀
→ E09의 3번 핀

[1] 좌측 전조등(LOW) 점등

E21의 (　)번 핀 → 좌측 전조등 (LO) → E21의 6번 핀 → G02 접지

[2] 우측 전조등(LOW) 점등

E09의 3번 핀 → 우측 전조등 (LO) → E09의 6번 핀 → (　　) 접지

1.3. 딤머/패싱 스위치를 FLASH에 위치시켜서 전조등 릴레이(HIGH)를 구동함

ON전원 → 실내 정션박스 퓨즈 10 → I/P-G의 3번 핀 → JM09의 D4번 핀 → 전조등 릴레이 (HIGH) → JM09의 A3번 핀 → M01-1의 2번 핀 → 딤머/패싱 스위치 → FLASH → M01-1의 (　　　)번 핀 → M08의 17번 핀 → 조인트 커넥터 → M08의 6번 핀 → G04 접지

1.4. 전조등 HI 점등

상시전원 → 전조등(HIGH) 퓨즈 → 전조등 릴레이(HIGH)스위치 → ON → JE01의 A4번 → E09의 5번 핀 / → E21의 5번 핀

[1] 좌측 전조등(HI) 점등

E21의 5번 핀 → 좌측 전조등 (HI) → E21의 (　)번 핀 → G02 접지

[2] 우측 전조등(HI) 점등

E09의 5번 핀 → 우측 전조등 (HI) → E09의 2번 핀 → G01 접지

1.5. 계기판의 상향등 점등

상시전원 → 전조등(HIGH) 퓨즈 → 전조등 릴레이(HIGH)스위치 → ON → JM09의 F4번 → I21-2의 (　)번 핀 → 계기판의 상향등 → I21-2의 9번 핀 → I20의 13번 핀 → 조인트 커넥터 → I20의 11번 핀 → M08의 1번 핀 → 조인트 커넥터 → M08의 6번 핀 → G04 접지

2. 고광도 전조등회로에서 라이트를 OFF상태에서 딤머/패싱스위치를 FLASH로 ON시키는 경우에 회로도상의 전류가 흐르는 요소들을 잘 보고 6개의 (　　)를 채우시오.

2.1. 딤머/패싱 스위치를 FLASH에 위치시켜서 전조등 릴레이(LOW)를 구동함

ON전원 → 실내 정션박스 퓨즈 10 → I/P-G의 3번 핀 → JM09의 D4번 핀 → 전조등 릴레이 (LOW) → JM09의 C9번 핀 → M01-1의 11번 핀 → 딤머/패싱스위치 → FLASH → M01-1의 1번 핀 → M08의 17번 핀 → 조인트 커넥터 → M08의 6번 핀 → (　　) 접지

2.2. 딤머/패싱스위치를 FLASH에 위치시켜서 HID 릴레이 구동함

ON전원 → 실내 정션박스 퓨즈 10 → I/P-G의 3번 핀 → JM09의 D4번 핀 → 엔진 룸 정션박스 → JE01의 E7번 핀 → E40의 2번 핀 → HID 릴레이 → E40의 4번 핀 → JE01의 D10번 핀 → JM09의 C9번 핀 → M01-1의 11번 → 딤머/패싱스위치 → FLASH → M01-1의 1번 핀 → M08의 17번 핀 → 조인트 커넥터 → M08의 (　　)번 핀 → G04 접지

[1] 좌측 HID 액추에이터 점등

상시전원 → 좌측 전조등(LOW) 퓨즈 → 전조등 릴레이(LOW)스위치 → ON → JE01의 E8번 핀 → E31의 2번 핀 → 좌측 HID 액추에이터 → E31의 1번 핀 → G02 접지

[2] 우측 HID 액추에이터 점등

상시전원 → 우측 전조등(LOW) 퓨즈 → JE01의 F9번 핀 → E40의 3번 핀 → HID 릴레이 스위치 → ON → E40의 1번 핀 → E33의 2번 핀 → 우측 HID 액추에이터 → E33의 1번 핀 → G01 접지

2.3. 딤머/패싱 스위치를 FLASH에 위치시켜서 전조등 릴레이(HIGH)를 구동함

ON전원 → 실내 정션박스 퓨즈 10 → I/P-G의 3번 핀 → JM09의 D4번 핀 → 전조등 릴레이 (HIGH) → JM09의 A3번 핀 → M01-1의 2번 핀 → 딤머/패싱스위치 → FLASH → M01-1의 (   )번 핀 → M08의 17번 핀→ 조인트 커넥터 → M08의 6번 핀 → G04 접지

2.4. 전조등 HI 점등

상시전원 → 전조등(HIGH) 퓨즈 → 전조등 릴레이(HIGH)스위치 → ON → JE01의 A4번 → E30의 2번 핀
→ E32의 2번 핀

[1] 좌측 HID 전조등(HI) 점등

E30의 (   )번 핀 → 좌측 HID 전조등 (HI) → E30의 5번 핀 → G02 접지

[2] 우측 HID 전조등(HI) 점등

E32의 2번 핀 → 우측 HID 전조등 (HI) → E32의 5번 핀 → G01 접지

2.5. 계기판의 상향등 점등

상시전원 → 전조등(HIGH) 퓨즈 → 전조등 릴레이(HIGH)스위치 → ON → JM09의 F4번 → I21-2의 10번 핀 → 계기판의 상향등 → I21-2의 (   )번 핀 → I20의 13번 핀 → 조인트 커넥터 → I20의 11번 핀 → M08의 1번 핀 → 조인트 커넥터 → M08의 6번 핀 → G04 접지

3. 일반전조등 전기회로도에서 패싱 스위치를 사용해서 헤드라이트를 HIGH상태로 점등시킬 때에 전류가 흐르지 않는 배선 2가지의 색깔과 굵기를 찾아 (　　)안에 배선 색깔과 굵기를 적으시오.

다음 실험을 실시한다.

1. 실험 준비물을 확인한다.

실습 교재, 다기능 스위치, 헤드라이트 모듈, 배선, 전원공급기

2. 다음 방법에 따라서 실험을 실시한다.

① 전원공급기의 1A의 (+), (-)를 자동차의 배터리로 사용한다.
② 회로도를 보고 헤드라이트를 점등할 수 있도록 회로를 연결한다.
③ 회로도에 나타나 있는 배선의 색깔과 커넥터의 핀을 잘 확인하여 연결한다.
④ 실내 정션박스, 엔진룸 정션박스 등은 없으므로 직접 배선으로 연결한다.
⑤ 전원공급기의 (-)를 자동차의 접지(G01, G02, G04)로 사용한다.
⑥ 라이트 스위치를 OFF에 위치시키고 딤머/패싱 스위치를 FLASH에 놓고 헤드라이트가 HIGH로 점등되는지 살펴본다.
⑦ 헤드라이트가 작동하지 않으면 회로도와 비교하면서 틀린 곳을 찾아 바르게 연결한다.
⑧ 위의 과정을 반복해서 실시하여 숙달이 되도록 한다.

3. 헤드라이트의 패싱 동작은 정상적으로 구동이 되었는가 ?

예(　　　), 아니오(　　　)

4. 만약 헤드라이트가 정상적으로 작동이 되지 않았다면 그 원인은 무엇이라고 생각되는지 아래에 적으시오.

5. 위의 실험을 통해 느낀 점을 아래에 적으시오.

05 CHAPTER

오토라이트 제어회로

1. 교재의 구성

1.1. 내용소개

자동차 오토라이트장치의 고장진단 및 정비에 필요한 관련 지식과 그 목적을 달성하기 위한 기본적이 능력인 자동차 오토라이트장치 전기 회로도를 해독할 수 있도록 실습을 구성하였다.

여러 가지 해석문제와 실습을 통해 학생 스스로 흥미를 갖고 회로도의 해석에 자신감을 갖을 수 있도록 한다. 학습 후 학생 스스로 자신의 학습능력을 검토할 수 있도록 하였다.

1.2. 학습목표

여러 가지 종류의 자동차 오토라이트장치를 고장진단하고 정비하는데 필요한 여러 차종의 오토라이트장치 전기 회로도를 설명할 수 있다.

1.3. 선수 학습모듈

자동차 전기부품 및 전자장치에 대한 구조 및 작동원리에 대한 기초적인 지식을 타 교과에서 이수하도록 한다.

2. 오토라이트 제어회로

2.1. 주요어

오토 라이트, 다기능 스위치, 스티어링 휠, 전조등 릴레이

2.2. 개요

자동차 오토라이트의 고장진단 및 정비에 필요한 관련 지식과 그 목적을 달성하기 위한 기본적이 능력인 자동차 오토라이트 전기 회로도를 해독할 수 있도록 실습을 구성하였다.

여러 가지 해석문제와 실습을 통해 학생 스스로 흥미를 갖고 회로도의 해석에 자신감을 갖을 수 있도록 한다. 학습 후 학생 스스로 자신의 학습능력을 검토할 수 있도록 하였다.

2.3. 학습목표

여러 가지 종류의 자동차 오토라이트장치를 고장진단하고 정비하는데 필요한 여러 차종의 오토라이트 전기 회로도를 설명할 수 있다.

◘ 다음 회로도를 보고 라이트 스위치를 AUTO에 놓고 딤머/패싱 스위치를 LOW로 놓았을 때의 전류의 흐름을 전원부터 접지까지 회로도 위에 표시하시오.

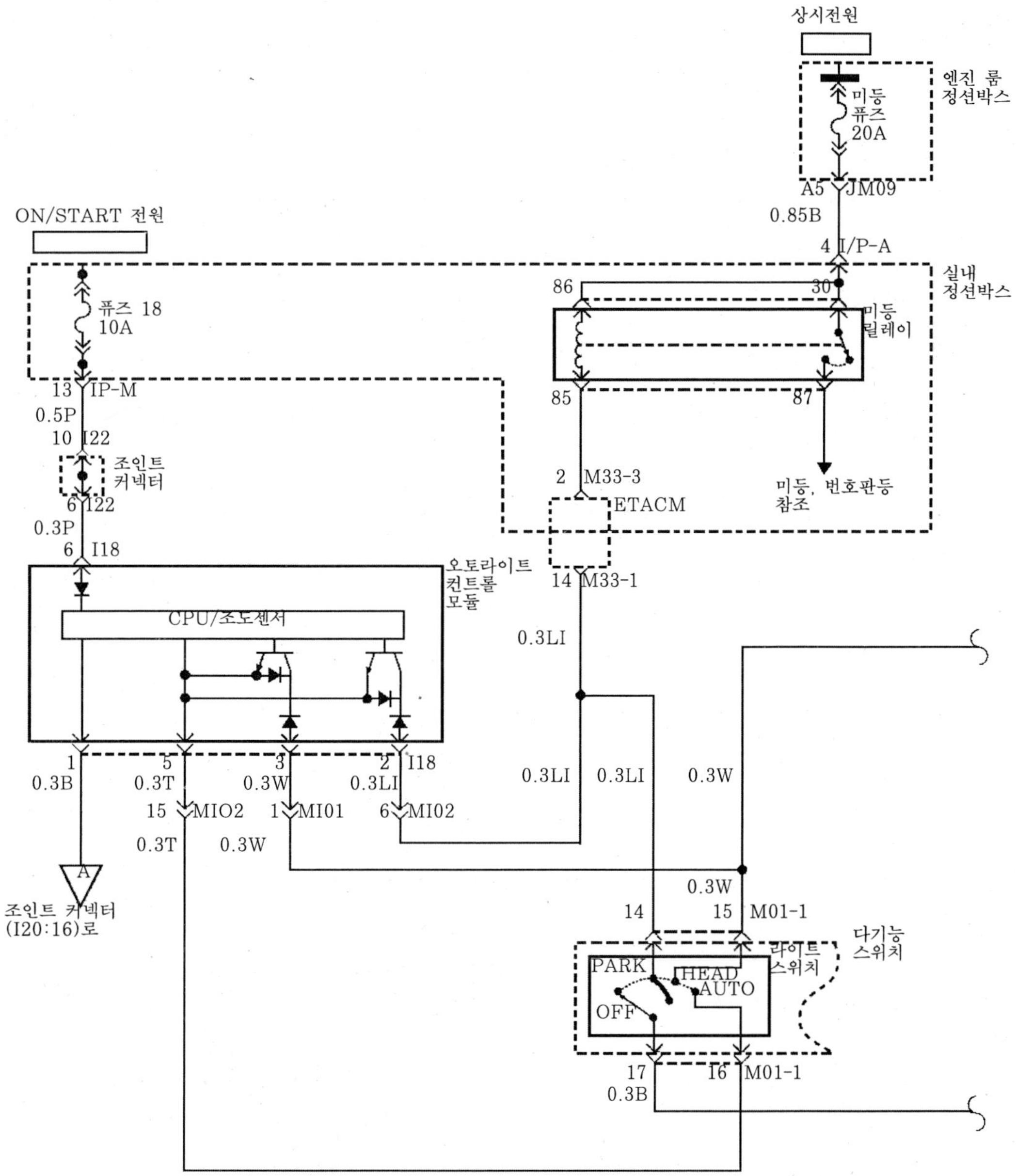

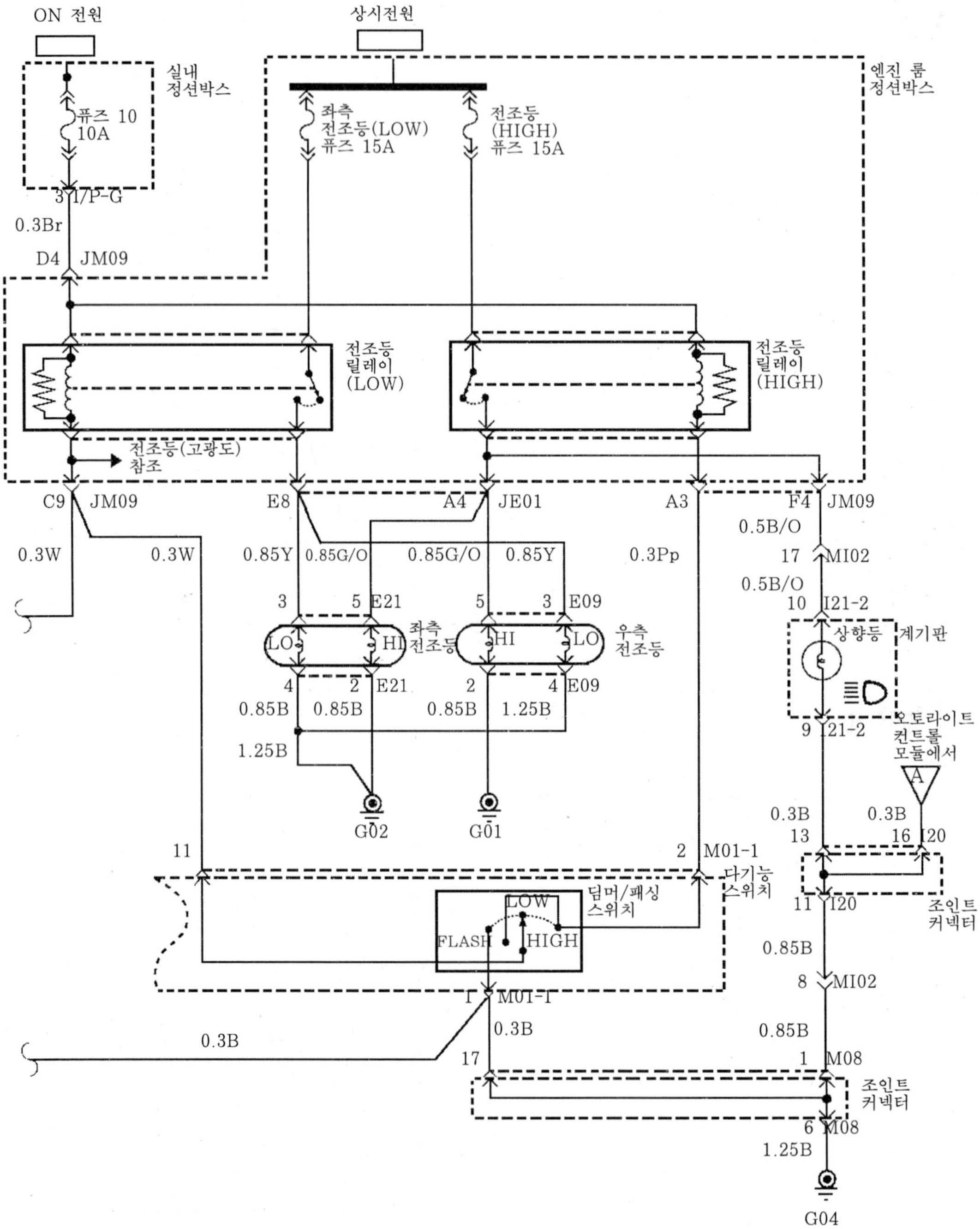

ON 전원
상시전원
실내 정션박스
엔진 룸 정션박스
퓨즈 10 10A
좌측 전조등(LOW) 퓨즈 15A
전조등 (HIGH) 퓨즈 15A
3 I/P-G
0.3Br
D4 JM09
전조등 릴레이 (LOW)
전조등 릴레이 (HIGH)
전조등(고광도) 참조
C9 JM09
E8
A4 JE01
A3
F4 JM09
0.3W
0.3W
0.85Y
0.85G/O
0.85G/O
0.85Y
0.3Pp
0.5B/O
17 MI02
0.5B/O
10 I21-2
3
5 E21
5
3 E09
좌측 전조등
우측 전조등
LO
HI
HI
LO
상향등
계기판
4
2 E21
2
4 E09
0.85B
0.85B
0.85B
1.25B
1.25B
9 I21-2
오토라이트 컨트롤 모듈에서
A
G02
G01
0.3B
0.3B
13
16 I20
11
2 M01-1
다기능 스위치
딤머/패싱 스위치
LOW
FLASH
HIGH
조인트 커넥터
11 I20
0.85B
8 MI02
1 M01-1
0.3B
0.3B
0.85B
17
1 M08
조인트 커넥터
6 M08
1.25B
G04

◘ 전류 흐름도를 보고 다음 물음에 답하시오.

1. 위의 전기 회로도에서 라이트 스위치를 AUTO 상태로 놓고 딤머/패싱 스위치를 LOW에 놓았을 경우에 회로도상의 전류가 흐르는 요소들을 잘 보고 4개의 (　) 를 채우시오.

1.1. 라이트 스위치를 AUTO에 놓으면 조도 센서가 전조등 릴레이(LOW)를 제어함

ON전원 → 실내 정션박스 퓨즈 10 → I/P-G의 3번 핀 → JM09의 D4번 핀 → 전조등 릴레이 (LOW) → JM09의 C9번 핀 → I18의 (　　)번 핀 → 오토라이트 조도센서 → I18의 5번 핀 → M01-1의 16번 핀 → 라이트 스위치→AUTO → M01-1의 (　　)번 핀 → M08의 17번 핀 → 조인트 커넥터 → M08의 6번 핀 → G04 접지

1.2. 전조등 LO 점등

상시전원 → 전조등(LOW) 퓨즈 → 전조등 릴레이(LOW)스위치 → ON → JE01의 E8번 → E21의 3번 핀
　　　　　　　　　　　　　　　　　　　　　　　　　　　　　　↳ E09의 3번 핀

[1] 좌측 전조등(LOW) 점등

E21의 (　)번 핀 → 좌측 전조등 (LO) → E21의 4번 핀 → G02 접지

[2] 우측 전조등(LOW) 점등

E09의 3번 핀 → 우측 전조등 (LO) → E09의 (　)번 핀 → G02 접지

2. 위의 전기 회로도에서 라이트 스위치를 AUTO 상태로 놓고 딤머/패싱 스위치를 HIGH에 놓았을 경우에 회로도상의 전류가 흐르는 요소들을 잘 보고 6개의 (   )를 채우시오.

2.1. 라이트 스위치를 AUTO에 놓으면 조도 센서가 전조등 릴레이(LOW)를 제어함

ON전원 → 실내 정션박스 퓨즈 10 → I/P-G의 3번 핀 → JM09의 D4번 핀 → 전조등 릴레이(LOW) → JM09의 C9번 핀 → I18의 3번 핀 → 오토라이트 조도센서 → I18의 5번 핀 → M01-1의 (   )번 핀 → 라이트스위치 → AUTO → M01-1의 17번 핀 → M08의 17번 핀 → 조인트 커넥터 → M08의 6번 핀 → G04 접지

2.2. 전조등 LO 점등

상시전원 → 전조등(LOW) 퓨즈 → 전조등 릴레이(LOW)스위치 → ON → JE01의 E8번 → E21의 3번 핀
→ E09의 3번 핀

[1] 좌측 전조등(LOW) 점등

E21의 3번 핀 → 좌측 전조등 (LO) → E21의 4번 핀 → (   ) 접지

[2] 우측 전조등(LOW) 점등

E09의 3번 핀 → 우측 전조등 (LO) → E09의 4번 핀 → G02 접지

2.3. 딤머/패싱 스위치를 HIGH에 위치시켜서 전조등 릴레이(HIGH)를 구동함

ON전원 → 실내 정션박스 퓨즈 10 → I/P-G의 3번 핀 → JM09의 ( )번 핀 → 전조등 릴레이 (HIGH) → JM09의 A3번 핀 → M01-1의 2번 핀 → 딤머/패싱스위치 → HIGH → M01-1의 11번 핀 → I18의 3번 핀 → 오토라이트 조도센서 → I18의 ( )번 핀 → M01-1의 16번 핀 → 라이트 스위치 → AUTO → M01-1의 17번 핀 → M08의 17번 핀 → 조인트 커넥터 → M08의 6번 핀 → G04 접지

2.4. 전조등 HI 점등

상시전원 → 전조등(HIGH) 퓨즈 → 전조등 릴레이(HIGH)스위치 → ON → JE01의 A4번 → E21의 5번 핀
→ E09의 5번 핀

[1] 좌측 전조등(HI) 점등

E21의 5번 핀 → 좌측 전조등 (HI) → E21의 ( )번 핀 → G02 접지

[2] 우측 전조등(HI) 점등

E09의 5번 핀 → 우측 전조등 (HI) → E09의 2번 핀 → G01 접지

2.5. 계기판의 상향등 점등

상시전원 → 전조등(HIGH) 퓨즈 → 전조등 릴레이(HIGH)스위치 → ON → JM09의 F4번 → I21-2의 ( )번 핀 → 계기판의 상향등 → I21-2의 9번 핀 → I20의 13번 핀 → 조인트 커넥터 → I20의 11번 핀 → M08의 1번 핀 → 조인트 커넥터 → M08의 6번 핀 → G04 접지

3. 위의 전기 회로도에서 라이트 스위치를 AUTO 상태로 놓아서 오토라이트 컨트롤 모듈이 미등 릴레이를 제어하는 경우에 회로도상의 전류가 흐르는 요소들을 잘 보고 2개의 ( )를 채우시오.

3.1. 라이트 스위치를 AUTO에 놓으면 조도 센서가 미등 릴레이를 제어함

상시전원 → 실내 정션박스 미등 퓨즈 → JM09의 A5번 핀 → I/P-A의 4번 핀 →

미등 릴레이 → ETACM → M33-1의 14번 핀 → I18의 ( )번 핀 →

오토라이트 조도센서 → I18의 5번 핀 → M01-1의 ( )번 핀 →

라이트 스위치 → AUTO → M01-1의 17번 핀 → M08의 17번 핀 →

조인트 커넥터 → M08의 6번 핀 → G04 접지

◘ 다음 실험을 실시한다.

1. 실험 준비물을 확인한다.

실습 교재, 다기능 스위치, 헤드라이트 모듈, 오토라이트 센서 모듈, 미등 모듈, 배선, 전원공급기

2. 다음 방법에 따라서 실험을 실시한다.

① 전원공급기의 1A의 (+), (-)를 자동차의 배터리로 사용한다.
② 회로도를 보고 헤드라이트를 점등할 수 있도록 회로를 연결한다.
③ 회로도에 나타나 있는 배선의 색깔과 커넥터의 핀을 잘 확인하여 연결한다.
④ 실내 정션박스, 엔진룸 정션박스 등은 없으므로 직접 배선으로 연결한다.
⑤ 전원공급기의 (-)를 자동차의 접지(G04)로 사용한다.
⑥ 라이트 스위치를 AUTO에 위치시키고 조도 센서의 햇빛을 차단하여 헤드라이트가 자동으로 점등되는지 살펴본다.
⑦ 라이트 스위치를 AUTO에 위치시키고 딤머/패싱 스위치를 HIGH에 놓은 후, 조도 센서의 햇빛을 차단하여 헤드라이트가 자동으로 점등되는지 살펴본다.
⑧ 라이트 스위치를 AUTO에 위치시키고 조도 센서의 햇빛을 조금 차단하여 미등이 자동으로 점등되는지 살펴본다.
⑨ 헤드라이트가 작동하지 않으면 회로도와 비교하면서 틀린 곳을 찾아 바르게 연결한다.
⑩ 위의 과정을 반복해서 실시하여 숙달이 되도록 한다.

3. 오토 라이트의 동작은 정상적으로 구동이 되었는가 ?

예(　　　), 아니오(　　　)

4. 만약 오토 라이트가 정상적으로 작동이 되지 않았다면 그 원인은 무엇이라고 생각되는지 아래에 적으시오.

5. 위의 실험을 통해 느낀 점을 아래에 적으시오.

MEMO

자동차 모터제어

PART

03

CHAPTER

01 CHAPTER

와이퍼 및 와셔 모터 제어회로

1. 교재의 구성

1.1. 내용소개

자동차 와이퍼 및 와셔 모터의 고장진단 및 정비에 필요한 관련 지식과 그 목적을 달성하기 위한 기본적이 능력인 자동차 와이퍼 및 와셔 모터 전기 회로도를 해독할 수 있도록 실습을 구성하였다. 여러 가지 해석문제와 실습을 통해 학생 스스로 흥미를 갖고 회로도의 해석에 자신감을 갖을 수 있도록 한다. 학습 후 학생 스스로 자신의 학습능력을 검토할 수 있도록 하였다.

1.2. 학습목표

여러 가지 종류의 자동차 와이퍼 및 와셔 모터장치를 고장진단하고 정비하는데 필요한 여러 차종의 와이퍼 및 와셔 모터 전기 회로도를 설명할 수 있다.

1.3. 선수 학습모듈

자동차 전기부품 및 전자장치에 대한 구조 및 작동원리에 대한 기초적인 지식을 타 교과에서 이수하도록 한다.

2. 와이퍼 모터의 2단 제어회로

2.1. 주요어

와이퍼 2단 제어장치, 다기능 스위치, 스티어링 휠, 와이퍼 2단 제어장치 릴레이

2.2. 개요

자동차 와이퍼 2단 제어장치의 고장진단 및 정비에 필요한 관련 지식과 그 목적을 달성하기 위한 기본적이 능력인 자동차 와이퍼 2단 제어장치 전기 회로도를 해독할 수 있도록 실습을 구성하였다.

여러 가지 해석문제와 실습을 통해 학생 스스로 흥미를 갖고 회로도의 해석에 자신감을 갖을 수 있도록 한다. 학습 후 학생 스스로 자신의 학습능력을 검토할 수 있도록 하였다.

2.3. 학습목표

여러 가지 종류의 자동차 와이퍼 2단 제어장치 장치를 고장진단하고 정비하는데 필요한 여러 차종의 와이퍼 2단 제어장치 전기 회로도를 설명할 수 있다.

◎ 다음 전기 회로도를 보고 와이퍼 스위치 2단(LO) 작동 시 전류의 흐름을 ON 전원부터 접지까지 회로도 위에 표시하시오.

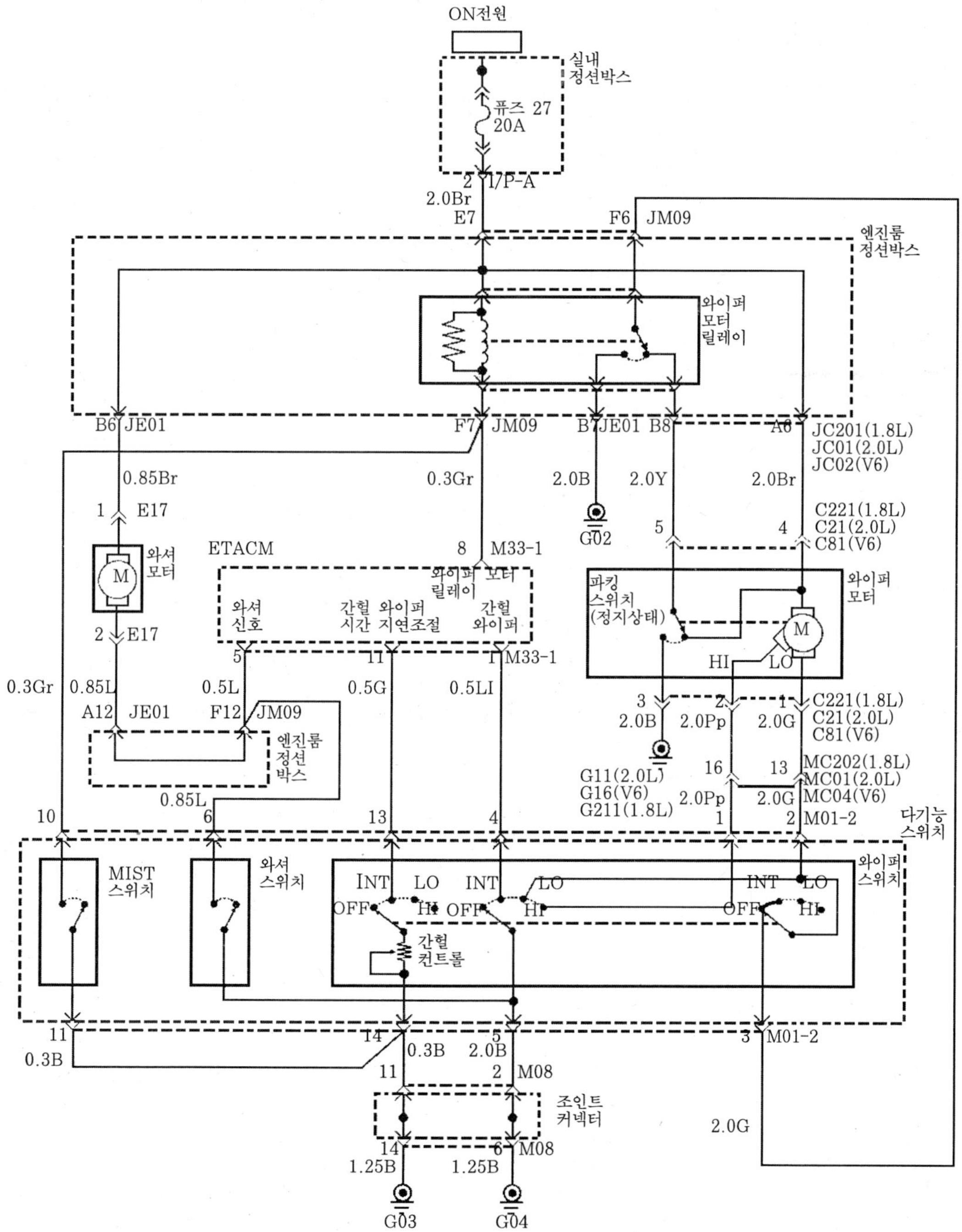

【레인 센서 미적용】

◘ 전류 흐름도를 보고 다음 물음에 답하시오.

1. 와이퍼 스위치 2단 작동 시 전류가 흐르는 요소를 잘 보고 3개의 ( )를 채우시오(2.0L를 기준으로).

ON전원 → 실내 정션박스 27번 퓨즈 → I/P-A커넥터의 2번 핀 → JM09의 E7 → JC01의 A6 → C21의 ( )번 핀 → 와이퍼 모터 LO → C21커넥터의 1번 핀 → MO1-2의 2번 핀 → 와이퍼 스위치 LO → M01-2의 ( )번 핀 → M08의 2번 핀 → 조인트 커넥터 → M08의 6번 핀 → (   )접지

2. 위의 전기회로도에서 와이퍼 스위치 2단 작동 시 전류가 흐르지 않는 요소를 아래에서 모두 찾아 ( )안에 적으시오.

ETACM , 실내 정션박스, G04접지, 와이퍼 모터, 와셔 모터,
와이퍼 모터 릴레이, 와이퍼 스위치, G03 접지

(   ) (   ) (   ) (   )

3. 와이퍼 2단 작동 시 전류가 흐르는 배선의 색깔 3가지를 모두 찾아 ( ) 안에 적으시오.

(   ) (   ) (   )

◎ 다음 실험을 실시한다.

1. 실험 준비물을 확인한다.

실습 교재, 다기능 스위치, 와이퍼 모터, 배선, 전원공급기

2. 다음 방법에 따라서 실험을 실시한다.

① 전원공급기의 1A의 (+), (-)를 자동차의 배터리로 사용한다.

② 회로도를 보고 배선을 사용해서 와이퍼 모터를 구동할 수 있도록 연결한다.

③ 회로도에 나타나 있는 배선의 색깔과 커넥터의 핀을 잘 확인하여 연결한다.

④ 실내 정션박스, 엔진룸 정션박스 등은 없으므로 직접 배선으로 연결한다.

⑤ 전원공급기의 (-)를 자동차의 접지(G04)로 사용한다.

⑥ 와이퍼스위치를 2단에 놓고 와이퍼 모터가 천천히 회전하는지 살펴본다.

⑦ 모터가 작동하지 않으면 회로도와 비교하면서 틀린 곳을 찾아 바르게 연결한다.

⑧ 위의 과정을 반복해서 실시하여 숙달이 되도록 한다.

3. 와이퍼 모터는 정상적으로 구동이 되었는가 ?

예(　　　), 아니오(　　　)

4. 만약 모터가 잘 구동이 되지 않았다면 그 원인은 무엇이라고 생각되는지 아래에 적으시오.

5. 위의 실험을 통해 느낀 점을 아래에 적으시오.

MEMO

3. 와이퍼 모터의 3단 제어회로

3.1. 주요어

와이퍼 3단 제어장치, 다기능 스위치, 스티어링 휠, 와이퍼 3단 제어장치 릴레이

3.2. 개요

자동차 와이퍼 3단 제어장치의 고장진단 및 정비에 필요한 관련 지식과 그 목적을 달성하기 위한 기본적이 능력인 자동차 와이퍼 3단 제어장치 전기 회로도를 해독할 수 있도록 실습을 구성하였다.

여러 가지 해석문제와 실습을 통해 학생 스스로 흥미를 갖고 회로도의 해석에 자신감을 갖을 수 있도록 한다. 학습 후 학생 스스로 자신의 학습능력을 검토할 수 있도록 하였다.

3.3. 학습목표

여러 가지 종류의 자동차 와이퍼 3단 제어장치 장치를 고장진단하고 정비하는데 필요한 여러 차종의 와이퍼 3단 제어장치 전기 회로도를 설명할 수 있다.

◘ 다음 전기 회로도를 보고 와이퍼 3단 작동 시 전류의 흐름을 ON전원부터 접지까지 회로도 위에 표시하시오.

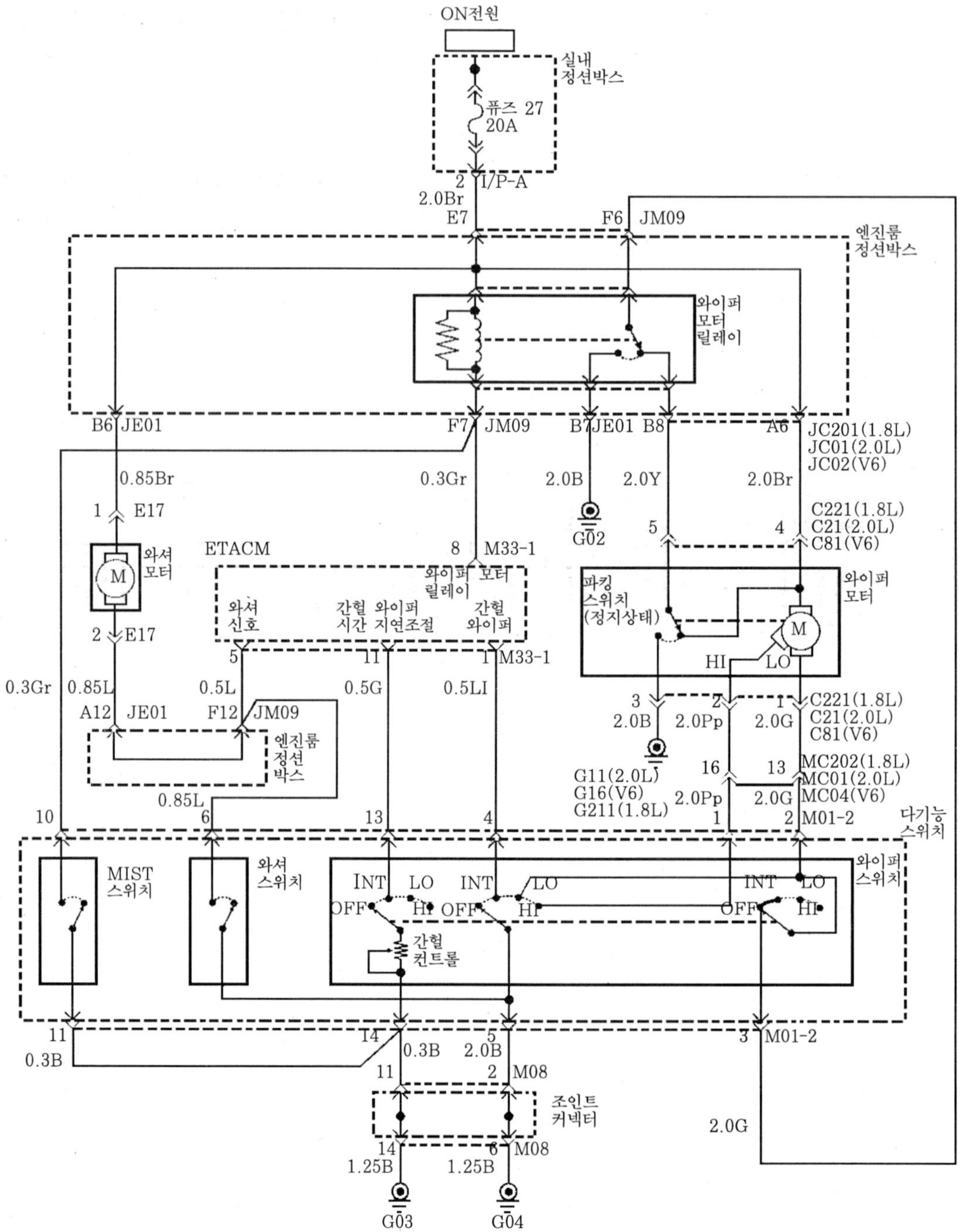

【레인 센서 미적용】

◘ 전류 흐름도를 보고 다음 물음에 답하시오.

1. 와이퍼 3단 작동 시 전류가 흐르는 요소를 잘 보고 3개의 (　　)를 채우시오(2.0L를 기준으로).

ON전원 → 실내 정션박스 (　)번 퓨즈 → I/P-A커넥터의 2번 핀 → JM09의 E7 → JC01의 A6 → C21의 4번 핀 → 와이퍼 모터 HI → C21커넥터의 (　)번 핀 → MO1-2의 1번 핀 → 와이퍼 스위치 HI → M01-2의 5번 핀 → M08의 2번 핀 → 조인트 커넥터 → M08의 (　　)번 핀 → G04접지

2. 위의 전기 회로도에서 와이퍼 3단 작동 시 전류가 흐르지 않는 요소를 아래에서 모두 찾아 (　)안에 적으시오.

> ETACM , 실내 정션박스, G04접지, 와이퍼 모터, 와셔 모터,
> 와이퍼 모터 릴레이, 와이퍼 스위치, G03 접지

(　　　　　　　　　) (　　　　　　　　　　　) (　　　　　　　　　)

3. 와이퍼 3단 작동 시 전류가 흐르는 배선의 색깔 3가지를 모두 찾아 (　　)안에 적으시오.

(　　　　　　　　) (　　　　　　　) (　　　　　　)

◘ 다음 실험을 실시한다.

1. 실험 준비물을 확인한다.

실습 교재, 다기능 스위치, 와이퍼 모터, 배선, 전원공급기

2. 다음 방법에 따라서 실험을 실시한다.

① 전원공급기의 1A의 (+), (-)를 자동차의 배터리로 사용한다.
② 회로도를 보고 배선을 사용해서 와이퍼 모터를 구동할 수 있도록 연결한다.
③ 회로도에 나타나 있는 배선의 색깔과 커넥터의 핀을 잘 확인하여 연결한다.
④ 실내 정션박스, 엔진룸 정션박스 등은 없으므로 직접 배선으로 연결한다.
⑤ 전원공급기의 (-)를 자동차의 접지(G04)로 사용한다.
⑥ 와이퍼스위치를 3단에 놓고 와이퍼 모터가 빠르게 회전하는지 살펴본다.
⑦ 모터가 작동하지 않으면 회로도와 비교하면서 틀린 곳을 찾아 바르게 연결한다.
⑧ 위의 과정을 반복해서 실시하여 숙달이 되도록 한다.
⑨ 와이퍼 스위치 2단(LO), 3단(HI)에서 모터가 모두 작동하도록 배선을 연결한다.

3. 와이퍼 모터는 2단과 3단에서 정상적으로 구동이 되었는가 ?

예(　　　), 아니오(　　　)

4. 만약 모터가 잘 구동이 되지 않았다면 그 원인은 무엇이라고 생각되는지 아래에 적으시오.

5. 위의 실험을 통해 느낀 점을 아래에 적으시오.

4. 와셔 모터회로

4.1. 주요어

와셔 모터 제어장치, 다기능 스위치, 스티어링 휠, 와셔 모터 제어장치 릴레이

4.2. 개요

자동차 와셔 모터 제어장치의 고장진단 및 정비에 필요한 관련 지식과 그 목적을 달성하기 위한 기본적이 능력인 자동차 와셔 모터 제어장치 전기 회로도를 해독할 수 있도록 실습을 구성하였다.

여러 가지 해석문제와 실습을 통해 학생 스스로 흥미를 갖고 회로도의 해석에 자신감을 갖을 수 있도록 한다. 학습 후 학생 스스로 자신의 학습능력을 검토할 수 있도록 하였다.

4.3. 학습목표

여러 가지 종류의 자동차 와셔 모터 제어장치 장치를 고장 진단하고 정비하는데 필요한 여러 차종의 와셔 모터 제어장치 전기 회로도를 설명할 수 있다.

◈ 다음 전기 회로도를 보고 와셔 모터의 작동 시 전류의 흐름을 ON전원부터 접지까지 회로도 위에 표시하시오.

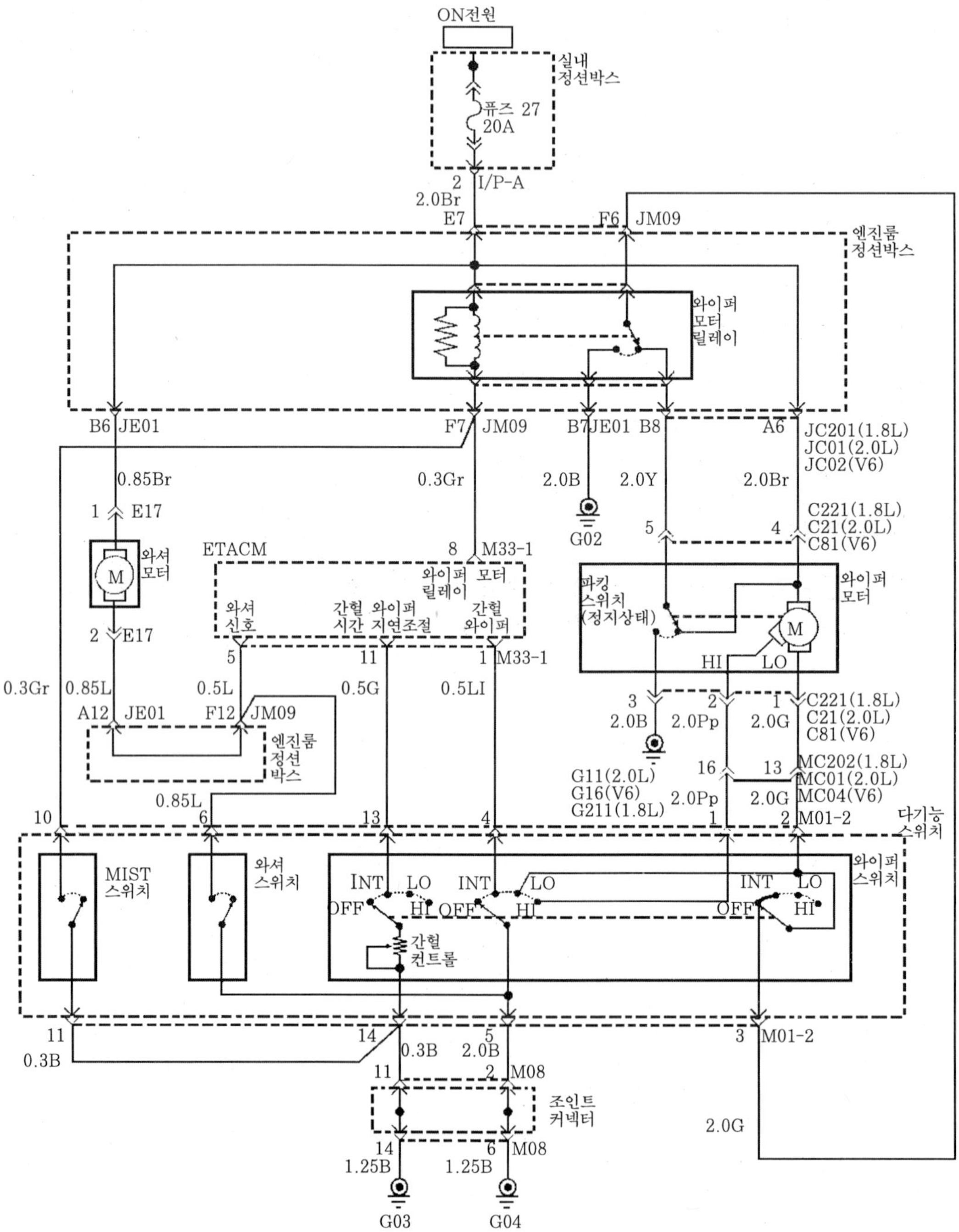

【레인 센서 미적용】

◘ 전류 흐름도를 보고 다음 물음에 답하시오.

1. 와셔 모터 작동 시 전류가 흐르는 요소를 잘 보고 2개의 (　　)를 채우시오(2.0L를 기준으로).

ON전원 → 실내 정선박스 27번 퓨즈 → I/P-A커넥터의 2번 핀 → JM09의 E7번 핀 → JE01의 B6번 핀 → E17의 (　)번 핀 → 와셔 모터 → E17의 2번 핀 → JE01의 A12번 핀 → JM09의 F12번 핀 → MO1-2의 (　)번 핀 → 와셔 스위치 → M01-2의 5번 핀 → M08의 2번 핀 → 조인트 커넥터 → M08의 6번 핀 → G04접지

2. 위의 전기 회로도에서 와셔 모터 작동 시 전류가 흐르지 않는 요소를 아래에서 모두 찾아 (　)안에 적으시오.

실내 정선박스, G04접지, 와셔 모터, 와이퍼 스위치, G03 접지

(　　　　　　　) (　　　　　　　) (　　　　　　　)

3. 와셔 모터 작동 시 전류가 흐르는 배선의 색깔 3가지를 모두 찾아 (　)안에 적으시오.

(　　　　　) (　　　　　) (　　　　　)

◘ 다음 실험을 실시한다.

1. 실험 준비물을 확인한다.

실습 교재, 다기능 스위치, 와셔 모터, 배선, 전원공급기

2. 다음 방법에 따라서 실험을 실시한다.

① 전원공급기의 1A의 (+), (-)를 자동차의 배터리로 사용한다.

② 회로도를 보고 배선을 사용해서 와셔 모터를 구동할 수 있도록 연결한다.

③ 회로도에 나타나 있는 배선의 색깔과 커넥터의 핀을 잘 확인하여 연결한다.

④ 실내 정션박스, 엔진룸 정션박스 등은 없으므로 직접 배선으로 연결한다.

⑤ 전원공급기의 (-)를 자동차의 접지(G04)로 사용한다.

⑥ 와셔 스위치를 작동시키면서 와셔 모터가 작동하는지 살펴본다.

⑦ 모터가 작동하지 않으면 회로도와 비교하면서 틀린 곳을 찾아 바르게 연결한다.

⑧ 위의 과정을 반복해서 실시하여 숙달이 되도록 한다.

3. 와셔 모터는 정상적으로 구동이 되었는가 ?

예(　　　), 아니오(　　　)

4. 만약 모터가 잘 구동이 되지 않았다면 그 원인은 무엇이라고 생각되는지 아래에 적으시오.

5. 위의 실험을 통해 느낀 점을 아래에 적으시오.

5. 와이퍼 모터 파킹제어 실습

5.1. 주요어

와이퍼 모터 파킹장치, 다기능 스위치, 스티어링 휠, 와이퍼 모터 파킹장치 릴레이

5.2. 개요

자동차 와이퍼 모터 파킹장치의 고장진단 및 정비에 필요한 관련 지식과 그 목적을 달성하기 위한 기본적이 능력인 자동차 와이퍼 모터 파킹장치 전기 회로도를 해독할 수 있도록 실습을 구성하였다.

여러 가지 해석문제와 실습을 통해 학생 스스로 흥미를 갖고 회로도의 해석에 자신감을 갖을 수 있도록 한다. 학습 후 학생 스스로 자신의 학습능력을 검토할 수 있도록 하였다.

5.3. 학습목표

여러 가지 종류의 자동차 와이퍼 모터 파킹장치 장치를 고장진단하고 정비하는데 필요한 여러 차종의 와이퍼 모터 파킹장치 전기 회로도를 설명할 수 있다.

◘ 다음 전기회로도를 보고 와이퍼스위치를 2단에 놓았다가 정지시키면 와이퍼 모터는 회전을 계속하여 정지위치(파킹위치)에 오면 와이퍼 모터는 정지하게 된다. 이때의 파킹 동작시 전류의 흐름을 ON전원부터 접지까지 회로도 위에 표시하시오.

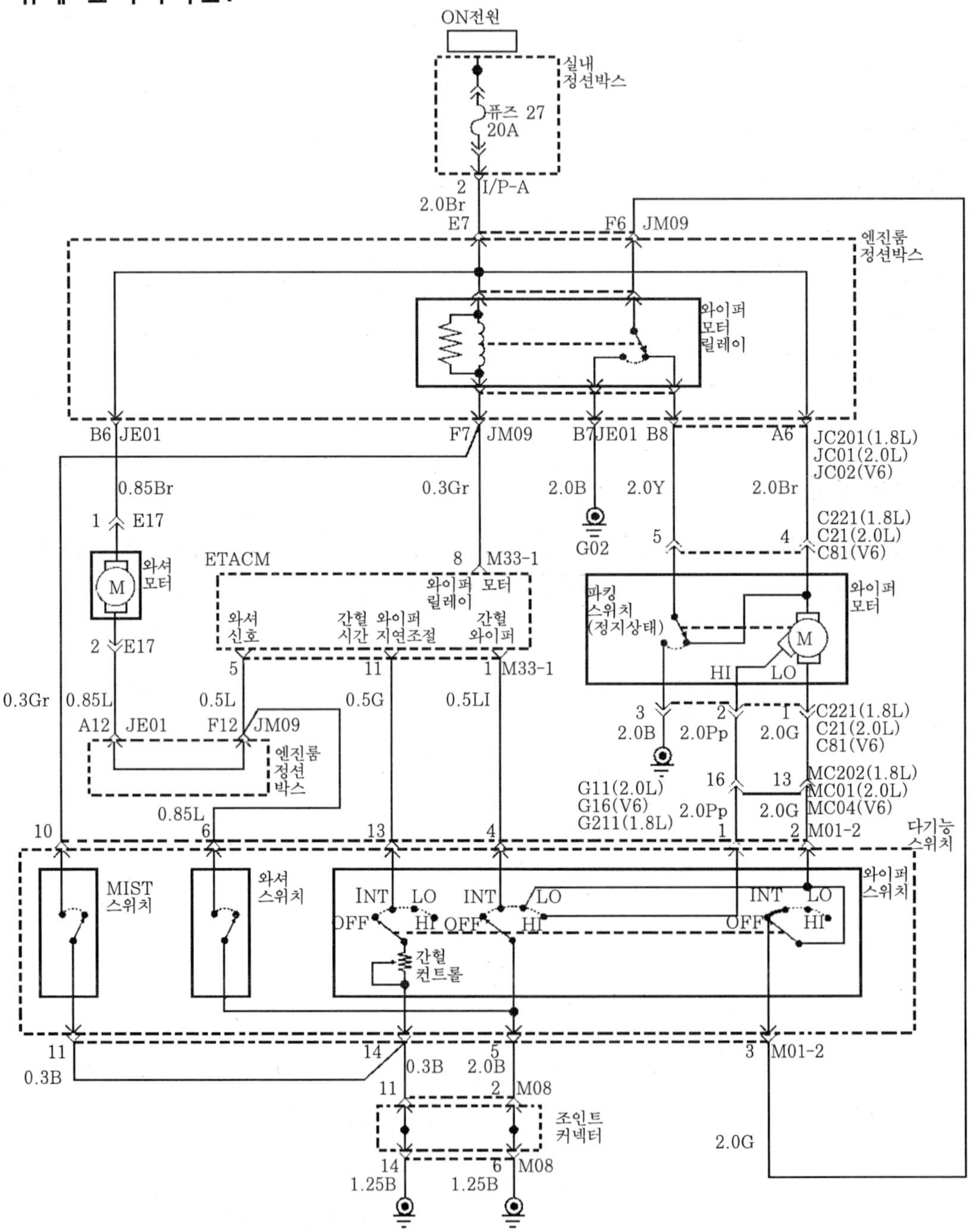

【레인 센서 미적용】

◘ 전류 흐름도를 보고 다음 물음에 답하시오(2.0L을 기준으로).

☑ **와이퍼 모터에 있는 파킹 스위치의 동작은 다음과 같다.**

파킹스위치는 와이퍼 모터가 회전하기 시작하면 접지(G11)와 연결이 되었다가 와이퍼가 파킹 위치(정지 위치)에 되돌아오게 되면 파킹 스위치가 접지에서 떨어지도록 되어 있다.

1. 와이퍼 스위치를 정지시켰는데도 와이퍼 모터는 계속 회전하는 파킹 동작 경우에 전류가 흐르는 요소를 잘 보고 3개의 (　)를 채우시오(2.0L를 기준으로).

ON전원 → 실내 정션박스 27번 퓨즈 → I/P-A 커넥터의 2번 핀 → JM09의 E7번 핀 → JC01의 A6번 핀 → C21의 4번 핀 → 와이퍼 모터 LO → C21의 (　) 번 핀 → MO1-2의 2번 핀 → 와이퍼 스위치 OFF → M01-2의 3번 핀 → JM09의 F6번 핀 → 와이퍼 모터 릴레이 → JC01의 B8번 핀 → C21의 5번 핀 → 파킹 스위치 → C21의 (　)번 핀 → G11접지

2. 위의 전기 회로도에서 와이퍼 모터 파킹 작동 시 전류가 흐르지 않는 요소를 아래에서 모두 찾아 (　)안에 적으시오.

ETACM , 실내 정션박스, G11접지, 와이퍼 모터, 와셔 모터,
와이퍼 모터 릴레이, 와이퍼 스위치, G04 접지

(　　　　　　) (　　　　　　) (　　　　　　)

3. 와이퍼 모터 파킹 동작 시 전류가 흐르는 배선의 색깔 4가지를 모두 찾아 (　) 안에 적으시오.

(　　　　　) (　　　　　) (　　　　　) (　　　　　)

◘ 다음 실험을 실시한다.

1. 실험 준비물을 확인한다.

실습 교재, 다기능 스위치, 와이퍼 모터, 배선, 전원공급기

2. 다음 방법에 따라서 실험을 실시한다.

① 전원공급기의 1A의 (+), (-)를 자동차의 배터리로 사용한다.

② 회로도를 보고 배선을 사용해서 와이퍼 모터를 구동할 수 있도록 연결한다.

③ 회로도에 나타나 있는 배선의 색깔과 커넥터의 핀을 잘 확인하여 연결한다.

④ 실내 정선박스, 엔진룸 정선박스 등은 없으므로 직접 배선으로 연결한다.

⑤ 전원공급기의 (-)를 자동차의 접지(G11)로 사용한다.

⑥ 와이퍼 스위치를 2단으로 동작시킨 후 바로 정지시켰을 때 와이퍼모터가 계속 회전하여서 정지위치에 왔을 때 스스로 정지하는지 살펴본다.

⑦ 모터의 파킹 동작이 정상적으로 작동하지 않으면 회로도와 비교하면서 틀린 곳을 찾아 바르게 연결한다.

⑧ 위의 과정을 반복해서 실시하여 숙달이 되도록 한다.

3. 와이퍼 모터의 파킹 동작은 정상적으로 구동이 되었는가 ?

예(　　　), 아니오(　　　)

4. 만약 와이퍼 모터의 파킹 동작이 잘 구동이 되지 않았다면 그 원인은 무엇이라고 생각되는지 아래에 적으시오.

5. 위의 실험을 통해 느낀 점을 아래에 적으시오.

6. MIST 제어회로 실습

6.1. 주요어

MIST 장치, 다기능 스위치, 스티어링 휠, MIST장치 릴레이

6.2. 개요

자동차 MIST장치의 고장진단 및 정비에 필요한 관련 지식과 그 목적을 달성하기 위한 기본적이 능력인 자동차 MIST장치 전기 회로도를 해독할 수 있도록 실습을 구성하였다.

여러 가지 해석문제와 실습을 통해 학생 스스로 흥미를 갖고 회로도의 해석에 자신감을 갖을 수 있도록 한다. 학습 후 학생 스스로 자신의 학습능력을 검토할 수 있도록 하였다.

6.3. 학습목표

여러 가지 종류의 자동차 MIST장치 장치를 고장 진단하고 정비하는데 필요한 여러 차종의 MIST장치 전기 회로도를 설명할 수 있다.

◆ 다음 전기 회로도를 보고 다기능스위치에 있는 MIST스위치를 동작시켰을 때 와이퍼모터가 1번 회전할 때의 전류의 흐름을 ON전원부터 접지까지 회로도 위에 표시하시오.

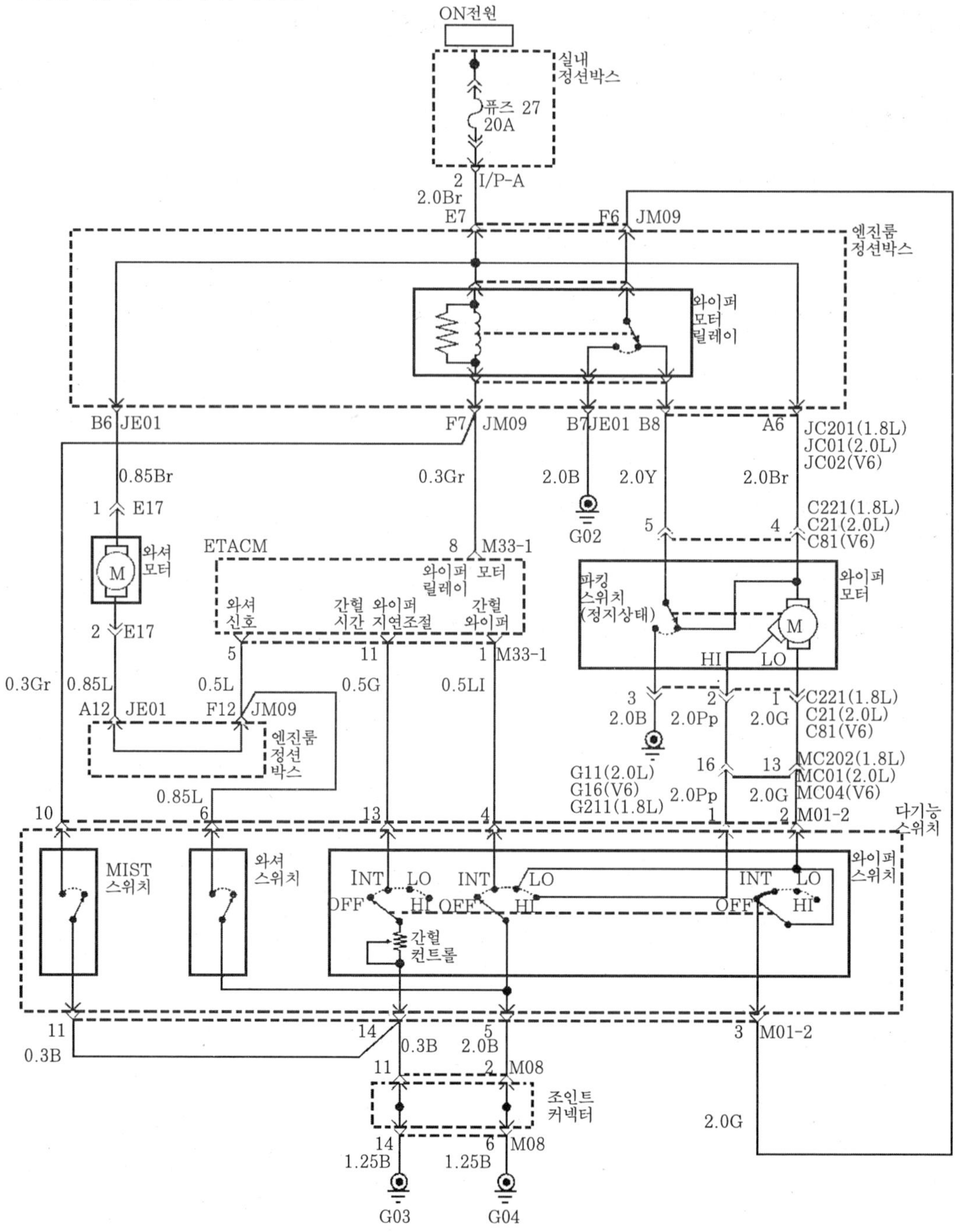

【레인센서 미적용】

◈ 전류 흐름도를 보고 다음 물음에 답하시오(2.0L을 기준으로).

1. MIST 스위치를 작동 시켰을 때 전류가 흐르는 요소를 잘 보고 4개의 (　)를 채우시오(2.0L를 기준으로).

1.1. 와이퍼 릴레이 동작

ON전원 → 실내 정션박스 27번 퓨즈 → I/P-A 커넥터의 2번 핀 → JM09의 E7번 핀 → 와이퍼 모터 릴레이 → JM09의 (　　)번 핀 → MO1-2의 10번 핀 → MIST 스위치 → M01-2의 (　　)번 핀 → M08의 11번 핀 → 조인트 커넥터 → M08의 14번 핀 → G03접지

1.2. 와이퍼 모터 동작

ON전원 → 실내 정션박스 27번 퓨즈 → I/P-A 커넥터의 2번 핀 → JM09의 E7번 핀 → JC01의 A6번 핀 → C21의 4번 핀 → 와이퍼 모터 LO → C21의 1번 핀 → MO1-2의 2번 핀 → 와이퍼 스위치 OFF → M01-2의 3번 핀 → JM09의 (　)번 핀 → 와이퍼 모터 릴레이 → JE01의 B7번 핀 → (　)접지

2. 위의 전기 회로도에서 와이퍼 모터 MIST 작동 시 전류가 흐르지 않는 요소를 아래에서 모두 찾아 (　)안에 적으시오.

ETACM , 실내 정션박스, G11접지, 와이퍼 모터, 와셔 모터,
와이퍼 모터 릴레이, MIST 스위치, G02 접지

(　　　　　　　　) (　　　　　　　　) (　　　　　　　　)

3. MIST 스위치 작동 시 와이퍼 모터가 회전할 경우에 회로도에 전류가 흐르는 배선의 색깔 4가지를 모두 찾아 (　)안에 적으시오.

(　　　　　) (　　　　　) (　　　　　) (　　　　　)

◘ 다음 실험을 실시한다.

1. 실험 준비물을 확인한다.

실습 교재, 다기능 스위치, 와이퍼 모터, 배선, 전원공급기

2. 다음 방법에 따라서 실험을 실시한다.

① 전원공급기의 1A의 (+), (-)를 자동차의 배터리로 사용한다.
② 회로도를 보고 배선을 사용해서 와이퍼 모터를 구동할 수 있도록 연결한다.
③ 회로도에 나타나 있는 배선의 색깔과 커넥터의 핀을 잘 확인하여 연결한다.
④ 실내 정션박스, 엔진룸 정션박스 등은 없으므로 직접 배선으로 연결한다.
⑤ 전원공급기의 (-)를 자동차의 접지(G03, G02)로 사용한다.
⑥ MIST 스위치를 한 번 누른 후 와이퍼모터가 1번 회전하고 정지위치에 왔을 때 스스로 정지하는지 살펴본다.
⑦ 모터의 MIST 동작이 정상적으로 작동하지 않으면 회로도와 비교하면서 틀린 곳을 찾아 바르게 연결한다.
⑧ 위의 과정을 반복해서 실시하여 숙달이 되도록 한다.

3. 와이퍼 모터의 MIST 동작은 정상적으로 구동이 되었는가 ?

예(　　　), 아니오(　　　)

4. 만약 와이퍼 모터의 MIST 동작이 잘 구동이 되지 않았다면 그 원인은 무엇이라고 생각되는지 아래에 적으시오.

5. 위의 실험을 통해 느낀 점을 아래에 적으시오.

02 CHAPTER

레인센서 제어회로

1. 교재의 구성

1.1. 내용소개

자동차 레인센서 제어장치의 고장진단 및 정비에 필요한 관련 지식과 그 목적을 달성하기 위한 기본적이 능력인 자동차 레인센서 제어장치 전기 회로도를 해독할 수 있도록 실습을 구성하였다.

여러 가지 해석문제와 실습을 통해 학생 스스로 흥미를 갖고 회로도의 해석에 자신감을 갖을 수 있도록 한다. 학습 후 학생 스스로 자신의 학습능력을 검토할 수 있도록 하였다.

1.2. 학습목표

여러 가지 종류의 자동차 레인센서 제어장치 장치를 고장 진단하고 정비하는데 필요한 여러 차종의 레인센서 제어장치 전기 회로도를 설명할 수 있다.

1.3. 선수 학습모듈

자동차 전기부품 및 전자장치에 대한 구조 및 작동원리에 대한 기초적인 지식을 타 교과에서 이수하도록 한다.

2. 레인센서 제어실습

2.1. 주요어

레인센서, 다기능 스위치, 스티어링 휠, 레인센서 릴레이

2.2. 개요

자동차 레인센서의 고장진단 및 정비에 필요한 관련 지식과 그 목적을 달성하기 위한 기본적이 능력인 자동차 레인센서 전기 회로도를 해독할 수 있도록 실습을 구성하였다.

여러 가지 해석문제와 실습을 통해 학생 스스로 흥미를 갖고 회로도의 해석에 자신감을 갖을 수 있도록 한다. 학습 후 학생 스스로 자신의 학습능력을 검토할 수 있도록 하였다.

2.3. 학습목표

여러 가지 종류의 자동차 레인센서 장치를 고장진단하고 정비하는데 필요한 여러 차종의 레인센서 전기 회로도를 설명할 수 있다.

◈ 다음 전기 회로도를 보고 레인 센서 장착 차량의 AUTO모드 작동 시 전류의 흐름을 ON전원부터 접지까지 회로도 위에 표시하시오.

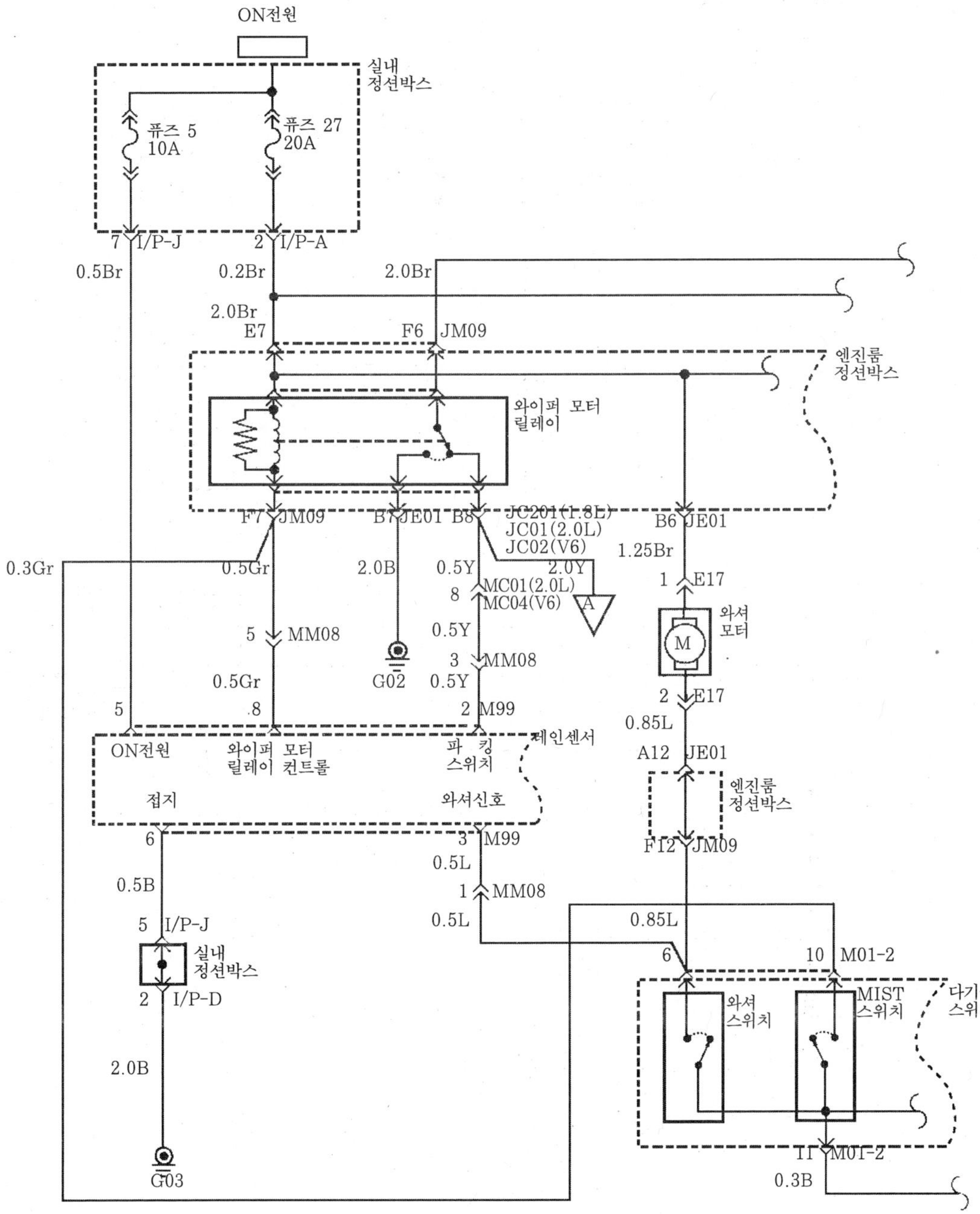

【레인센서 적용】

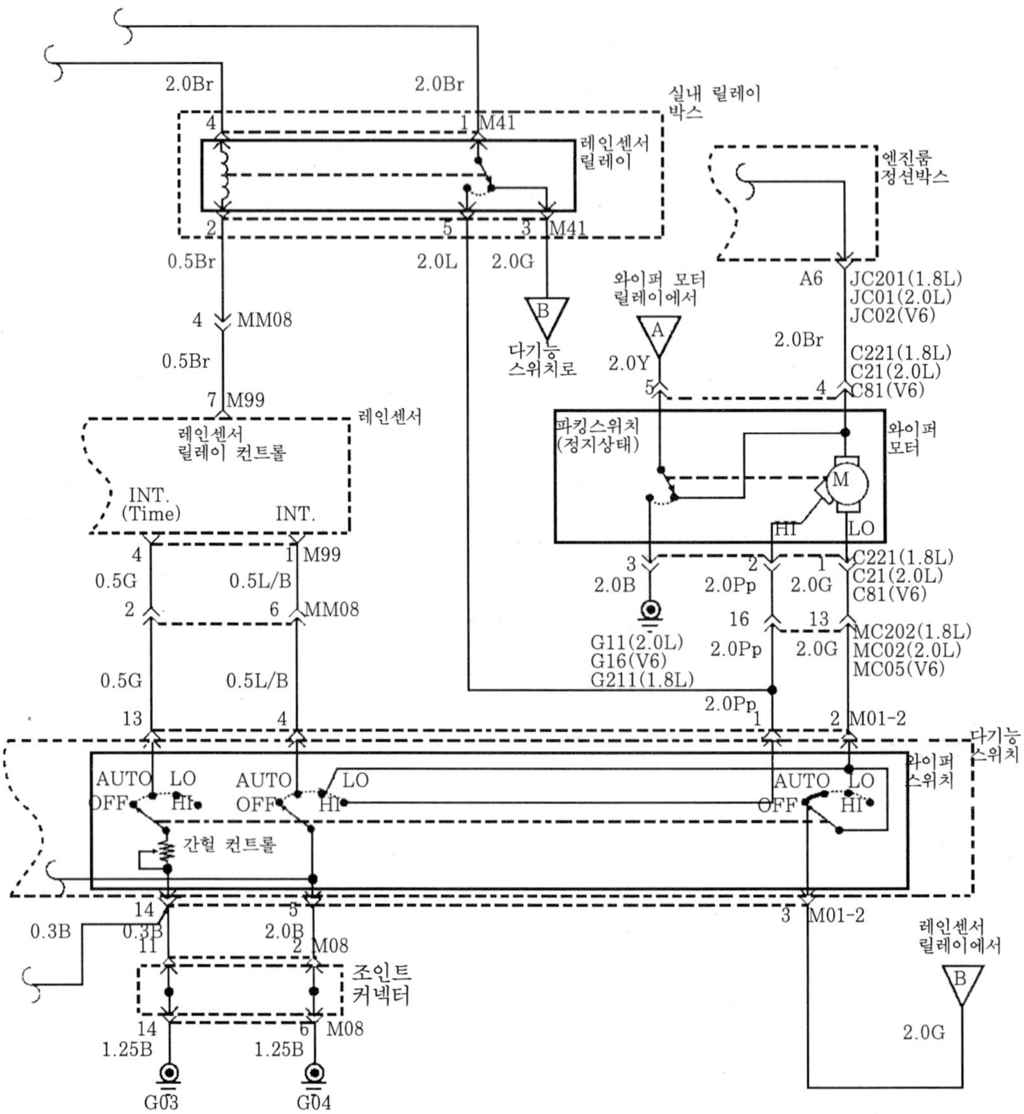
2.0Br
2.0Br
실내 릴레이 박스
4
1 M41
레인센서 릴레이
2
5
3 M41
0.5Br
2.0L
2.0G
B
다기능 스위치로
4 MM08
0.5Br
7 M99
레인센서
레인센서 릴레이 컨트롤
INT. (Time)
INT.
4
1 M99
0.5G
0.5L/B
2
6 MM08
0.5G
0.5L/B
13
4
엔진룸 정션박스
A6
JC201(1.8L)
JC01(2.0L)
JC02(V6)
와이퍼 모터 릴레이에서
A
2.0Br
2.0Y
C221(1.8L)
C21(2.0L)
C81(V6)
5
4
파킹스위치 (정지상태)
와이퍼 모터
M
HI
LO
3
2
1
C221(1.8L)
C21(2.0L)
C81(V6)
2.0B
2.0Pp
2.0G
16
13
MC202(1.8L)
MC02(2.0L)
MC05(V6)
G11(2.0L)
G16(V6)
G211(1.8L)
2.0Pp
2.0G
2.0Pp
1
2 M01-2
다기능 스위치
와이퍼 스위치
AUTO
LO
OFF
HI
AUTO
LO
OFF
HI
AUTO
LO
OFF
HI
간헐 컨트롤
14
3
3 M01-2
0.3B
0.3B
2.0B
11
2 M08
조인트 커넥터
14
6 M08
1.25B
1.25B
G03
G04
레인센서 릴레이에서
B
2.0G

【레인센서 적용】

◎ 레인센서 적용 회로도와 레인센서 미적용 회로도를 보고 다음 물음에 답하시오.

1. 레인센서 장착 차량과 미 장착 차량의 전기 회로도를(앞 chapter 01 참조) 비교하고 레인센서 장착 차량의 전기 회로도에 새로 추가되어 있는 2가지 요소는 무엇인지 다음 ( ) 안에 적으시오.

(   ), (   )

2. 레인 센서 장착 차량의 와이퍼 전기 회로도에는 ETACM은 있는가, 없는가 ? 알맞은 곳에 ○를 하시오.

(있다) (없다)

3. ETACM이 하는 역할을 어느 요소가 대신하고 있다고 생각되는지 ( )안에 적으시오.

(   )

4. 와이퍼 스위치 AUTO는 다음 중 어느 것을 대신하고 있는가 ? ( )

① OFF ② INT ③ LO ④ HI

5. 와이퍼 스위치 AUTO 선택 시 전류가 흐르는 요소를 잘 보고 ( )를 채우시오.(2.0L을 기준으로)

5.1. 레인 센서의 전원 공급

ON전원 → 실내 정션박스 5번 퓨즈 → I/P-J의 ( )번 핀 → M99의 5번 핀 → 레인 센서 → M99의 6번 핀 → I/P-J의 5번 핀 → 실내 정션박스 → I/P-D의 2번 핀 → G03접지

5.2. 와이퍼 스위치 AUTO 감지

레인 센서 → M99의 1번 핀 → M01-2의 4번 핀 → 와이퍼 스위치 AUTO → M01-2의 5번 핀 → M08의 2번 핀 → 조인트 커넥터 → M08의 6번 핀 → (　　)접지

5.3. 간헐 TIME 컨트롤 스위치 감지

레인 센서 → M99의 4번 핀 → M01-2의 (　　)번 핀 → 간헐 컨트롤 스위치 → M01-2의 14번 핀 → M08의 11번 핀 → 조인트 커넥터 → M08의 14번 핀 → G03접지

5.4. 빗방울 소량 감지 시 와이퍼 모터 LO 회전

[1] 레인 센서가 와이퍼 릴레이 작동시킴

ON전원 → 실내 정션박스 27번 퓨즈 → I/P-A 커넥터의 2번 핀 → JM09의 E7번 핀 → 와이퍼 모터 릴레이 → JM09의 (　　)번 핀 → M99의 8번 핀 → 레인 센서 → M99의 6번 핀 → I/P-J의 5번 핀 → I/P-D의 2번 핀 → G03접지

[2] 와이퍼 모터 LO 회전

ON전원 → 실내 정션박스 27번 퓨즈 → I/P-A의 2번 핀 → JM09의 E7번 핀 → JC01의 A6번 핀 → C21의 4번 핀 → 와이퍼 모터 LO → C21의 1번 핀 → MO1-2의 2번 핀 → 와이퍼 스위치 AUTO → M01-2의 3번 핀 → B → M41의 3번 핀 → 레인 센서 릴레이 스위치 → M41의 1번 핀 → JM09의 (　　)번 핀 → 와이퍼 모터 릴레이 스위치 → JE01의 B7번 핀 → G02접지

5.5. 빗방울 대량 감지 시 와이퍼 모터 HI 회전

[1] 레인 센서가 와이퍼 릴레이 작동시킴

ON전원 → 실내 정션박스 27번 퓨즈 → I/P-A의 2번 핀 → JM09의 E7번 핀 → 와이퍼 모터 릴레이 → ( )의 F7번 핀 → M99의 8번 핀 → 레인센서 → M99의 6번 핀 → I/P-J의 5번 핀 → I/P-D의 2번 핀 → G03접지

[2] 레인 센서가 레인 센서 릴레이 작동시킴

ON전원 → 실내 정션박스 27번 퓨즈 → I/P-A의 2번 핀 → M41의 ( )번 핀 → 레인센서 릴레이 → M41의 2번 핀 → M99의 7번 핀 → 레인센서 → M99의 6번 핀 → I/P-J의 5번 핀 → I/P-D의 2번 핀 → G03접지

[3] 와이퍼 모터 HI 회전

ON전원 → 실내 정션박스 27번 퓨즈 → I/P-A의 2번 핀 → JM09의 E7번 핀 → JC01의 A6번 핀 → C21의 4번 핀 → 와이퍼 모터 HI → C21의 2번 핀 → M41의 5번 핀 → 레인센서 릴레이 스위치 → M41의 1번 핀 → JM09의 ( )번 핀 → 와이퍼 모터 릴레이 스위치 → JE01의 B7번 핀 → G02접지

6. 위의 전기 회로도에서 레인센서가 빗방울을 소량으로 감지하여 와이퍼 모터가 LO 상태로 회전하는 때에 전류가 흐르지 않는 요소를 아래에서 모두 찾아 ( )안에 적으시오.

> 레인센서 , 실내 정션박스, G02접지, 와이퍼 모터, 와셔 모터,
> 와이퍼 모터 릴레이, 레인센서 릴레이, 와이퍼 스위치, G04 접지

( ) ( )

7. 위의 전기회로도에서 레인 센서에 전원이 들어오고 와이퍼스위치가 AUTO에 놓여 있으며 빗방울을 소량 감지하여 와이퍼 모터가 LO상태로 회전하는 경우에 전류가 흐르는 배선의 색깔 5가지를 모두 찾아 (   )안에 적으시오.

(   ) (   ) (   ) (   ) (   )

◘ 다음 실험을 실시한다.

1. 실험 준비물을 확인한다.

실습 교재, 다기능 스위치, 와이퍼 모터, 레인센서 및 릴레이, 배선, 전원공급기

2. 다음 방법에 따라서 실험을 실시한다.

① 전원공급기의 1A의 (+), (-)를 자동차의 배터리로 사용한다.

② 회로도를 보고 배선을 사용해서 비가 왔을 때 레인센서가 자동으로 빗방울을 감지하여 와이퍼 모터를 구동할 수 있도록 회로를 연결한다.

③ 회로도에 나타나 있는 배선의 색깔과 커넥터의 핀을 잘 확인하여 연결한다.

④ 실내 정션박스, 엔진룸 정션박스 등은 없으므로 직접 배선으로 연결한다.

⑤ 전원공급기의 (-)를 자동차의 접지(G04)로 사용한다.

⑥ 와이퍼스위치를 AUTO에 놓고 분무기를 사용해서 레인센서에 물방울을 뿌리면서 모터가 회전하는지 살펴본다.

⑦ 모터가 작동하지 않으면 회로도와 비교하면서 틀린 곳을 찾아 바르게 연결한다.

⑧ 위의 과정을 반복해서 실시하여 숙달이 되도록 한다.

3. 와이퍼 모터는 정상적으로 구동이 되었는가 ?

예(　　　), 아니오(　　　)

4. 만약 모터가 잘 구동이 되지 않았다면 그 원인은 무엇이라고 생각되는지 아래에 적으시오.

5. 위의 실험을 통해 느낀 점을 아래에 적으시오.

MEMO

03 CHAPTER

파워 윈도우 제어회로

1. 교재의 구성

1.1. 내용소개

자동차 파워 윈도우장치의 고장진단 및 정비에 필요한 관련 지식과 그 목적을 달성하기 위한 기본적이 능력인 자동차 파워 윈도우장치 전기 회로도를 해독할 수 있도록 실습을 구성하였다.

여러 가지 해석문제와 실습을 통해 학생 스스로 흥미를 갖고 회로도의 해석에 자신감을 갖을 수 있도록 한다. 학습 후 학생 스스로 자신의 학습능력을 검토할 수 있도록 하였다.

1.2. 학습목표

여러 가지 종류의 자동차 파워 윈도우장치 장치를 고장 진단하고 정비하는데 필요한 여러 차종의 파워 윈도우장치 전기 회로도를 설명할 수 있다.

1.3. 선수 학습모듈

자동차 전기부품 및 전자장치에 대한 구조 및 작동원리에 대한 기초적인 지식을 타 교과에서 이수하도록 한다.

2. 운전석 도어 모듈제어 실습

2.1. 주요어

파워 윈도우, 다기능 스위치, 스티어링 휠, 파워 윈도우 릴레이

2.2. 개요

자동차 파워 윈도우의 고장진단 및 정비에 필요한 관련 지식과 그 목적을 달성하기 위한 기본적이 능력인 자동차 파워 윈도우 전기 회로도를 해독할 수 있도록 실습을 구성하였다.

여러 가지 해석문제와 실습을 통해 학생 스스로 흥미를 갖고 회로도의 해석에 자신감을 갖을 수 있도록 한다. 학습 후 학생 스스로 자신의 학습능력을 검토할 수 있도록 하였다.

2.3. 학습목표

여러 가지 종류의 자동차 파워 윈도우 장치를 고장진단하고 정비하는데 필요한 여러 차종의 파워 윈도우 전기 회로도를 설명할 수 있다.

◆ 다음 회로도를 보고 운전석 윈도우 스위치를 사용해서 운전석 측(좌측 앞) 윈도우를 열기위해서 스위치를 작동시킬 때의 전류의 흐름을 상시전원부터 접지까지 회로도 위에 표시하시오.

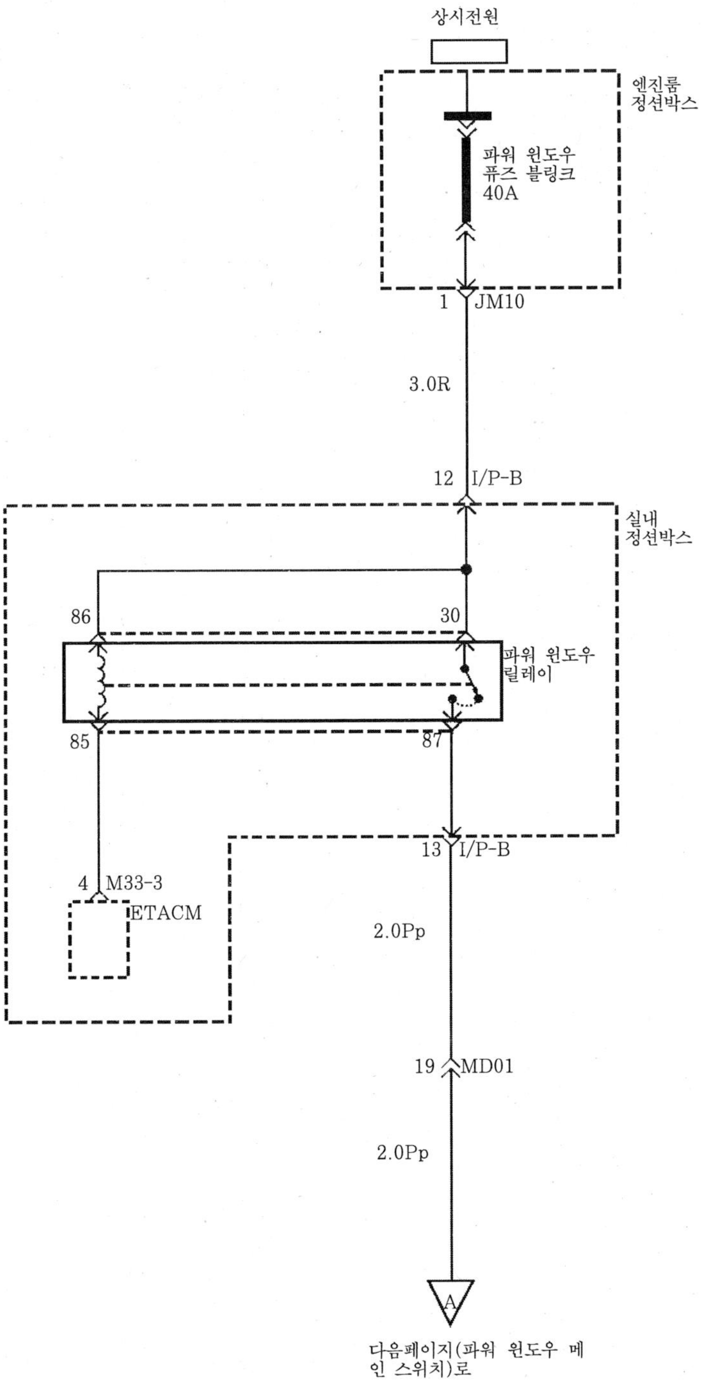

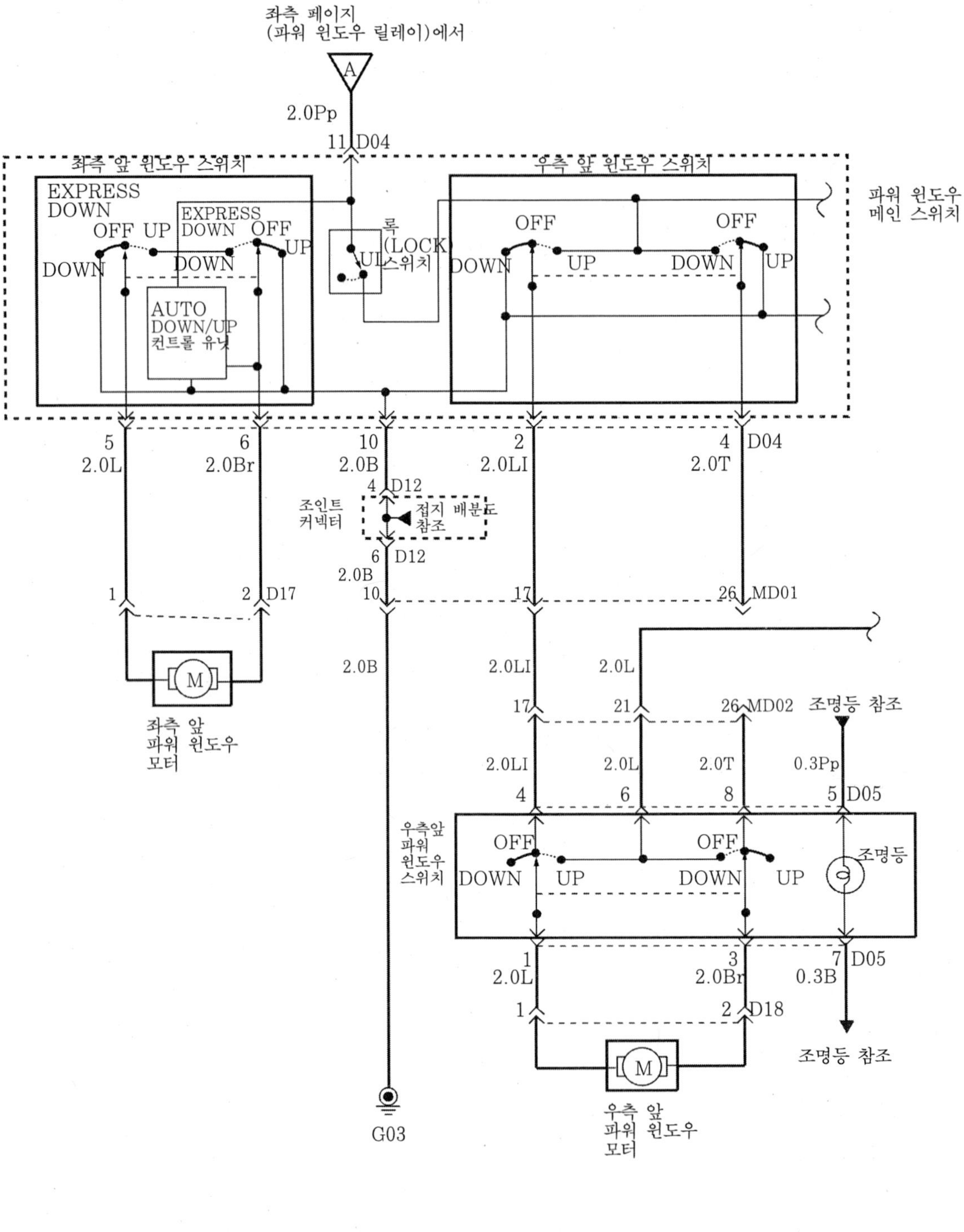
좌측 페이지
(파워 윈도우 릴레이)에서
A
2.0Pp
11 D04
좌측 앞 윈도우 스위치
EXPRESS
DOWN
OFF UP
EXPRESS
DOWN
OFF
UP
DOWN
DOWN
AUTO
DOWN/UP
컨트롤 유닛
록
(LOCK)
UL
스위치
우측 앞 윈도우 스위치
OFF
OFF
DOWN
UP
DOWN
UP
파워 윈도우
메인 스위치
5
2.0L
6
2.0Br
10
2.0B
2
2.0LI
4 D04
2.0T
4 D12
조인트
커넥터
접지 배분도
참조
6 D12
2.0B
1
2 D17
10
17
26 MD01
M
좌측 앞
파워 윈도우
모터
2.0B
2.0LI
2.0L
17
21
26 MD02
조명등 참조
2.0LI
2.0L
2.0T
0.3Pp
4
6
8
5 D05
우측앞
파워
윈도우
스위치
OFF
OFF
DOWN
UP
DOWN
UP
조명등
1
2.0L
3
2.0Br
7 D05
0.3B
1
2 D18
조명등 참조
M
우측 앞
파워 윈도우
모터
G03

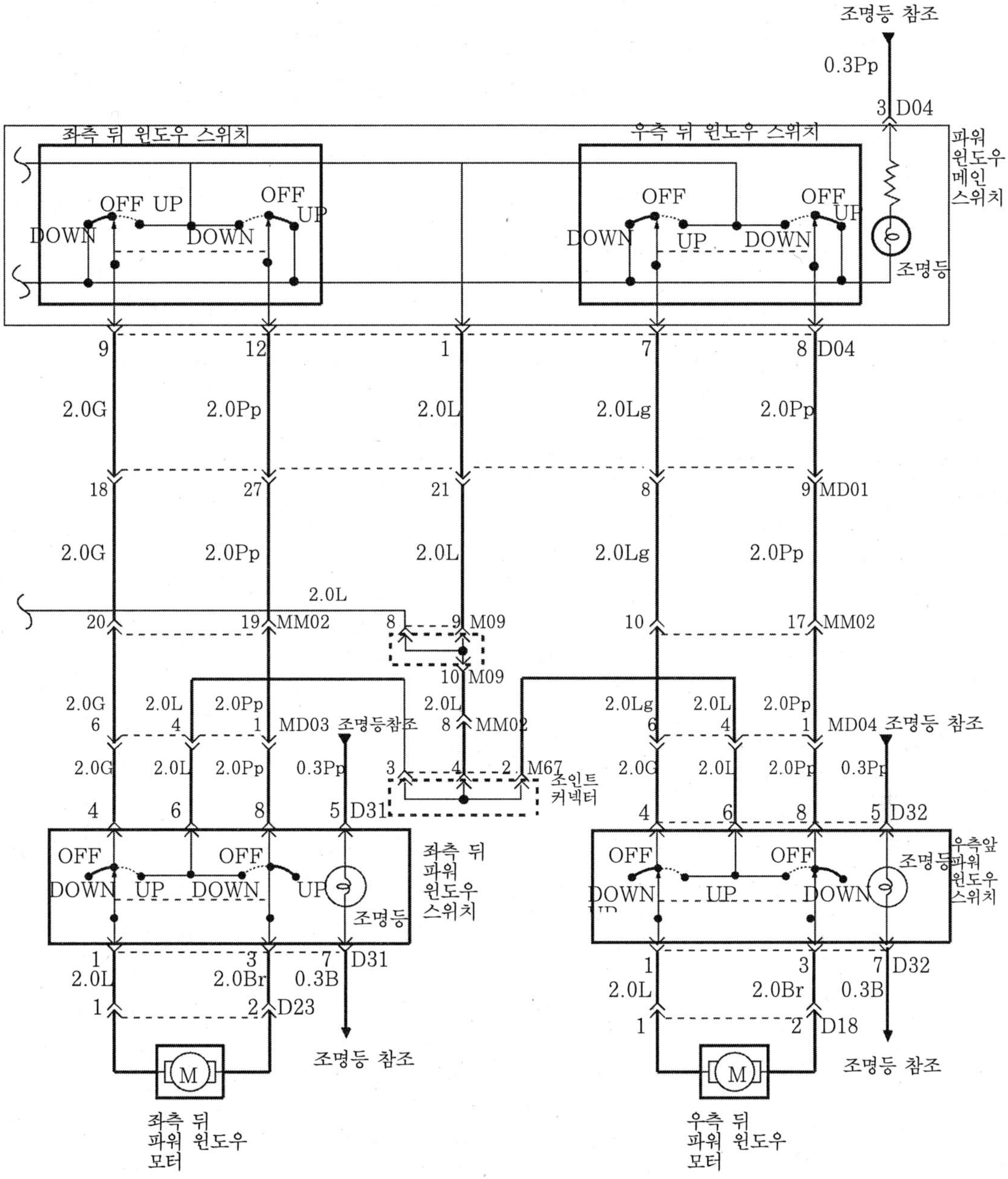
조명등 참조
0.3Pp
3 D04
좌측 뒤 윈도우 스위치
우측 뒤 윈도우 스위치
파워 윈도우 메인 스위치
OFF UP
OFF
UP
DOWN
DOWN
OFF
OFF
UP
DOWN
UP
DOWN
조명등
9
12
1
7
8 D04
2.0G
2.0Pp
2.0L
2.0Lg
2.0Pp
18
27
21
8
9 MD01
2.0G
2.0Pp
2.0L
2.0Lg
2.0Pp
2.0L
20
19 MM02
8
9 M09
10
17 MM02
10 M09
2.0G
2.0L
2.0Pp
2.0L
2.0Lg
2.0L
2.0Pp
6
4
1 MD03 조명등참조
8 MM02
6
4
1 MD04 조명등 참조
2.0G
2.0L
2.0Pp
0.3Pp
3
4
2 M67
조인트 커넥터
2.0G
2.0L
2.0Pp
0.3Pp
4
6
8
5 D31
4
6
8
5 D32
OFF
OFF
DOWN
UP
DOWN
UP
조명등
좌측 뒤 파워 윈도우 스위치
OFF
OFF
DOWN
UP
DOWN
조명등
우측앞 파워 윈도우 스위치
1
2.0L
3
2.0Br
7 D31
0.3B
1
2 D23
조명등 참조
1
2.0L
3
2.0Br
7 D32
0.3B
1
2 D18
조명등 참조
M
M
좌측 뒤 파워 윈도우 모터
우측 뒤 파워 윈도우 모터

◈ 전류 흐름도를 보고 다음 물음에 답하시오.

1. 운전석 윈도우 스위치를 사용해서 조수석(우측 앞) 윈도우를 여는 경우에 회로도 상의 전류가 흐르는 요소들을 잘 보고 4개의 (　　)를 채우시오(2.0L을 기준으로).

1.1. ETACM이 파워 윈도우 릴레이 구동(파워 윈도우 장치에 전원 공급 제어)

상시전원 → 엔진룸 정션박스 파워윈도우 퓨즈블링크 → JM10의 1번 핀 → IP-B의 (　)번 핀 → 파워 윈도우 릴레이 → M33-3의 4번핀 → ETACM

1.2. 파워 윈도우 장치에 전원 공급

상시전원 → 엔진룸 정션박스 파워윈도우 퓨즈블링크 → JM10의 1번 핀 → IP-B의 12번 핀 → 파워 윈도우 릴레이 스위치 → IP-B의 (　　)번 핀 → A

1.3. 운전석 스위치 조작 → 조수석 윈도우 모터 회전

A → D04의 11번 핀 → 파워 윈도우 메인 스위치의 우측 앞 윈도우 스위치 → DOWN → (　　)의 4번 핀 → D05의 8번 핀 → 우측 앞 파워윈도우 스위치 → D05의 3번 핀 → D18의 2번 핀 → 우측 앞 파워 윈도우 모터 → D18의 1번 핀 → D05의 (　)번 핀 → 우측 앞 파워윈도우 스위치 → D05의 4번 핀 → D04의 2번 핀 → 파워 윈도우 메인 스위치의 우측 앞 윈도우 스위치 → DOWN → D04의 10번 핀 → D12의 4번 핀 → 조인트 커넥터 → D12의 6번 핀 → G03 접지

2. 위의 전기 회로도에서 운전석 측 메인 스위치를 사용해서 좌측 뒤 윈도우를 닫을 때에 전류가 흐르지 않는 요소를 아래에서 모두 찾아 (   )안에 적으시오.

파워 윈도우 퓨즈 블링크, 파워 윈도우 릴레이, 파워 윈도우 메인 스위치, 우측 뒤 파워 윈도우 스위치 좌측 뒤 윈도우 모터, 좌측 앞 파워 윈도우 모터, G03접지, G04 접지,

(   ) (   ) (   )

3. 위의 전기회로도에서 파워 윈도우 메인 스위치에 있는 록(LOCK) 스위치를 LOCK 시켜서 윈도우 모터의 작동을 막았을 때, 작동하는 모터와 작동하지 않는 모터는 어느 것인지 아래의 빈칸에 번호를 적으시오.

1. 우측 앞 파워 윈도우 모터
2. 좌측 앞 파워 윈도우 모터
3. 좌측 뒤 파워 윈도우 모터
4. 우측 뒤 파워 윈도우 모터

- 작동하는 모터 (   )
- 작동하지 않는 모터 (   )

4. 위의 전기회로도에서 파워 윈도우 메인 스위치를 사용하여 우측 뒤 윈도우를 올려서 창문을 닫으려고 할 때에 전류가 흐르는 배선의 색깔이 아닌 것을 다음에서 3가지를 찾아 (   )안에 적으시오.

빨간색, 자주색, 연두색, 황갈색, 파랑색, 흰색, 갈색, 하늘색, 초록색, 검정색

(   ) (   ) (   )

◘ 다음 실험을 실시한다.

1. 실험 준비물을 확인한다.

실습 교재, 윈도우 모터 모듈, 윈도우 스위치 모듈, 배선, 전원공급기

2. 다음 방법에 따라서 실험을 실시한다.

① 전원공급기의 1A의 (+), (-)를 자동차의 배터리로 사용한다.

② 회로도를 보고 각각의 윈도우 스위치를 사용해서 모든 윈도우 모터를 구동할 수 있도록 회로를 연결한다.

③ 회로도에 나타나 있는 배선의 색깔과 커넥터의 핀을 잘 확인하여 연결한다.

④ 실내 정션박스, 엔진룸 정션박스 등은 없으므로 직접 배선으로 연결한다.

⑤ 전원공급기의 (-)를 자동차의 접지(G03)로 사용한다.

⑥ 파워 윈도우 메인 스위치를 사용해서 4개의 윈도우 모터를 회전 및 역회전이 되는지 살펴본다.

⑦ 모터가 작동하지 않으면 회로도와 비교하면서 틀린 곳을 찾아 바르게 연결한다.

⑧ 위의 과정을 반복해서 실시하여 숙달이 되도록 한다.

3. 윈도우 모터는 정상적으로 구동이 되었는가 ?

예(　　　), 아니오(　　　)

4. 만약 모터가 잘 구동이 되지 않았다면 그 원인은 무엇이라고 생각되는지 아래에 적으시오.

5. 위의 실험을 통해 느낀 점을 아래에 적으시오.

3. 전도어 모듈제어 실습

3.1. 주요어

파워 윈도우, 다기능 스위치, 스티어링 휠, 파워 윈도우 릴레이

3.2. 개요

자동차 파워 윈도우의 전체 시스템의 고장진단 및 정비에 필요한 관련 지식과 그 목적을 달성하기 위한 기본적이 능력인 자동차 파워 윈도우 전기 회로도를 해독할 수 있도록 실습을 구성하였다.

여러 가지 해석문제와 실습을 통해 학생 스스로 흥미를 갖고 회로도의 해석에 자신감을 갖을 수 있도록 한다. 학습 후 학생 스스로 자신의 학습능력을 검토할 수 있도록 하였다.

3.3. 학습목표

여러 가지 종류의 자동차 파워 윈도우장치를 고장진단하고 정비하는데 필요한 여러 차종의 파워 윈도우 전기 회로도를 설명할 수 있다.

◘ 다음 회로도를 보고 우측 뒤 파워 윈도우 스위치를 사용해서 우측 뒤 윈도우를 열기 위해서 스위치를 작동시킬 때의 전류의 흐름을 상시전원부터 접지까지 회로도 위에 표시하시오.

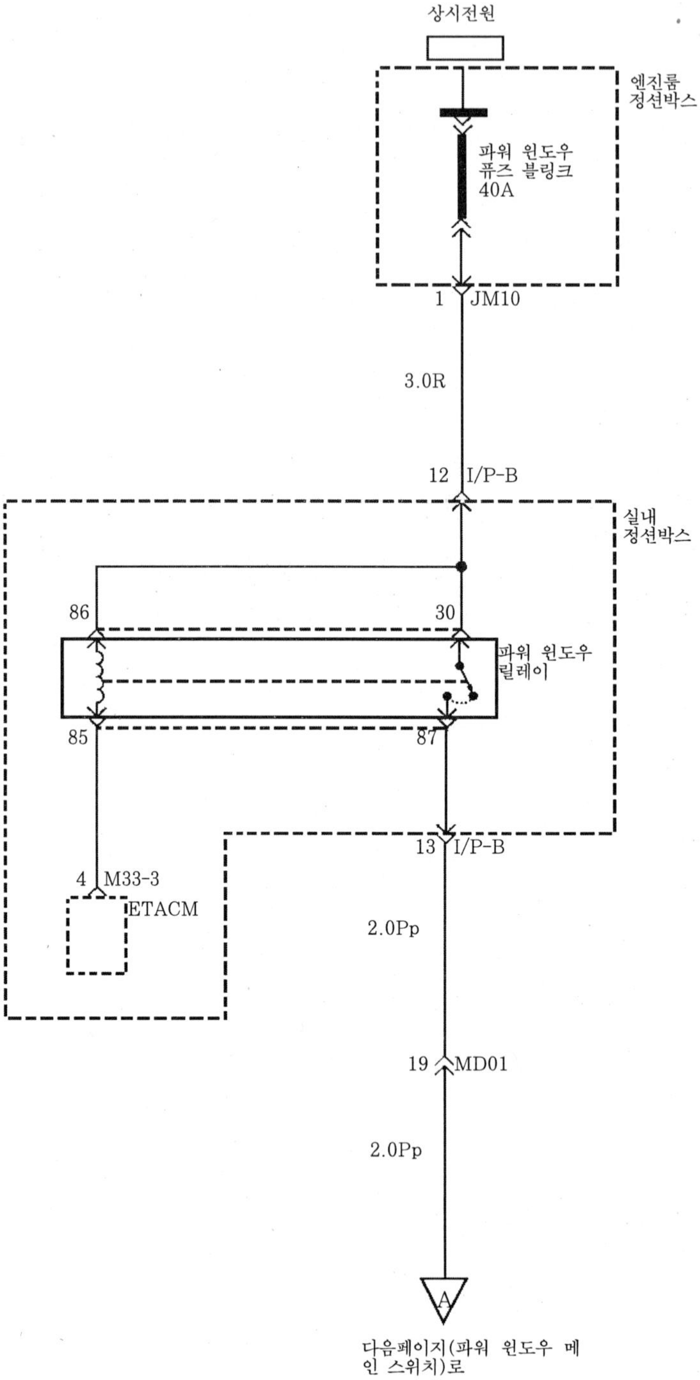

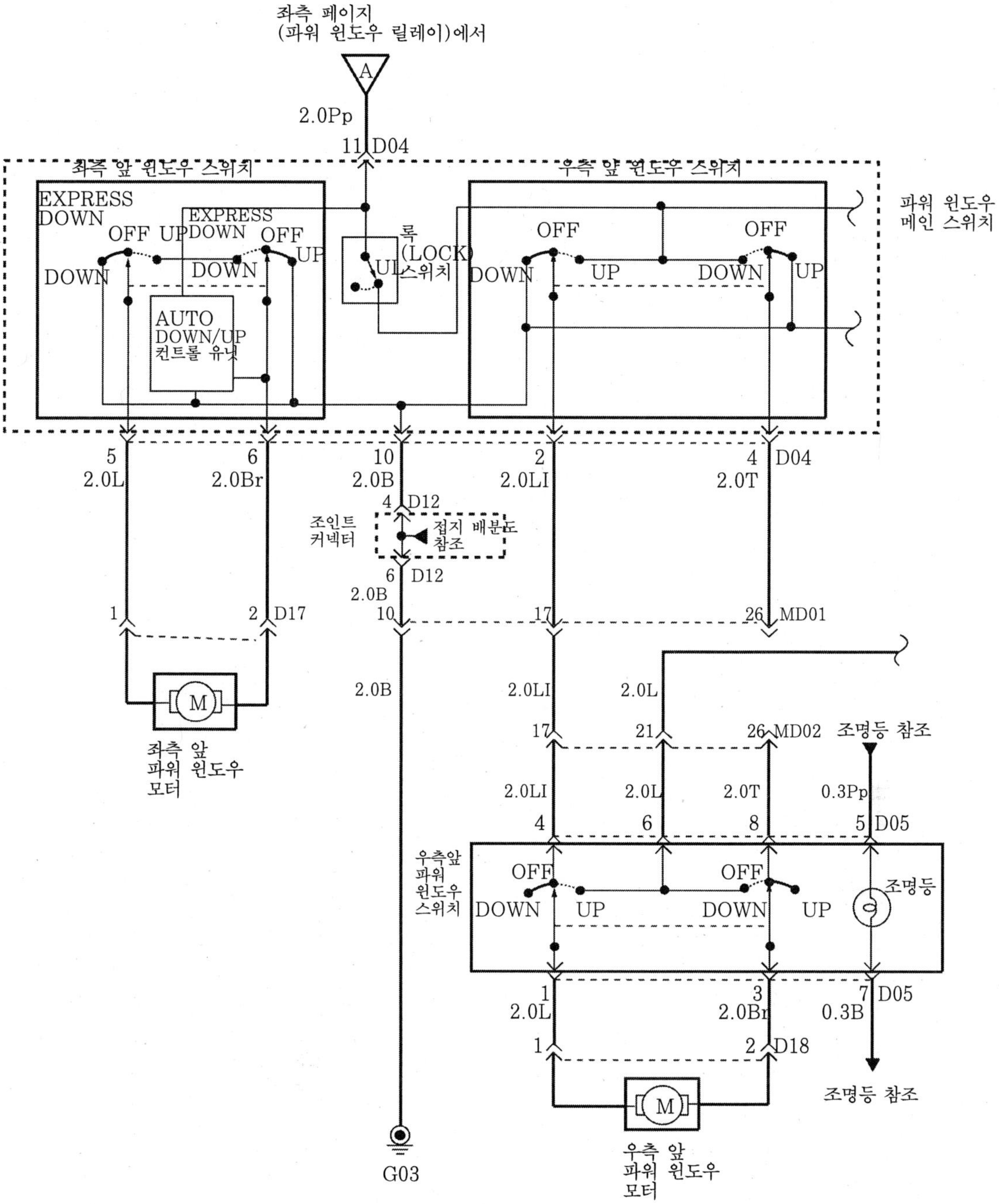
좌측 페이지
(파워 윈도우 릴레이)에서
A
2.0Pp
11 D04
좌측 앞 윈도우 스위치
우측 앞 윈도우 스위치
파워 윈도우
메인 스위치
EXPRESS
DOWN
OFF UP
EXPRESS
DOWN
OFF
UP
DOWN
DOWN
AUTO
DOWN/UP
컨트롤 유닛
록
(LOCK)
스위치
UL
OFF
OFF
DOWN
UP
DOWN
UP
5
2.0L
6
2.0Br
10
2.0B
2
2.0LI
4 D04
2.0T
4 D12
조인트
커넥터
접지 배분도
참조
6 D12
2.0B
1
2 D17
10
17
26 MD01
좌측 앞
파워 윈도우
모터
2.0B
2.0LI
2.0L
17
21
26 MD02
조명등 참조
2.0LI
2.0L
2.0T
0.3Pp
4
6
8
5 D05
우측앞
파워
윈도우
스위치
OFF
OFF
DOWN
UP
DOWN
UP
조명등
1
2.0L
3
2.0Br
7 D05
0.3B
1
2 D18
조명등 참조
G03
우측 앞
파워 윈도우
모터

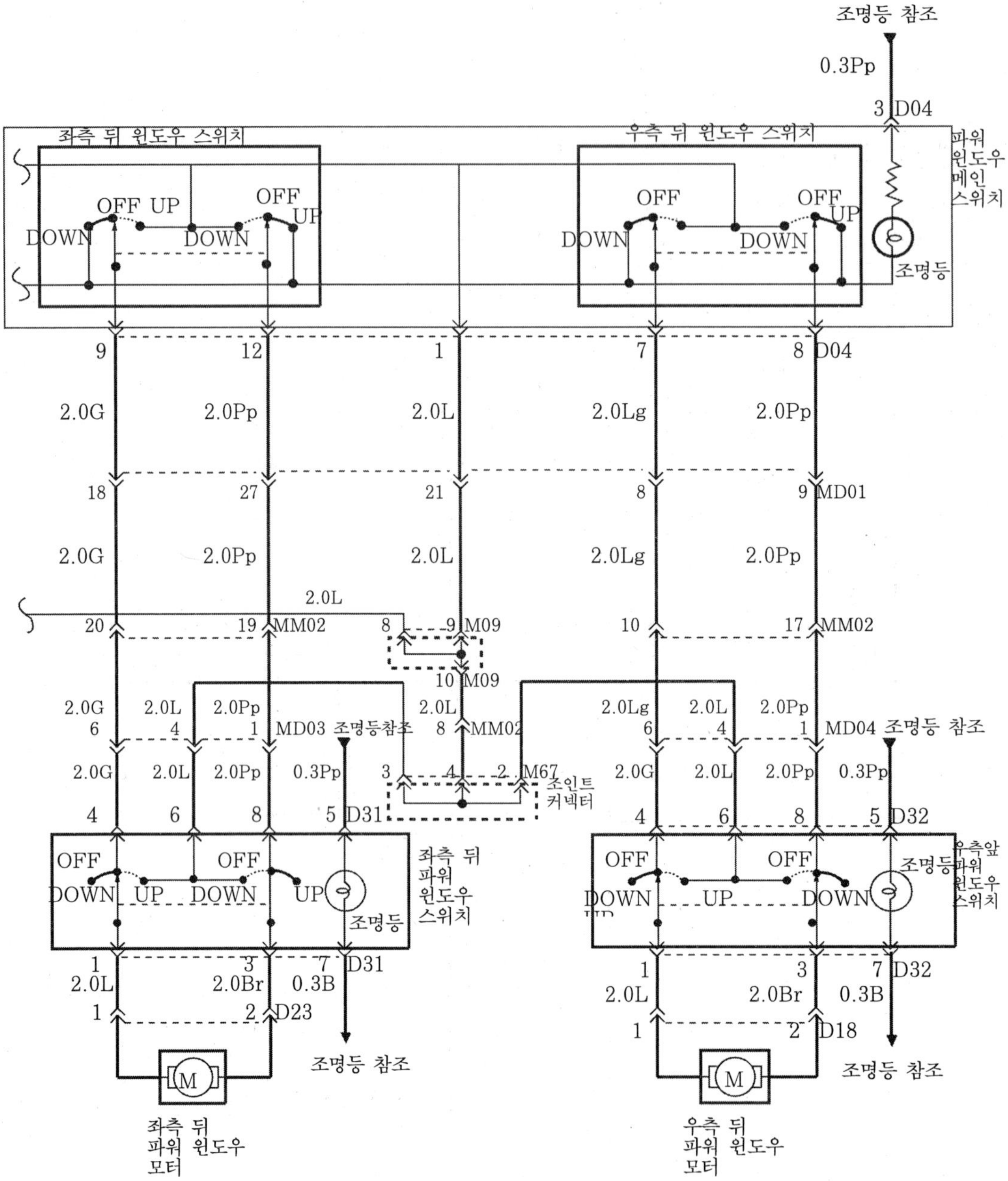
조명등 참조
0.3Pp
3 D04
좌측 뒤 윈도우 스위치
우측 뒤 윈도우 스위치
파워 윈도우 메인 스위치
OFF UP
DOWN
조명등
9 12 1 7 8 D04
2.0G 2.0Pp 2.0L 2.0Lg 2.0Pp
18 27 21 8 9 MD01
2.0L
20 19 MM02
8 9 M09
10 M09
10 17 MM02
6 4 1 MD03 조명등참조
8 MM02
6 4 1 MD04 조명등 참조
0.3Pp
3 4 2 M67
조인트 커넥터
4 6 8 5 D31
4 6 8 5 D32
좌측 뒤 파워 윈도우 스위치
우측앞 파워 윈도우 스위치
1 3 7 D31
1 3 7 D32
2.0L 2.0Br 0.3B
1 2 D23
1 2 D18
M
조명등 참조
좌측 뒤 파워 윈도우 모터
우측 뒤 파워 윈도우 모터

◎ 전류 흐름도를 보고 다음 물음에 답하시오.

1. 좌측 뒤 파워 윈도우 스위치를 사용해서 좌측 뒤 파워 윈도우 모터를 회전하여 창문을 내리는 경우에 회로도상의 전류가 흐르는 요소들을 잘 보고 2개의(   )를 채우시오(2.0L을 기준으로).

1.1. ETACM이 파워 윈도우 릴레이 구동하여 파워 윈도우 장치에 전원 공급

상시전원 → 파워윈도우 퓨즈블링크 → JM10의 1번 핀 → I/P-B의 12번 핀 → 파워 윈도우 릴레이 → IP-B의 13번 핀 → A

1.2. 좌측 뒤 파워 윈도우 스위치 조작 → 좌측 뒤 파워 윈도우 모터 회전

A → D04의 11번 핀 → 파워 윈도우 메인 스위치의 록 스위치 → UNLOCK → D04의 (   )번 핀 → M09의 9번 핀 → 조인트 커넥터 → M09의 10번 핀 → M67의 4번 핀 → 조인트 커넥터 → M67의 3번 핀 → D21의 6번 핀 → 좌측 뒤 파워 윈도우 스위치 → DOWN → (   )의 3번 핀 → D23의 2번 핀 → 좌측 뒤 파워 윈도우 모터 → D23의 1번 핀 → D21의 1번 핀 → 좌측 뒤 파워 윈도우 스위치 → DOWN → D21의 4번 핀 → D04의 9번 핀 → D04의 9번 핀 → D04의 10번 핀 → D12의 4번 핀 → 조인트 커넥터 → D12의 6번 핀 → G03 접지

◘ 다음 실험을 실시한다.

1. 실험 준비물을 확인한다.

실습 교재, 윈도우 모터 모듈, 윈도우 스위치 모듈, 배선, 전원공급기

2. 다음 방법에 따라서 실험을 실시한다.

① 전원공급기의 1A의 (+), (-)를 자동차의 배터리로 사용한다.

② 회로도를 보고 각각의 윈도우 스위치를 사용해서 모든 윈도우 모터를 구동할 수 있도록 회로를 연결한다.

③ 회로도에 나타나 있는 배선의 색깔과 커넥터의 핀을 잘 확인하여 연결한다.

④ 실내 정션박스, 엔진룸 정션박스 등은 없으므로 직접 배선으로 연결한다.

⑤ 전원공급기의 (-)를 자동차의 접지(G03)로 사용한다.

⑥ 각 도어의 파워 윈도우 스위치를 사용해서 윈도우 모터를 회전 및 역회전이 되는지 살펴본다.

⑦ 파워 윈도우 메인 스위치의 록(LOCK) 스위치를 록(LOCK)시킨 후 각 도어의 파워 윈도우 스위치가 작동하는지 살펴본다.

⑧ 모터가 작동하지 않으면 회로도와 비교하면서 틀린 곳을 찾아 바르게 연결한다.

⑨ 위의 과정을 반복해서 실시하여 숙달이 되도록 한다.

3. 윈도우 모터는 정상적으로 구동이 되었는가 ?

예(　　　), 아니오(　　　)

4. 만약 모터가 잘 구동이 되지 않았다면 그 원인은 무엇이라고 생각되는지 아래에 적으시오.

5. 위의 실험을 통해 느낀 점을 아래에 적으시오.

4 CHAPTER

파워 도어록 제어회로

1. 교재의 구성

1.1. 내용소개

자동차 파워 도어 록의 고장진단 및 정비에 필요한 관련 지식과 그 목적을 달성하기 위한 기본적이 능력인 자동차 파워 도어 록 전기 회로도를 해독할 수 있도록 실습을 구성하였다.

여러 가지 해석문제와 실습을 통해 학생 스스로 흥미를 갖고 회로도의 해석에 자신감을 갖을 수 있도록 한다. 학습 후 학생 스스로 자신의 학습능력을 검토할 수 있도록 하였다.

1.2. 학습모듈

여러 가지 종류의 자동차 파워 도어 록 장치를 고장 진단하고 정비하는데 필요한 여러 차종의 파워 도어 록 전기 회로도를 설명할 수 있다.

1.3. 선수 학습모듈

자동차 전기부품 및 전자장치에 대한 구조 및 작동원리에 대한 기초적인 지식을 타 교과에서 이수하도록 한다.

2. 파워 도어 록 회로실습

2.1. 주요어

파워 도어 록, 다기능 스위치, 스티어링 휠, 파워 도어 록 릴레이

2.2. 개요

자동차 파워 도어 록의 고장진단 및 정비에 필요한 관련 지식과 그 목적을 달성하기 위한 기본적이 능력인 자동차 파워 도어 록 전기 회로도를 해독할 수 있도록 실습을 구성하였다.

여러 가지 해석문제와 실습을 통해 학생 스스로 흥미를 갖고 회로도의 해석에 자신감을 갖을 수 있도록 한다. 학습 후 학생 스스로 자신의 학습능력을 검토할 수 있도록 하였다.

2.3. 학습목표

여러 가지 종류의 자동차 파워 도어 록 장치를 고장 진단하고 정비하는데 필요한 여러 차종의 파워 도어 록 전기 회로도를 설명할 수 있다.

◆ 다음 회로도를 보고 파워 도어 록(LOCK) 스위치를 록(LOCK)시켜서 차량의 모든 도어를 록(LOCK)시키는 경우의 전류의 흐름을 상시전원부터 접지까지 회로도 위에 표시하시오.

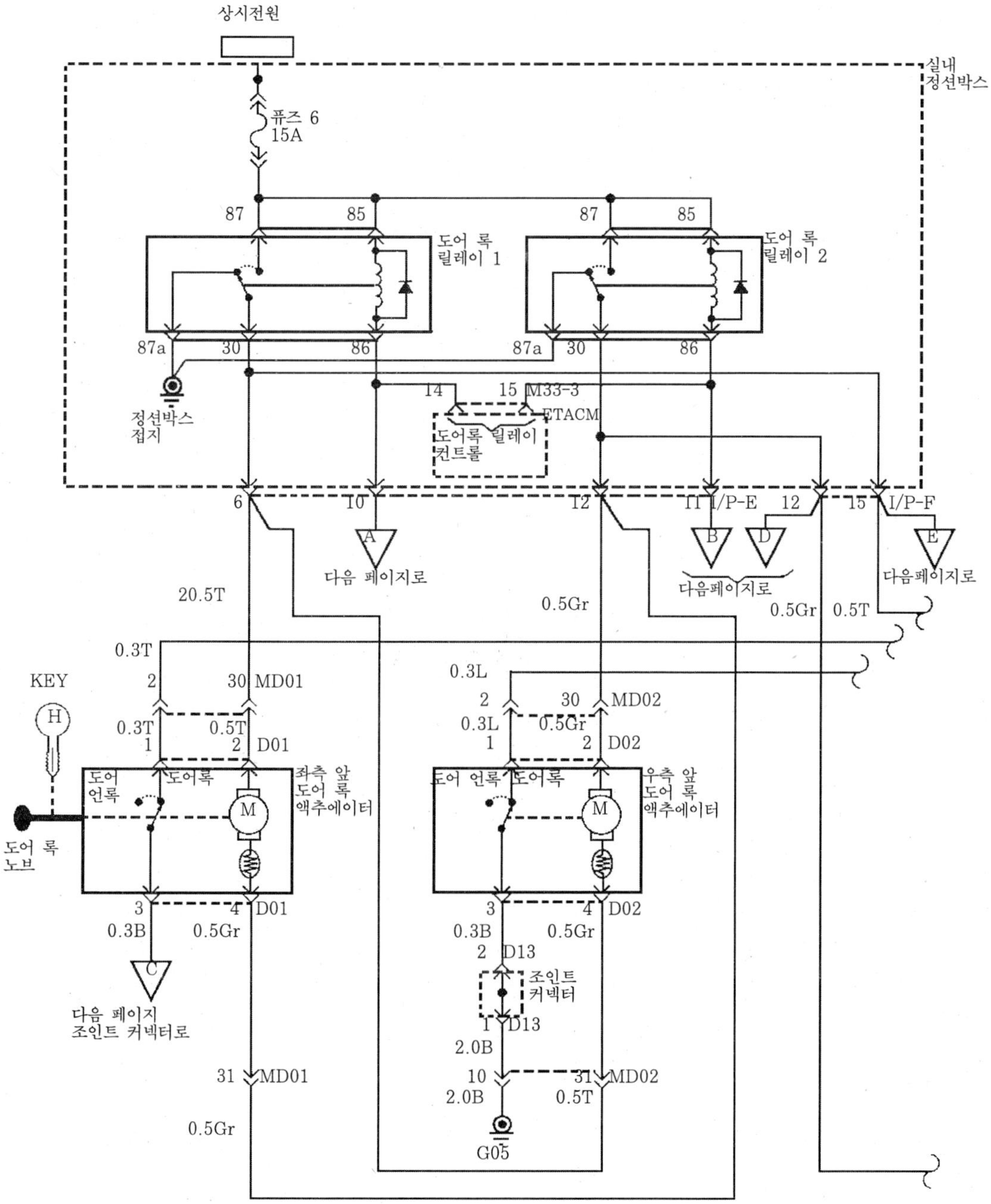

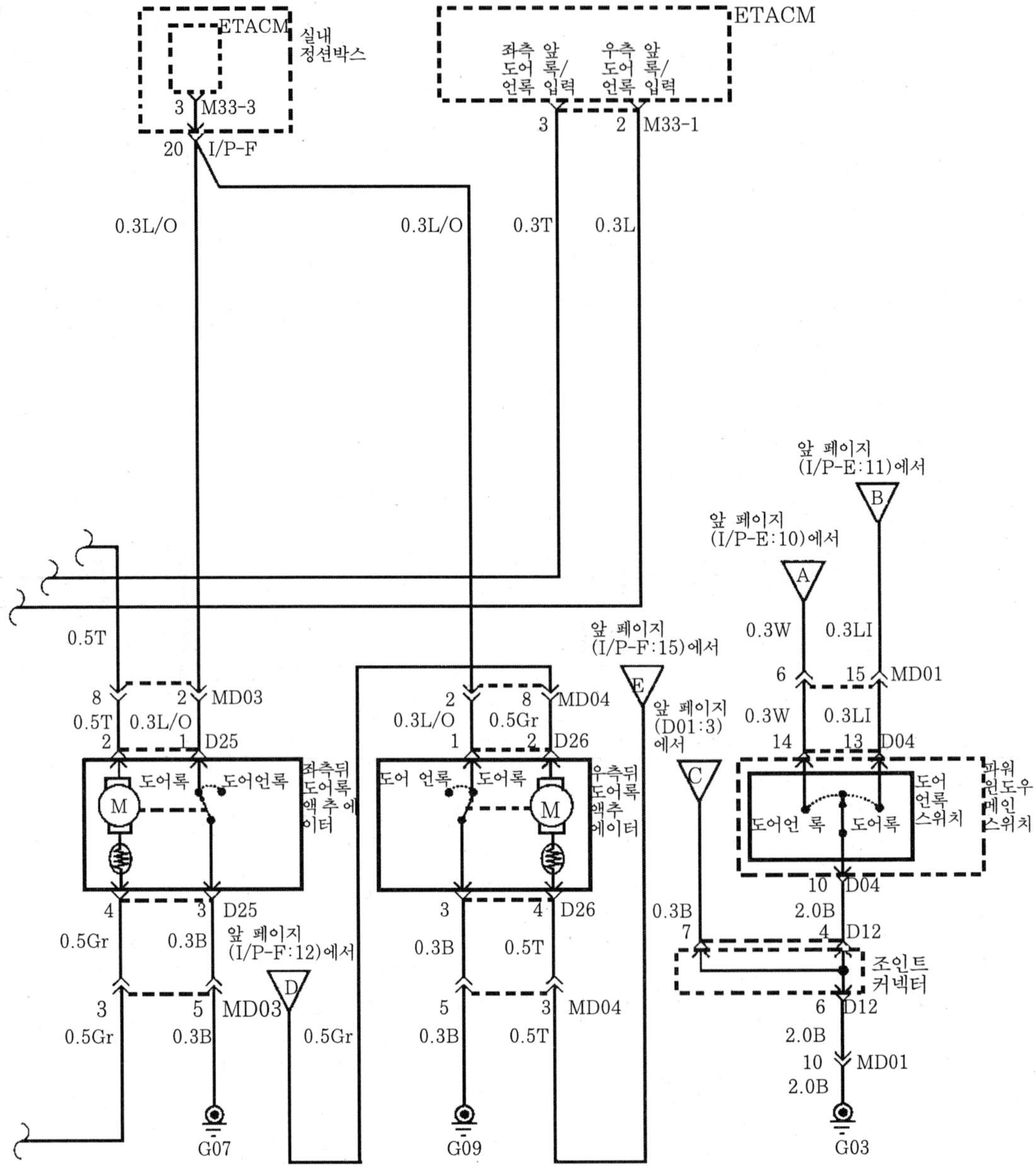

ETACM
실내 정션박스
3 M33-3
20 I/P-F
ETACM
좌측 앞 도어 록/언록 입력
우측 앞 도어 록/언록 입력
3
2 M33-1
0.3L/O
0.3L/O
0.3T
0.3L
앞 페이지 (I/P-E:11)에서
앞 페이지 (I/P-E:10)에서
B
A
0.5T
0.3W
0.3LI
앞 페이지 (I/P-F:15)에서
E
8
2 MD03
2
8 MD04
6
15 MD01
0.5T
0.3L/O
0.3L/O
0.5Gr
앞 페이지 (D01:3)에서
0.3W
0.3LI
2
1 D25
1
2 D26
14
13 D04
도어록
도어언록
좌측뒤 도어록 액추에이터
도어 언록
도어록
우측뒤 도어록 액추에이터
C
도어 언록 스위치
파워 윈도우 메인 스위치
도어언 록
도어록
10 D04
4
3 D25
3
4 D26
0.3B
2.0B
0.5Gr
0.3B
앞 페이지 (I/P-F:12)에서
0.3B
0.5T
7
4 D12
조인트 커넥터
D
3
5 MD03
5
3 MD04
6 D12
0.5Gr
0.3B
0.5Gr
0.3B
0.5T
2.0B
10 MD01
2.0B
G07
G09
G03

◘ 전류 흐름도를 보고 다음 물음에 답하시오

1. 다음 회로도를 보고 파워 윈도우 메인 스위치에 있는 파워 도어 록(LOCK) 스위치를 록(LOCK)시켜서 차량의 모든 도어를 록(LOCK)시키는 경우에 회로도상의 전류가 흐르는 요소들을 잘 보고 5개의 (   )를 채우시오(2.0L을 기준으로).

1.1. 도어 록 스위치의 록(LOCK) 작동으로 도어 록 릴레이 2 구동

상시전원 → 실내 정션박스의 퓨즈 6 → 도어 록 릴레이 2 → I/P-E의 11번 핀 → B D04의 (   )번 핀 → 도어 언록 스위치 → D04의 10번 핀 → D12의 4번 핀 → 조인트 커넥터 → D12의 6번 핀 → G03 접지

1.2. 도어 록 릴레이 2의 스위치 작동으로 좌측 앞 도어 록 액추에이터 록(LOCK) 동작

상시전원 → 실내 정션박스의 퓨즈 6 → 도어 록 릴레이 2 스위치 ON → I/P-E의 12번 핀 → D01의 (   )번 핀 → 좌측 앞 도어 록 액추에이터 → D01의 2번 핀 → I/P-E의 6번 핀 → 도어 록 릴레이 1 스위치 OFF → 정션박스 접지

1.3. 우측 앞 도어 록 액추에이터 록(LOCK) 동작

상시전원 → 실내 정션박스의 퓨즈 6 → 도어 록 릴레이 2 스위치 ON → I/P-E의 12번 핀 → D02의 2번 핀 → 우측 앞 도어 록 액추에이터 → (   )의 4번 핀 → I/P-E의 6번 핀 → 도어 록 릴레이 1 스위치 OFF → 정션박스 접지

1.4. 좌측 뒤 도어 록 액추에이터 록(LOCK) 동작

상시전원 → 실내 정션박스의 퓨즈 6 → 도어 록 릴레이 2 스위치 ON → I/P-F의 12번 핀 → D25의 ( )번 핀 → 좌측 뒤 도어 록 액추에이터 → D25의 2번 핀 → I/P-F의 15번 핀 → 도어 록 릴레이 1 스위치 OFF → 정션박스 접지

1.5. 우측 뒤 도어 록 액추에이터 록(LOCK) 동작

상시전원 → 실내 정션박스의 퓨즈 6 → 도어 록 릴레이 2 스위치 ON → I/P-F의 12번 핀 → D → D26의 2번 핀 → 우측 뒤 도어 록 액추에이터 → D26의 ( )번 핀 → E → I/P-F의 15번 핀 → 도어 록 릴레이 1 스위치 OFF → 정션박스 접지

2. 위의 전기 회로도에서 파워 윈도우 메인 스위치의 도어 언록 스위치를 언록(UNLOCK)시키는 경우에 전류가 흐르지 않는 요소를 아래에서 3개를 찾아 ( )안에 적으시오.

실내 정션박스 퓨즈 6, 도어 록 릴레이 1, 도어 언록 스위치, 좌측 앞 도어 록 액추에이터, 우측 앞 도어 록 액추에이터, ETACM, 좌측 뒤 도어 록 액추에이터, 우측 뒤 도어 록 액추에이터, G03접지, G05 접지, G07접지

(   ) (   ) (   )

3. 위의 전기회로도에서 각 도어 록 액추에이터가 록(LOCK)과 언록(UNLOCK)의 경우에 흐르는 전류의 입출력의 커넥터의 핀 번호를 다음 빈 칸에 적으시오.

	전류 입력 핀	액추에이터 이름	전류 출력 핀
도어 록 (LOCK)	D01의 4번	좌측 앞 도어 록 액추에이터	D01의 2번
	①	우측 앞 도어 록 액추에이터	②
	③	좌측 뒤 도어 록 액추에이터	④
	⑤	우측 뒤 도어 록 액추에이터	⑥
도어 언록 (UNLOCK)	⑦	좌측 앞 도어 록 액추에이터	⑧
	⑨	우측 앞 도어 록 액추에이터	⑩
	⑪	좌측 뒤 도어 록 액추에이터	⑫
	⑬	우측 뒤 도어 록 액추에이터	⑭

4. 위의 전기회로도에서 파워 윈도우 메인 스위치의 도어 언록 스위치를 언록(UNLOCK) 시키는 경우에 전류가 흐르는 배선의 색깔이 아닌 것을 다음에서 3가지를 찾아 (   )안에 적으시오.

> 파랑색에 오렌지색 줄무늬, 황갈색, 파랑색,
> 흰색, 하늘색, 회색, 검정색

(   ) (   ) (   )

◘ 다음 실험을 실시한다.

1. 실험 준비물을 확인한다.

실습 교재, 도어 록 액추에이터 모듈, 파워 윈도우 메인 스위치 모듈, 배선, 전원공급기

2. 다음 방법에 따라서 실험을 실시한다.

① 전원공급기의 1A의 (+), (-)를 자동차의 배터리로 사용한다.

② 회로도를 보고 각각의 도어 언록 스위치를 사용하여 각 도어 록 액추에이터를 록, 언록 할 수 있도록 회로를 연결한다.

③ 회로도에 나타나 있는 배선의 색깔과 커넥터의 핀을 잘 확인하여 연결한다.

④ 전원공급기의 (-)를 자동차의 접지(G03)로 사용한다.

⑤ 액추에이터가 작동하지 않으면 회로도와 비교하면서 틀린 곳을 찾아 바르게 연결한다.

⑥ 위의 과정을 반복해서 실시하여 숙달이 되도록 한다.

3. 도어 록 액추에이터는 정상적으로 구동이 되었는가 ?

예(　　　), 아니오(　　　)

4. 만약 액추에이터가 잘 구동이 되지 않았다면 그 원인은 무엇이라고 생각되는지 아래에 적으시오.

5. 위의 실험을 통해 느낀 점을 아래에 적으시오.

05 CHAPTER

파워 아웃사이드 미러 제어회로

1. 교재의 구성

1.1. 내용소개

자동차 파워 아웃사이드 미러의 고장진단 및 정비에 필요한 관련 지식과 그 목적을 달성하기 위한 기본적이 능력인 자동차 파워 아웃사이드 미러 전기 회로도를 해독할 수 있도록 실습을 구성하였다. 여러 가지 해석문제와 실습을 통해 학생 스스로 흥미를 갖고 회로도의 해석에 자신감을 갖을 수 있도록 한다. 학습 후 학생 스스로 자신의 학습능력을 검토할 수 있도록 하였다.

1.2. 학습목표

여러 가지 종류의 자동차 파워 아웃사이드 미러 장치를 고장 진단하고 정비하는데 필요한 여러 차종의 파워 아웃사이드 미러 전기 회로도를 설명할 수 있다.

1.3. 선수 학습모듈

자동차 전기부품 및 전자장치에 대한 구조 및 작동원리에 대한 기초적인 지식을 타 교과에서 이수하도록 한다.

2. 파워 아웃사이드 미러 회로실습

2.1. 주요어

파워 아웃사이드 미러, 다기능 스위치, 스티어링 휠, 파워 아웃사이드 미러 릴레이

2.2. 개요

자동차 파워 아웃사이드 미러의 고장진단 및 정비에 필요한 관련 지식과 그 목적을 달성하기 위한 기본적이 능력인 자동차 파워 아웃사이드 미러 전기 회로도를 해독할 수 있도록 실습을 구성하였다.

여러 가지 해석문제와 실습을 통해 학생 스스로 흥미를 갖고 회로도의 해석에 자신감을 갖을 수 있도록 한다. 학습 후 학생 스스로 자신의 학습능력을 검토할 수 있도록 하였다.

2.3. 학습목표

여러 가지 종류의 자동차 파워 아웃사이드 미러장치를 고장진단하고 정비하는데 필요한 여러 차종의 파워 아웃사이드 미러 전기 회로도를 설명할 수 있다.

◎ 다음 회로도와 TABLE을 보고 LEFT측의 사이드 미러를 DOWN시키려고 할 때 전류의 흐름을 ACC/ON 전원부터 접지까지 회로도 위에 표시하시오.

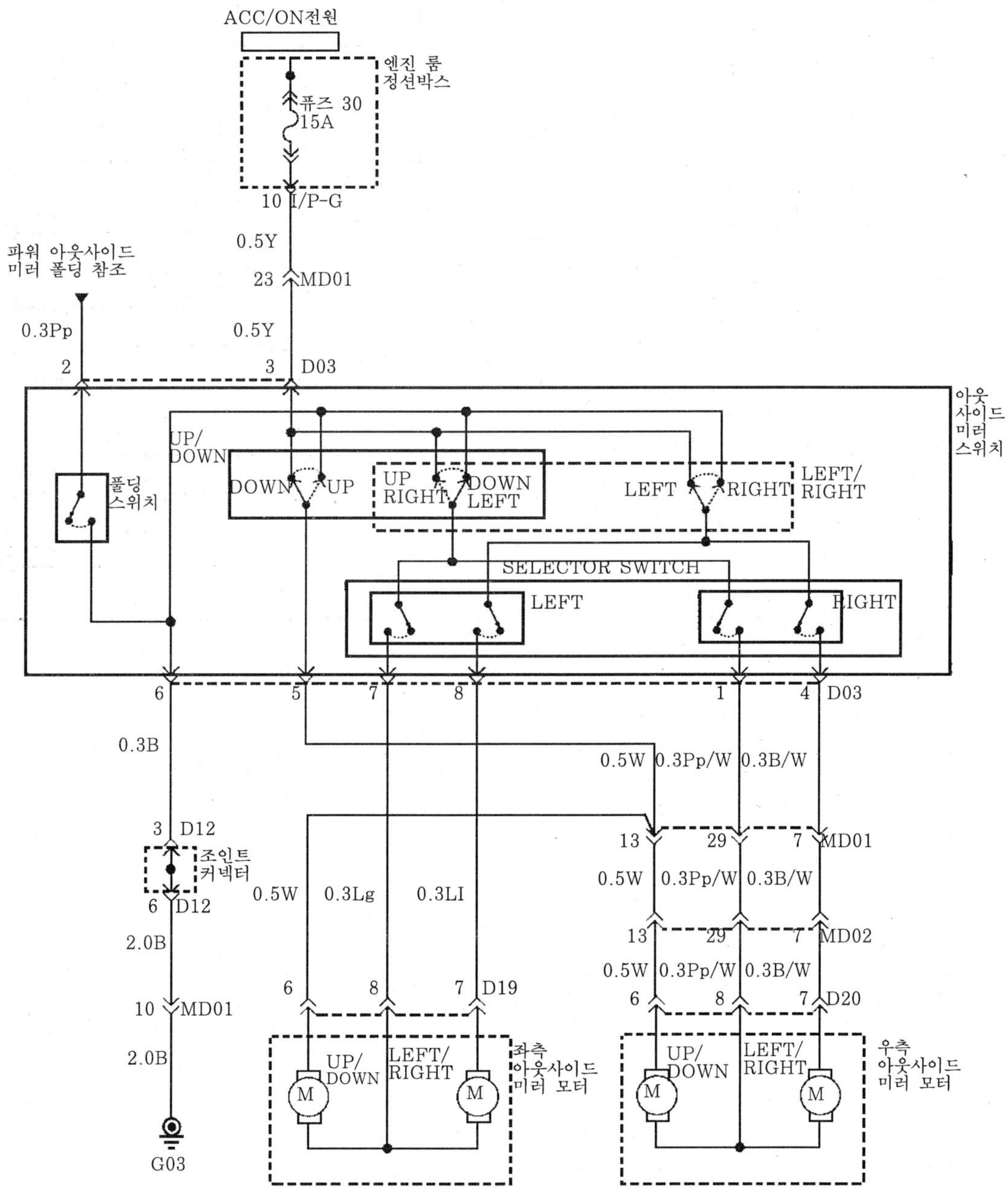

【TABLE】

	SELECTOR SWITCH POSITION	POSITION	Pin NO. 7	8	1	4	5	3	6
MIRROR SELECT SWITCH	LEFT	UP					○	─	○
			○	○	─	─	─	○	
		DOWN	○	○	─	─	─	─	○
							○	○	
		OFF	○	○	─	─	○	○	
		LEFT	○	─	─	─	○	─	○
				○	─	─	─	○	
		RIGHT		○	─	─	─	─	○
			○	─	─	─	○	○	
	RIGHT	UP					○	─	○
					○	○	─	○	
		DOWN			○	○	─	─	○
							○	○	
		OFF			○	○	○	○	
		LEFT			○	─	○	─	○
						○	─	○	
		RIGHT				○	─	─	○
					○	─	○	○	

◘ 다음 물음에 답하시오.

1. 위의 TABLE을 잘 보고 아웃사이드 미러 스위치의 동작 위치를 다음 빈칸에 보기와 같이 적으시오.

미러 스위치	위치	UP/DOWN 스위치	LEFT/RIGHT 스위치	LEFT 스위치	RIGHT 스위치
LEFT	UP	UP	LEFT	ON	OFF
	DOWN	DOWN	RIGHT	ON	OFF
	OFF				
	LEFT				
	RIGHT				
RIGHT	UP				
	DOWN				
	OFF				
	LEFT				
	RIGHT				

2. 회로도와 TABLE을 보고 LEFT측의 사이드 미러를 DOWN시키려고 할 때 회로도상의 전류가 흐르는 요소들을 잘 보고 2개의 (　　)를 채우시오.

ACC/ON전원 → 실내 정션박스 퓨즈 30번 → I/P-G의 10번 핀 → D03의 3번 핀 → 아웃사이드 미러 DOWN 스위치 ON → D03의 (　　　)번 핀 → D19의 6번 핀 → 좌측 아웃사이드 미러 UP/DOWN 모터 → D19의 8번 핀 → D03의 7번 핀 → 아웃사이드 미러 LEFT 스위치 ON → D03의 (　　)번 핀 → D12의 3번 핀 → 조인트 커넥터 → D12의 6번 핀 → G03접지

3. **회로도와 TABLE을 보고 RIGHT측의 사이드 미러를 RIGHT시키려고 할 때 회로도상의 전류가 흐르는 요소들을 잘 보고 2개의 (   )를 채우시오.**

ACC/ON전원 → 실내 정션박스 퓨즈 30번 → I/P-G의 10번 핀 → D03의 (   )번 핀 → 아웃사이드 미러 RIGHT 스위치 ON → D03의 1번 핀 → D20의 8번 핀 → 좌측 아웃사이드 미러 LEFT/RIGHT 모터 → D20의 (   )번 핀 → D03의 4번 핀 → 아웃사이드 미러 RIGHT 스위치 ON → D03의 6번 핀 → D12의 3번 핀 → 조인트 커넥터 → D12의 6번 핀 → G03접지

4. **전기 회로도에서 LEFT측 사이드 미러를 RIGHT측으로 동작시키려고 할 때 전류가 흐르지 않는 요소를 아래에서 모두 찾아 (   )안에 그 번호를 적으시오.**

① D03의 7번 핀, ② D03의 8번 핀, ③ D03의 1번 핀,
④ D03의 4번 핀, ⑤ D03의 5번 핀

(   ) (   ) (   )

5. **위의 전기회로도에서 RIGHT측 사이드 미러를 위쪽(UP)으로 동작시키려고 할 때 전류가 흐르는 배선의 색깔을 모두 찾아 (   )안에 색깔 이름과 기호를 함께 적으시오.**

배선 색	기호 명
노란 색	Y

◘ 다음 실험을 실시한다.

1. 실험 준비물을 확인한다.

실습 교재, 사이드 미러 모듈, 사이드 미러 스위치 모듈, 배선, 전원공급기

2. 다음 방법에 따라서 실험을 실시한다.

① 전원공급기의 1A의 (+), (-)를 자동차의 배터리로 사용한다.

② 회로도를 보고 사이드 미러 스위치를 사용해서 좌, 우의 사이드 미러를 구동할 수 있도록 회로를 연결한다.

③ 회로도에 나타나 있는 배선의 색깔과 커넥터의 핀을 잘 확인하여 연결한다.

④ 실내 정션박스, 엔진룸 정션박스 등은 없으므로 직접 배선으로 연결한다.

⑤ 전원공급기의 (-)를 자동차의 접지(G03)로 사용한다.

⑥ 모터가 작동하지 않으면 회로도와 비교하면서 틀린 곳을 찾아 바르게 연결한다.

⑦ 위의 과정을 반복해서 실시하여 숙달이 되도록 한다.

3. 사이드 미러는 정상적으로 구동이 되었는가 ?

예(　　　), 아니오(　　　)

4. 만약 사이드 미러가 잘 구동이 되지 않았다면 그 원인은 무엇이라고 생각되는지 아래에 적으시오.

5. 위의 실험을 통해 느낀 점을 아래에 적으시오.

MEMO

3. 파워 아웃사이드 미러 폴딩 제어회로 실습

3.1. 주요어

파워 아웃사이드 미러 폴딩, 다기능 스위치, 스티어링 휠, 파워 아웃사이드 미러 폴딩 컨드롤 모듈

3.2. 개요

자동차 파워 아웃사이드 미러 폴딩장치의 고장진단 및 정비에 필요한 관련 지식과 그 목적을 달성하기 위한 기본적이 능력인 자동차 파워 아웃사이드 미러 폴딩 전기 회로도를 해독할 수 있도록 실습을 구성하였다.

여러 가지 해석문제와 실습을 통해 학생 스스로 흥미를 갖고 회로도의 해석에 자신감을 갖을 수 있도록 한다. 학습 후 학생 스스로 자신의 학습능력을 검토할 수 있도록 하였다.

3.3. 학습목표

여러 가지 종류의 자동차 파워 아웃사이드 미러 폴딩 장치를 고장 진단하고 정비하는데 필요한 여러 차종의 파워 아웃사이드 미러 폴딩 전기 회로도를 설명할 수 있다.

◎ 다음 회로도를 보고 사이드 미러를 격납(folding)시키려고 할 때 전류의 흐름을 전원부터 접지까지 회로도 위에 표시하시오.

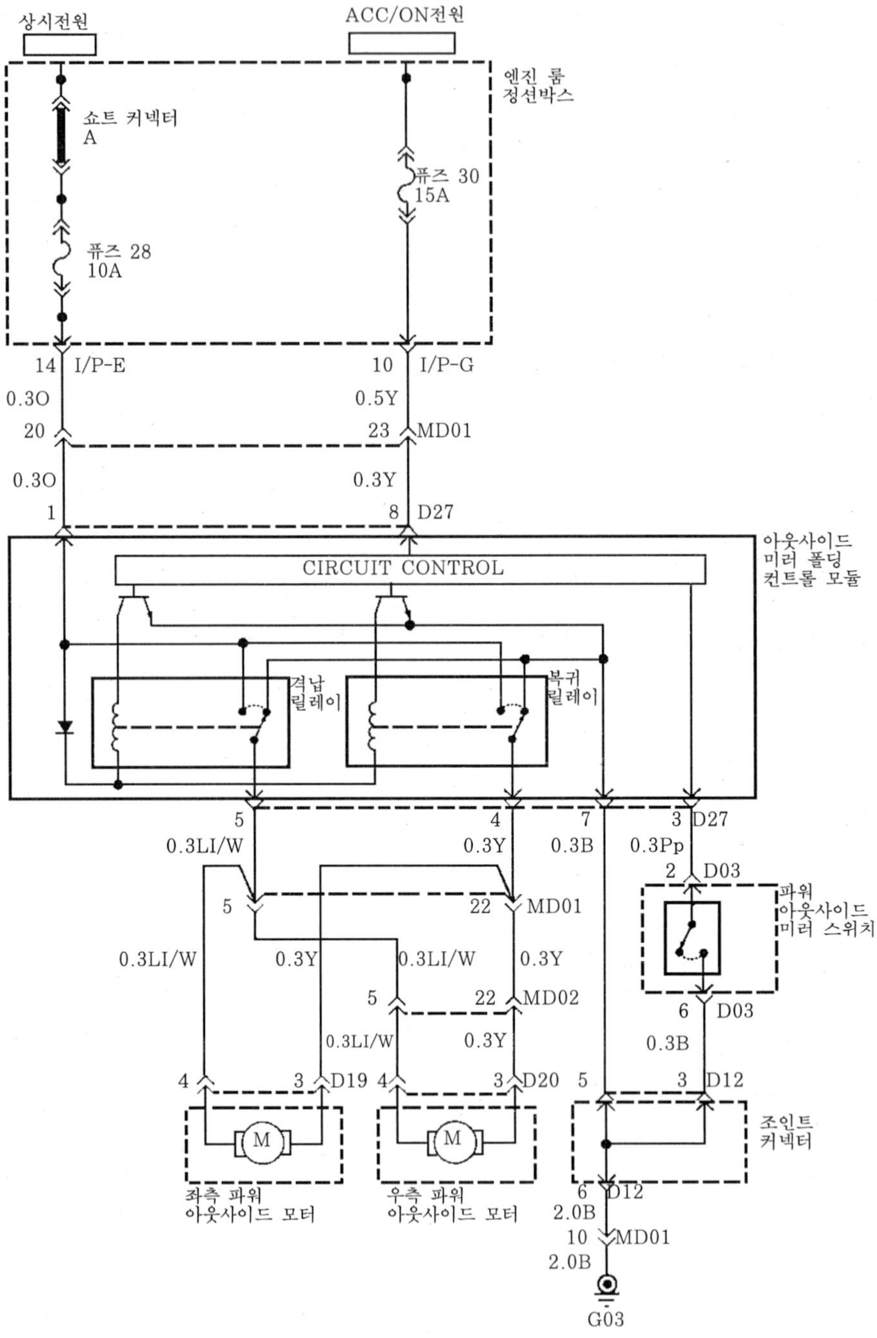

◈ 다음 물음에 답하시오.

1. 회로도를 보고 사이드 미러를 격납(folding)시키려고 할 때 회로도상의 전류가 흐르는 요소들을 잘 보고 (　　　)를 채우시오.

1.1. 전원공급

ACC/ON전원 → 실내 정션박스 퓨즈 30번 → I/P-G의 10번 핀 → D27의 (　) 번 핀 → 아웃사이드 미러 폴딩 컨트롤 모듈 CIRCUIT CONTROL

1.2. 폴딩 스위치를 ON시켜서 격납릴레이 동작

상시전원 → 실내 정션박스 퓨즈 28번 → I/P-E의 14번 핀 → D27의 1번 핀 → CIRCUIT CONTROL 격납 릴레이 → 제어 트랜지스터 → D27의 (　)번 핀 → D03의 2번 핀 → 폴딩 스위치 → D03의 6번 핀 → D12의 3번 핀 → 조인트 커넥터 → D12의 6번 핀 → G03접지

1.3. 좌측, 우측 파워 아웃사이드 미러 폴딩 모터 작동

상시전원 → 실내 정션박스 퓨즈 28번 → I/P-E의 14번 핀 → D27의 1번 핀 → 아웃사이드 미러 폴딩 컨트롤 모듈 → D27의 5번 핀 ┬→ D19의 4번 핀 →
└→ D20의 4번 핀 →

1.4. 좌측 파워 아웃사이드 미러 폴딩 모터 작동

D19의 4번 핀 → 좌측 사이드 미러 폴딩 모터 → D19의 3번 핀 → D27의 4번 핀 → CIRCUIT CONTROL 복귀릴레이 → D27의 7번 핀 → D12의 5번 핀 → 조인트 커넥터 → D12의 6번 핀 → G03접지

1.5. 우측 파워 아웃사이드 미러 폴딩 모터 작동

D20의 4번 핀 → 우측사이드 미러 폴딩 모터 → D20의 3번 핀 → D27의 4번 핀 → CIRCUIT CONTROL 복귀 릴레이 → D27의 7번 핀 → D12의 5번 핀 → 조인트 커넥터 → D12의 6번 핀 → G03접지

2. 전기 회로도에서 사이드 미러를 복귀시키려고 할 때 접지와 연결시키는 단자 2개는 아웃사이드 미러 폴딩 컨트롤 모듈에서 D27 커넥터의 몇 번 단자인가 ?

( ), ( )

3. 위의 전기회로도에서 폴딩 스위치 입력선과 접지선의 배선의 색깔을 찾아 ( ) 안에 색깔 이름과 기호를 함께 적으시오.

입력선 ( )

접지선 ( )

◘ 다음 실험을 실시한다.

1. 실험 준비물을 확인한다.

실습 교재, 사이드 미러 모듈, 사이드 미러 스위치 모듈, 배선, 전원공급기

2. 다음 방법에 따라서 실험을 실시한다.

① 전원공급기의 1A의 (+), (-)를 자동차의 배터리로 사용한다.

② 회로도를 보고 사이드 미러 스위치를 사용해서 좌, 우의 사이드 미러를 격납 및 복귀시킬 수 있도록 회로를 연결한다.

③ 회로도에 나타나 있는 배선의 색깔과 커넥터의 핀을 잘 확인하여 연결한다.

④ 실내 정션박스, 엔진룸 정션박스 등은 없으므로 직접 배선으로 연결한다.

⑤ 전원공급기의 (-)를 자동차의 접지(G03)로 사용한다.

⑥ 모터가 작동하지 않으면 회로도와 비교하면서 틀린 곳을 찾아 바르게 연결한다.

⑦ 위의 과정을 반복해서 실시하여 숙달이 되도록 한다.

3. 사이드 미러는 정상적으로 격납, 복귀가 되었는가 ?

예(　　　), 아니오(　　　)

4. 만약 사이드 미러가 잘 구동이 되지 않았다면 그 원인은 무엇이라고 생각되는지 아래에 적으시오.

5. 위의 실험을 통해 느낀 점을 아래에 적으시오.

MEMO

06 CHAPTER

파워 시트 제어회로

1. 교재의 구성

1.1. 내용소개

자동차 파워 시트의 고장진단 및 정비에 필요한 관련 지식과 그 목적을 달성하기 위한 기본적이 능력인 자동차 파워 시트 전기 회로도를 해독할 수 있도록 실습을 구성하였다. 여러 가지 해석문제와 실습을 통해 학생 스스로 흥미를 갖고 회로도의 해석에 자신감을 갖을 수 있도록 한다. 학습 후 학생 스스로 자신의 학습능력을 검토할 수 있도록 하였다.

1.2. 학습목표

여러 가지 종류의 자동차 파워 시트장치를 고장진단하고 정비하는데 필요한 여러 차종의 파워 시트 전기 회로도를 설명할 수 있다.

1.3. 선수 학습모듈

자동차 전기부품 및 전자장치에 대한 구조 및 작동원리에 대한 기초적인 지식을 타 교과에서 이수하도록 한다.

2. 파워 시트 회로실습

2.1. 주요어

파워 시트, 다기능 스위치, 스티어링 휠, 파워 시트 릴레이

2.2. 개요

자동차 파워 시트의 고장진단 및 정비에 필요한 관련 지식과 그 목적을 달성하기 위한 기본적이 능력인 자동차 파워 시트 전기 회로도를 해독할 수 있도록 실습을 구성하였다.

여러 가지 해석문제와 실습을 통해 학생 스스로 흥미를 갖고 회로도의 해석에 자신감을 갖을 수 있도록 한다. 학습 후 학생 스스로 자신의 학습능력을 검토할 수 있도록 하였다.

2.3. 학습목표

여러 가지 종류의 자동차 파워 시트장치를 고장 진단하고 정비하는데 필요한 여러 차종의 파워 시트 전기 회로도를 설명할 수 있다.

◘ 다음 회로도와 TABLE을 보고 등받이(reclining)를 뒤(back)로 동작시키기 위해서 스위치를 작동시킬 때의 전류의 흐름을 상시전원부터 접지까지 회로도 위에 표시하시오.

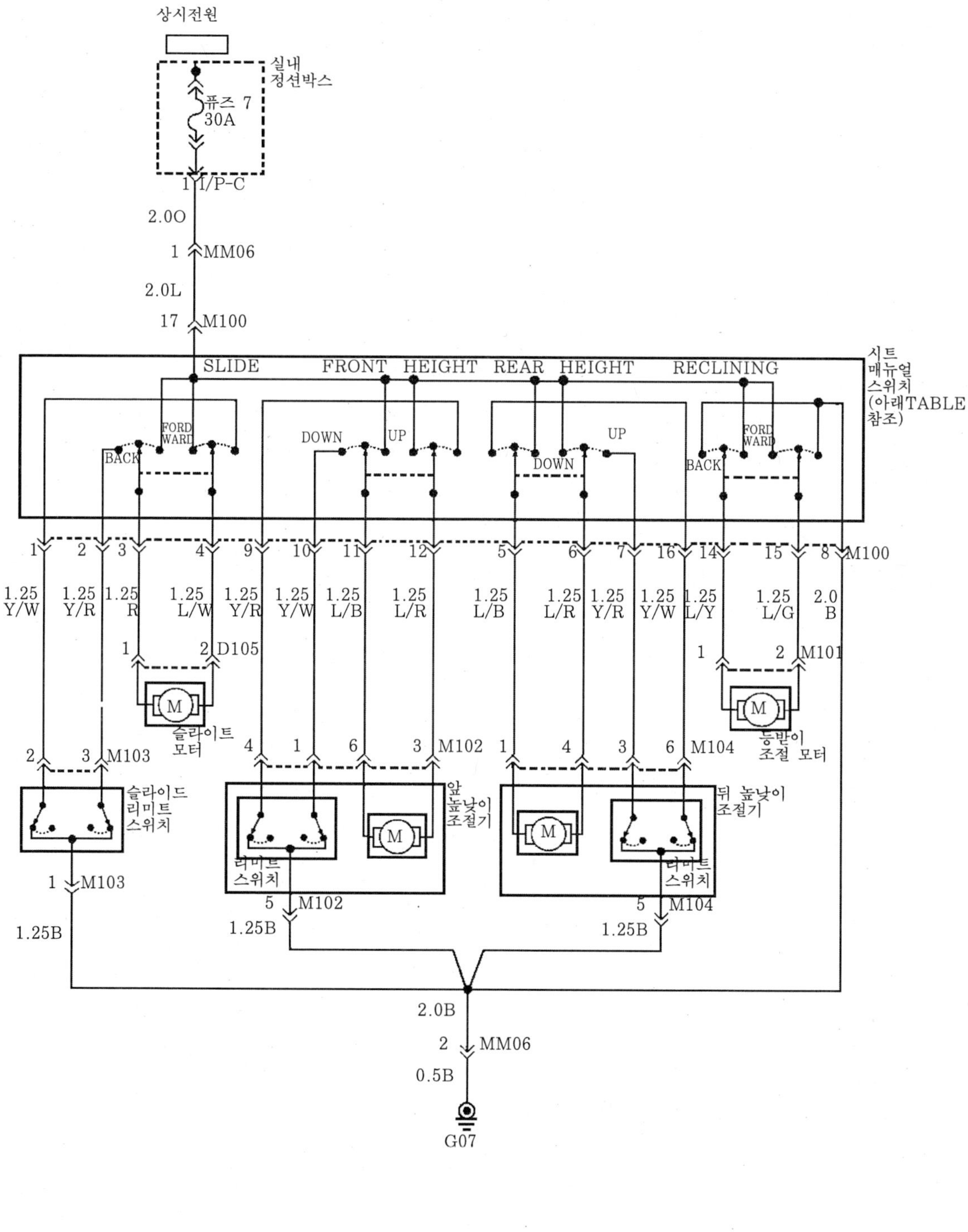

【TABLE】

스위치 포지션 \ 터미널 NO.		8	7	6	5	4	3	2	1	17	16	15	14	13	12	11	10	9
Slide(솔레노이드 스위치)	Forward					○	—	—	○									
							○	—	—	○								
	Back						○	○										
						○	—	—	—	○								
Front height (앞 높낮이 스위치)	UP									○	—	—	—	—	—	○		
															○	—	—	○
	DOWN									○	—	—	—	—	○			
																○	○	
Rear height (위 높낮이 스위치)	UP				○	—	—	—	—	○								
			○	○														
	DOWN				○	—	—	—	—	—	○							
				○	—	—	—	—	—	○								
Reclining (등받이 스위치)	Forward	○	—	—	—	—	—	—	—	—	—	○						
										○	—	—	○					
	Back	○	—	—	—	—	—	—	—	—	—	—	○					
										○	—	○						

◘ 전류 흐름도를 보고 다음 물음에 답하시오.

1. 위의 TABLE을 잘 보고 빈 칸에 알맞은 핀 번호를 찾아 적으시오(M100 커넥터에서).

스위치	방향	전류 입력 핀 번호	모터 이름	전류 출력 핀 번호
슬라이드(Slide)	Forward	3	슬라이드 모터	4
	Back		슬라이드 모터	
앞 높낮이 (Front height)	Up		앞 높낮이 모터	
	Down		앞 높낮이 모터	
뒤 높낮이 (Rear height)	Up		뒤 높낮이 모터	
	Down		뒤 높낮이 모터	
등받이 (Reclining)	Forward		등받이 모터	
	Back		등받이 모터	

2. 회로도와 TABLE을 보고 앞 높낮이(FRONT HEIGHT) 스위치를 위(UP)쪽으로 작동시키려고 할 때 회로도 상의 전류가 흐르는 요소들을 잘 보고 2개의 (　　)를 채우시오.

상시전원 → 실내 정션박스 퓨즈 7번 → I/P-C의 1번 핀 → M100의 17번 핀 → 시트 매뉴얼 스위치 FRONT HEIGHT → UP → M100의 (　　　)번 핀 → M102의 6번 핀 → 앞 높낮이 조절 모터 → M102의 3번 핀 → M100의 12번 핀 → 시트 매뉴얼 스위치 FRONT HEIGHT → UP → M100의 (　　　)번 핀 → M102의 4번 핀 → 앞 높낮이 조절기 리미트 스위치 → M102의 5번 핀 → G07접지

3. **회로도와 TABLE을 보고 슬라이드(SLIDE) 스위치를 뒤(Back)쪽으로 작동시키려고 할 때 회로도 상의 전류가 흐르는 요소들을 잘 보고 2개의 (　　)를 채우시오.**

상시전원 → 실내 정션박스 퓨즈 7번 → I/P-C의 1번 핀 → M100의 17번 핀 → 시트 매뉴얼 스위치 SLIDE → BACK → M100의 4번 핀 → M105의 (　　)번 핀 → 슬라이드 모터 → M105의 1번 핀 → M100의 3번 핀 → 시트 매뉴얼 스위치 SLIDE → BACK → M100의 2번 핀 → M103의 (　　)번 핀 → 슬라이드 리미트 스위치 → M103의 1번 핀 → G07접지

4. **위의 전기 회로도에서 리미트 스위치가 모두 6개가 있다. 이러한 리미트 스위치가 필요한 이유를 생각해보고 아래에 적으시오.**

5. **위의 전기회로도에서 다음 동작에서 알맞은 배선의 색깔을 찾아 적으시오.**

노랑색에 흰색 줄무늬, 노랑색에 빨강색 줄무늬, 파랑색에 흰색 줄무늬, 파랑색에 검정색 줄무늬, 파랑색에 빨강색 줄무늬, 파랑색에 노랑색 줄무늬, 파랑색에 초록색 줄무늬, 검정색, 오렌지색, 파랑색, 흰색, 갈색, 하늘색, 초록색, 검정색, 빨강색

5.1. 슬라이드를 앞(Forward)으로 동작

(　　　　)(　　　　)(　　　　)(　　　　)(　　　　)(　　　　)

5.2. 앞 높낮이를 아래(Down)로 동작

(　　　　)(　　　　)(　　　　)(　　　　)(　　　　)(　　　　)

5.3. 뒤 높낮이를 위(Up)로 동작

(　　　　)(　　　　)(　　　　)(　　　　)(　　　　)(　　　　)

5.4. 등받이를 뒤(Back)로 동작

(　　　　)(　　　　)(　　　　)(　　　　)(　　　　)

◘ 다음 실험을 실시한다.

1. 실험 준비물을 확인한다.

실습 교재, 파워 시트 스위치 모듈, 파워 시트 모터 모듈, 배선, 전원공급기

2. 다음 방법에 따라서 실험을 실시한다.

① 전원공급기의 1A의 (+), (-)를 자동차의 배터리로 사용한다.

② 회로도를 보고 시트 매뉴얼 스위치를 파워 시트 모터를 구동할 수 있도록 회로를 연결한다.

③ 회로도에 나타나 있는 배선의 색깔과 커넥터의 핀을 잘 확인하여 연결한다.

④ 실내 정션박스, 엔진룸 정션박스 등은 없으므로 직접 배선으로 연결한다.

⑤ 전원공급기의 (-)를 자동차의 접지(G07)로 사용한다.

⑥ 4개의 시트 매뉴얼 스위치를 동작시켜서 4개의 모터가 모두 작동되는지 살펴본다.

⑦ 모터가 작동하지 않으면 회로도와 비교하면서 틀린 곳을 찾아 바르게 연결한다.

⑧ 위의 과정을 반복해서 실시하여 숙달이 되도록 한다.

3. 파워 시트 모터는 정상적으로 구동이 되었는가 ?

예(　　　), 아니오(　　　)

4. 만약 모터가 잘 구동이 되지 않았다면 그 원인은 무엇이라고 생각되는지 아래에 적으시오.

5. 위의 실험을 통해 느낀 점을 아래에 적으시오.

MEMO

07 CHAPTER
선루프 제어회로

1. 교재의 구성

1.1. 내용소개

자동차 선루프의 고장진단 및 정비에 필요한 관련 지식과 그 목적을 달성하기 위한 기본적이 능력인 자동차 선루프 전기 회로도를 해독할 수 있도록 실습을 구성하였다. 여러 가지 해석문제와 실습을 통해 학생 스스로 흥미를 갖고 회로도의 해석에 자신감을 갖을 수 있도록 한다. 학습 후 학생 스스로 자신의 학습능력을 검토할 수 있도록 하였다.

1.2. 학습목표

여러 가지 종류의 자동차 선루프장치를 고장진단하고 정비하는데 필요한 여러 차종의 선루프 전기 회로도를 설명할 수 있다.

1.3. 선수 학습모듈

자동차 전기부품 및 전자장치에 대한 구조 및 작동원리에 대한 기초적인 지식을 타 교과에서 이수하도록 한다.

2. 선루프 제어회로 실습

2.1. 주요어

선루프, 다기능 스위치, 스티어링 휠, 선루프 릴레이

2.2. 개요

자동차 선루프의 고장진단 및 정비에 필요한 관련 지식과 그 목적을 달성하기 위한 기본적이 능력인 자동차 선루프 전기 회로도를 해독할 수 있도록 실습을 구성하였다. 여러 가지 해석문제와 실습을 통해 학생 스스로 흥미를 갖고 회로도의 해석에 자신감을 갖을 수 있도록 한다. 학습 후 학생 스스로 자신의 학습능력을 검토할 수 있도록 하였다.

2.3. 학습목표

여러 가지 종류의 자동차 선루프장치를 고장 진단하고 정비하는데 필요한 여러 차종의 선루프 전기 회로도를 설명할 수 있다.

◘ 다음 회로도를 보고 선루프를 OPEN할 때의 전류의 흐름을 상시전원부터 접지까지 회로도 위에 표시하시오.

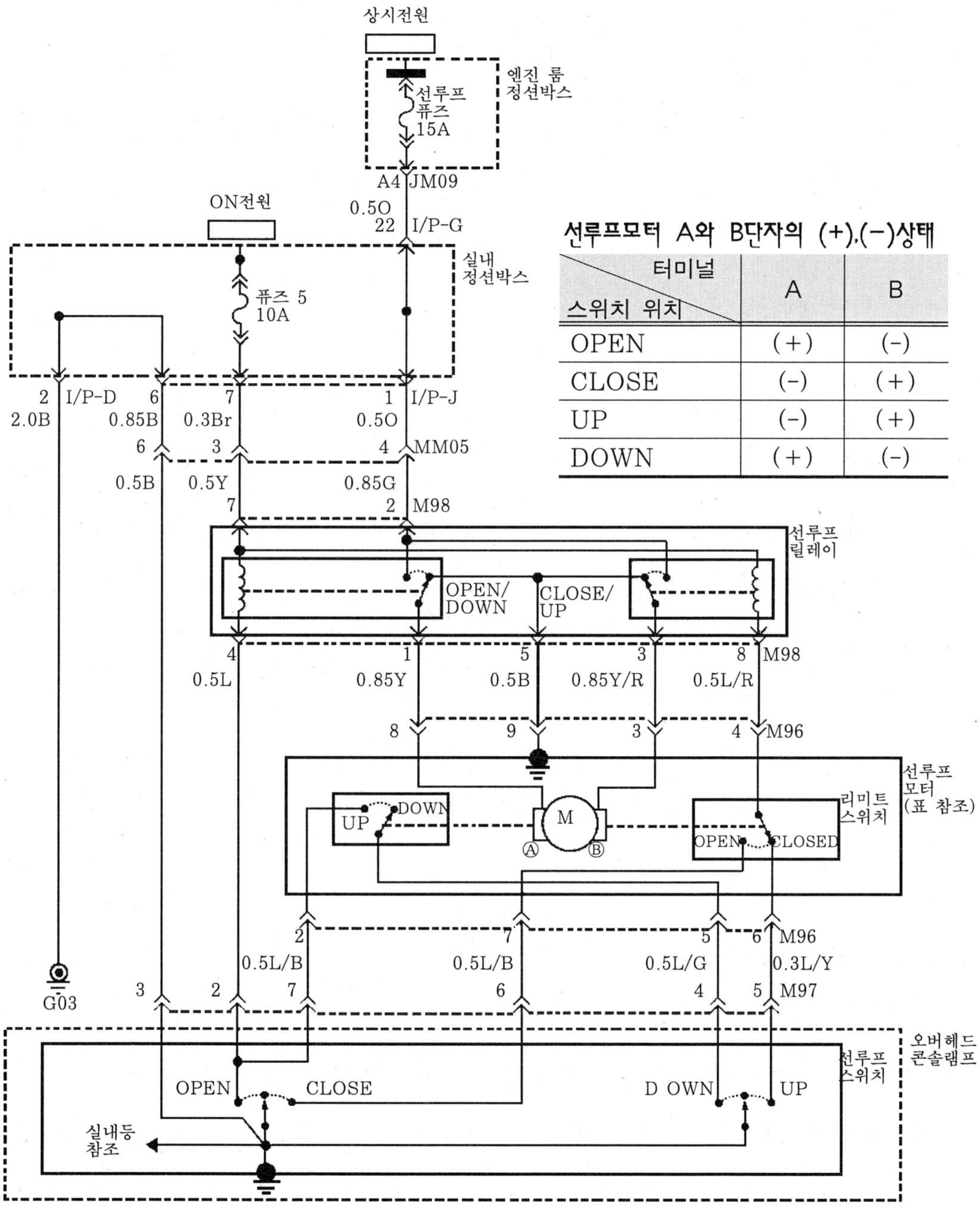

선루프모터 A와 B단자의 (+),(−)상태

터미널 / 스위치 위치	A	B
OPEN	(+)	(-)
CLOSE	(-)	(+)
UP	(-)	(+)
DOWN	(+)	(-)

◈ 전류 흐름도를 보고 다음 물음에 답하시오.

1. 선루프를 OPEN시킬 경우에 회로도상의 전류가 흐르는 요소들을 잘 보고 2개의 ( )를 채우시오.

1.1. 오버헤드 콘솔램프의 OPEN 스위치 작동

ON전원 → 실내 정션박스 퓨즈 5번 → I/P-J의 7번 핀 → M98의 ( )번 핀 → 선루프 릴레이 OPEN/DOWN → M98의 4번 핀 → M97의 2번 핀 → 선루프 스위치 → OPEN → M97의 3번 핀 → I/P-J의 6번 핀 → 실내 정션박스 → I/P-D의 2번 핀 → G03접지

1.2. 선루프 OPEN 동작

상시전원 → 엔진룸 정션박스 선루프 퓨즈 → JM09의 A4번 핀 → I/P-G의 22번 핀 → 실내 정션박스 → I/P-J의 1번 핀 → M98의 2번 핀 → 선루프 릴레이 → OPEN → M98의 1번 핀 → M96의 8번 핀 → 선루프 모터 → M96의 ( )번 핀 → M98의 3번 핀 → 선루프 릴레이 CLOSE/UP → M98의 5번 핀 → M96의 9번 핀 → 선루프 모터 접지

2. 선루프를 UP시킬 경우에 회로도상의 전류가 흐르는 요소들을 잘 보고 2개의 ( )를 채우시오.

2.1. 오버헤드 콘솔램프의 UP 스위치 작동

ON전원 → 실내 정션박스 퓨즈 5번 → I/P-J의 7번 핀 → M98의 7번 핀 → 선루프 릴레이 CLOSE/UP → M98의 8번 핀 → M96의 ( )번 핀 → 선루프 모터 리미트 스위치 CLOSE → M96의 6번 핀 → M97의 5번 핀 → 선루프 스위치 → UP → M97의 3번 핀 → I/P-J의 6번 핀 → 실내 정션박스 → I/P-D의 2번 핀 → G03 접지

2.2. 선루프 UP 동작

상시전원 → 엔진룸 정션박스 선루프 퓨즈 → JM09의 A4번 핀 → I/P-G의 22번 핀 → 실내 정션박스 → I/P-J의 1번 핀 → M98의 2번 핀 → 선루프 릴레이 → UP → M98의 (   )번 핀 → M96의 3번 핀 → 선루프 모터 → M96의 8번 핀 → M98의 1번 핀 → 선루프 릴레이 OPEN/DOWN → M98의 5번 핀 → M96의 9번 핀 → 선루프 모터 접지

3. 다음 동작에서 리미트 스위치의 상태는 어느 것인지 빈칸에 알맞은 상태를 적으시오.

	OPEN/CLOSE 리미트 스위치	UP/DOWN 리미트 스위치
선루프가 조금이라도 OPEN 되어있는 경우	OPEN	DOWN
선루프가 완전히 닫힌 경우	CLOSE	①
선루프가 조금이라도 UP되어 있는 경우	②	UP
선루프가 완전히 DOWN 된 경우	③	DOWN

4. 위의 전기회로도에서 선루프를 닫으려고(CLOSE) 할 때에 전류가 흐르는 배선의 색깔이 아닌 것을 다음에서 3가지를 찾아 (   )안에 적으시오.

노랑색, 파랑색에 흰색 줄무늬, 오렌지색, 파랑색에 빨강색 줄무늬, 노랑색에 빨강색 줄무늬, 파랑색, 초록색, 검정색, 파랑색에 검정색 줄무늬, 파랑색에 노랑색 줄무늬

(   ) (   ) (   )

◘ 다음 실험을 실시한다.

1. 실험 준비물을 확인한다.

실습 교재, 선루프 모터 모듈, 선루프 스위치 모듈, 배선, 전원공급기

2. 다음 방법에 따라서 실험을 실시한다.

① 전원공급기의 1A의 (+), (-)를 자동차의 배터리로 사용한다.

② 회로도를 보고 선루프 스위치를 사용해서 선루프 모터가 정상적으로 구동할 수 있도록 회로를 연결한다.

③ 회로도에 나타나 있는 배선의 색깔과 커넥터의 핀을 잘 확인하여 연결한다.

④ 실내 정션박스, 엔진룸 정션박스 등은 없으므로 직접 배선으로 연결한다.

⑤ 전원공급기의 (-)를 자동차의 접지(G03, 선루프 모터 접지)로 사용한다.

⑥ 선루프 스위치를 사용해서 선루프 모터가 회전 및 역회전이 되는지 살펴본다.

⑦ 모터가 작동하지 않으면 회로도와 비교하면서 틀린 곳을 찾아 바르게 연결한다.

⑧ 위의 과정을 반복해서 실시하여 숙달이 되도록 한다.

3. 선루프 모터는 정상적으로 구동이 되었는가 ?

예(　　　), 아니오(　　　)

4. 만약 모터가 잘 구동이 되지 않았다면 그 원인은 무엇이라고 생각되는지 아래에 적으시오.

5. 위의 실험을 통해 느낀 점을 아래에 적으시오.

08 CHAPTER

전장제어 ECU회로

1. 교재의 구성

1.1. 내용소개

자동차 전장제어 ECU의 고장진단 및 정비에 필요한 관련 지식과 그 목적을 달성하기 위한 기본적이 능력인 자동차 전장제어 ECU 전기 회로도를 해독할 수 있도록 실습을 구성하였다. 여러 가지 해석문제와 실습을 통해 학생 스스로 흥미를 갖고 회로도의 해석에 자신감을 갖을 수 있도록 한다. 학습 후 학생 스스로 자신의 학습능력을 검토할 수 있도록 하였다.

1.2. 학습목표

여러 가지 종류의 자동차 전장제어 ECU장치를 고장진단하고 정비하는데 필요한 여러 차종의 전장제어 ECU 전기 회로도를 설명할 수 있다.

1.3. 선수 학습모듈

자동차 전기부품 및 전자장치에 대한 구조 및 작동원리에 대한 기초적인 지식을 타 교과에서 이수하도록 한다.

2. 간헐 와이퍼제어 실습

2.1. 주요어

전장제어 ECU, 다기능 스위치, ETACM

2.2. 개요

자동차 전장제어 ECU의 고장진단 및 정비에 필요한 관련 지식과 그 목적을 달성하기 위한 기본적이 능력인 자동차 전장제어 ECU 전기 회로도를 해독할 수 있도록 실습을 구성하였다.

여러 가지 해석문제와 실습을 통해 학생 스스로 흥미를 갖고 회로도의 해석에 자신감을 갖을 수 있도록 한다. 학습 후 학생 스스로 자신의 학습능력을 검토할 수 있도록 하였다.

2.3. 학습목표

여러 가지 종류의 자동차 전장제어 ECU장치를 고장진단하고 정비하는데 필요한 여러 차종의 전장제어 ECU 전기 회로도를 설명할 수 있다.

◆ 다음 회로도를 보고 와이퍼 스위치를 간헐 와이퍼(INT)에 놓았을 때의 전류의 흐름을 ON전원부터 접지까지 회로도 위에 표시하시오.

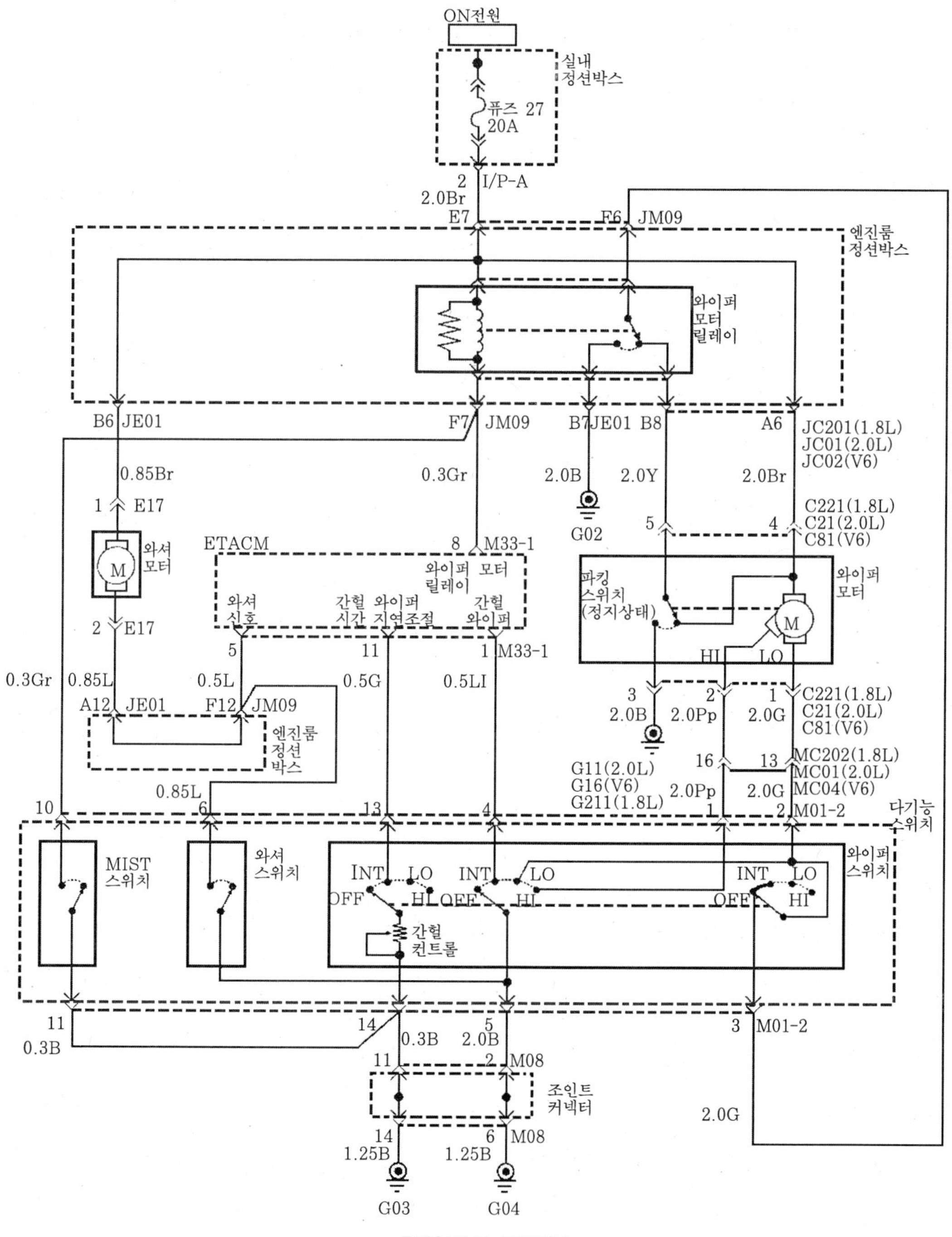

【레인센서 미적용】

◘ 전류 흐름도를 보고 다음 물음에 답하시오.

1. 와이퍼 스위치를 간헐 와이퍼(INT)에 놓았을 경우에 회로도상의 전류가 흐르는 요소들을 잘 보고 4개의 (   )를 채우시오(2.0L을 기준으로).

1.1. ETACM에 간헐와이퍼(INT) 스위치 신호 입력

ETACM → M33-1의 1번 핀 → (   )의 4번 핀 → 와이퍼 스위치 → INT → M01-2의 5번 핀 → M08의 2번 핀 → 조인트 커넥터 → M08의 6번 핀 → G04접지

1.2. ETACM에 간헐 주기 컨트롤 신호 입력

ETACM → M33-1의 11번 핀 → M01-2의 13번 핀 → 와이퍼 스위치 → INT → M01-2의 (   )번 핀 → M08의 11번 핀 → 조인트 커넥터 → M08의 14번 핀 → G03접지

1.3. ETACM이 와이퍼 모터 릴레이의 작동 주기를 제어

ON전원 → 실내 정션박스의 퓨즈 27 → I/P-A의 2번 핀 → JM09의 E7번 핀 → 와이퍼 모터 릴레이 → JM09의 (   )번 핀 → M33-1의 8번 핀 → ETACM → ETACM의 접지

1.4. ETACM이 제어하는 주기로 와이퍼 모터가 회전

ON전원 → 실내 정션박스의 퓨즈 27 → I/P-A의 2번 핀 → JM09의 E7번 핀 → 엔진룸 정션박스 → JC01의 A6번 핀 → C21의 4번 핀 → 와이퍼 모터 → LO → C21의 1번 핀 → M01-2의 2번 핀 → 와이퍼 스위치 → INT → (   )의 3번 핀 → JM09의 F6번 핀 → 와이퍼 모터 릴레이 스위치 → ON → JE01의 B7번 핀 → G02 접지

2. 위의 전기 회로도에서 운전사가 와이퍼의 작동 주기를 빠르게 하기 위해서 와이퍼 스위치의 간헐주기제어 노브(KNOB)를 S에서 F쪽으로 돌렸을 때 그 신호를 ETACM에서는 어떻게 알게 되는지 회로도를 보고 아래 빈칸에 적으시오.

3. 와이퍼를 INT에 놓았을 때 ETACM은 어떻게 와이퍼의 작동 주기를 천천히 또는 빠르게 제어하게 되는지 회로도를 보고 아래 빈칸에 적으시오.

4. 와이퍼 스위치를 간헐 와이퍼(INT)에 놓았을 경우에 회로도에서 전류가 흐르는 배선의 색깔이 아닌 것을 다음에서 3가지를 찾아 (　)안에 적으시오.

회색, 황갈색, 검정색, 파랑색, 초록색, 흰색, 갈색, 하늘색

(　　　　　　) (　　　　　　) (　　　　　　)

◘ 다음 실험을 실시한다.

1. 실험 준비물을 확인한다.

실습 교재, 다기능 스위치, ETACM 모듈, 배선, 전원공급기

2. 다음 방법에 따라서 실험을 실시한다.

① 전원공급기의 1A의 (+), (-)를 자동차의 배터리로 사용한다.

② 회로도를 보고 ETACM 모듈과 와이퍼 스위치를 사용해서 와이퍼 모터를 구동할 수 있도록 회로를 연결한다.

③ 회로도에 나타나 있는 배선의 색깔과 커넥터의 핀을 잘 확인하여 연결한다.

④ 실내 정션박스, 엔진룸 정션박스 등은 없으므로 직접 배선으로 연결한다.

⑤ 전원공급기의 (-)를 자동차의 접지(G02, G03, G04)로 사용한다.

⑥ 와이퍼 스위치를 INT에 놓고 와이퍼 모터가 회전하는지 살펴본다.

⑦ 와이퍼 모터의 파킹 스위치 회로도 구성하여 파킹 동작이 작동하는지 살펴본다.

⑧ 간헐주기제어 노브를 돌리면서 와이퍼 모터의 회전 주기가 제어되는지 살펴본다.

⑨ 모터가 작동하지 않으면 회로도와 비교하면서 틀린 곳을 찾아 바르게 연결한다.

⑩ 위의 과정을 반복해서 실시하여 숙달이 되도록 한다.

3. 와이퍼 모터의 간헐동작은 정상적으로 작동이 되었는가 ?

예(　　　), 아니오(　　　)

4. 만약 모터가 잘 구동이 되지 않았다면 그 원인은 무엇이라고 생각되는지 아래에 적으시오.

5. 위의 실험을 통해 느낀 점을 아래에 적으시오.

3. 와셔 연동 와이퍼 제어실습

3.1. 주요어

전장제어 ECU, 경음기, 다기능 스위치, 전장제어 ECU 릴레이

3.2. 개요

자동차 전장제어 ECU의 고장진단 및 정비에 필요한 관련 지식과 그 목적을 달성하기 위한 기본적이 능력인 자동차 전장제어 ECU 전기 회로도를 해독할 수 있도록 실습을 구성하였다.

여러 가지 해석문제와 실습을 통해 학생 스스로 흥미를 갖고 회로도의 해석에 자신감을 갖을 수 있도록 한다. 학습 후 학생 스스로 자신의 학습능력을 검토할 수 있도록 하였다.

3.3. 학습목표

여러 가지 종류의 자동차 전장제어 ECU장치를 고장진단하고 정비하는데 필요한 여러 차종의 전장제어 ECU 전기 회로도를 설명할 수 있다.

◎ 다음 회로도에서 와셔 스위치를 작동시켰을 때 와이퍼 모터가 일정시간 동안 회전하는 경우의 전류의 흐름을 ON전원부터 접지까지 회로도 위에 표시하시오.

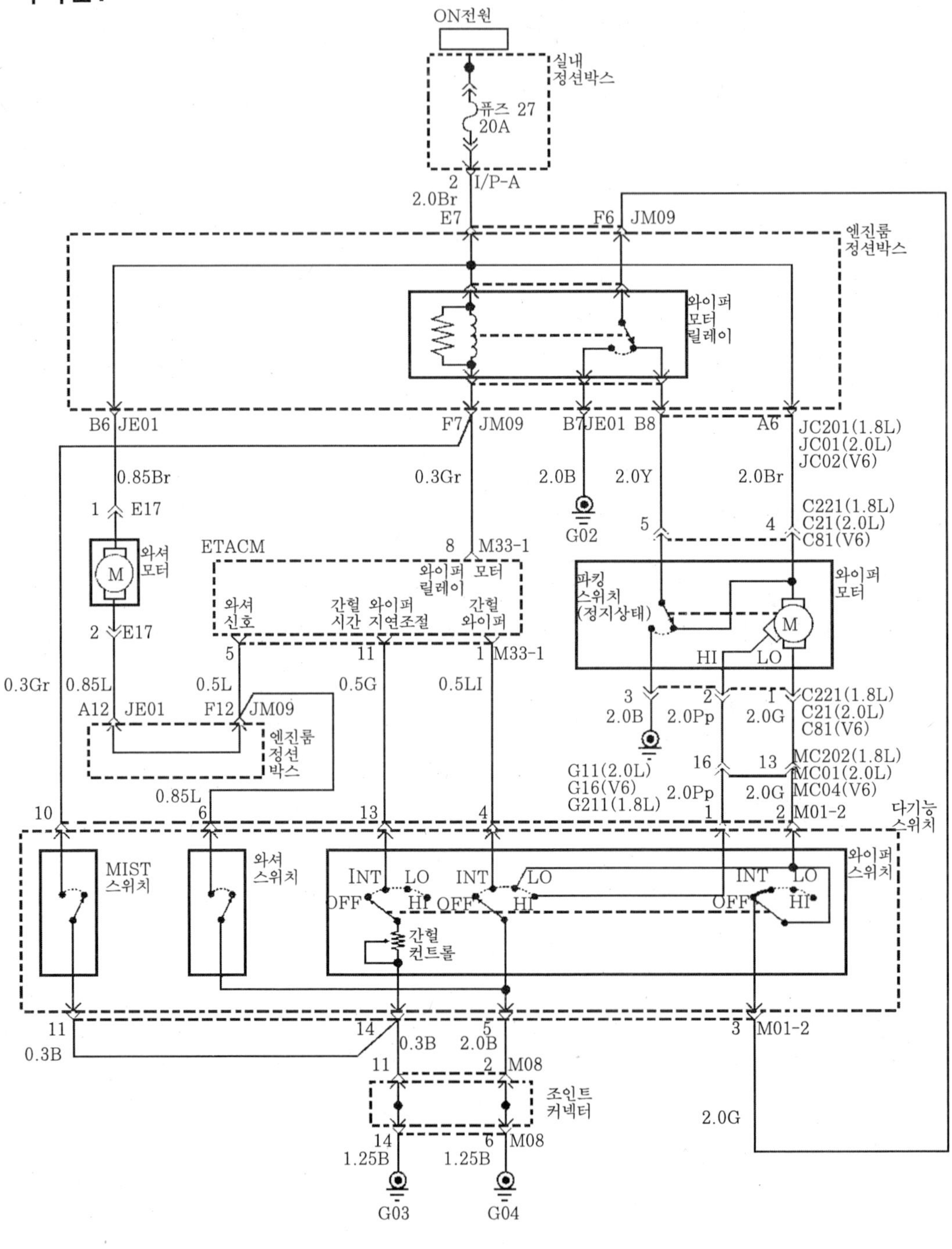

【레인센서 미적용】

◆ 전류 흐름도를 보고 다음 물음에 답하시오.

1. 와셔 스위치를 작동시켰을 때 와이퍼 모터가 일정시간 동안 회전하는 경우에 회로도상의 전류가 흐르는 요소들을 잘 보고 4개의 ( )를 채우시오(2.0L을 기준으로).

1.1. 와셔 스위치 ON하여 와셔 모터 작동

ON전원 → 실내 정션박스의 퓨즈 27 → I/P-A의 2번 핀 → JM09의 E7번 핀 → 엔진룸 정션박스 → JE01의 B6번 핀 → E17의 1번 핀 → 와셔 모터 → E17의 2번 핀 → JE01의 A12번 핀 → 엔진룸 정션박스 → JM09의 F12번 핀 → M01-2의 ( )번 핀 → 와셔 스위치 → ON → M01-2의 5번 핀 → M08의 2번 핀 → 조인트 커넥터 → M08의 6번 핀 → G04 접지

1.2. ETACM에 와셔 신호 입력

ETACM → M33-1의 ( )번 핀 → M01-2의 6번 핀 → 와셔 스위치 → ON → M01-2의 5번 핀 → M08의 2번 핀 → 조인트 커넥터 → M08의 6번 핀 → G04 접지

1.3. ETACM이 와이퍼 모터 릴레이의 작동 시간을 제어

ON전원 → 실내 정션박스의 퓨즈 27 → I/P-A의 2번 핀 → JM09의 E7번 핀 → 와이퍼 모터 릴레이 → JM09의 F7번 핀 → M33-1의 ( )번 핀 → ETACM → ETACM의 접지

1.4. ETACM이 제어하는 시간동안 와이퍼 모터가 회전

ON전원 → 실내 정션박스의 퓨즈 27 → I/P-A의 2번 핀 → JM09의 E7번 핀 → 엔진룸 정션박스 → JC01의 A6번 핀 → C21의 4번 핀 → 와이퍼 모터 → LO → C21의 1번 핀 → M01-2의 2번 핀 → 와이퍼 스위치 → OFF → M01-2의 3번 핀 → JM09의 F6번 핀 → 와이퍼 모터 릴레이 스위치 → ON → JE01의 ( )번 핀 → G02 접지

2. 만일 ETACM이 고장이 나면 와셔 스위치를 ON하였을 때 와이퍼가 작동할 수 있을까 ? 아니면 작동할 수 없는가? 만일 없다면 그 이유는 무엇인가 아래 빈칸에 적으시오.

3. ETACM이 와셔 연동 와이퍼를 작동하기 위해서 제어하는 핀은 어느 커넥터의 몇 번 핀인지 아래 ( )에 적으시오.

( )

4.다음 신호의 배선 색깔은 무엇인지 아래 빈칸에 적으시오.

4.1. ETACM에 입력되는 와셔 신호 선의 색깔

( )

4.2. ETACM이 제어하는 와이퍼 모터 릴레이 제어선의 색깔

( )

4.3. G04 접지에 연결되는 배선의 색깔

( )

◘ 다음 실험을 실시한다.

1. **실험 준비물을 확인한다.**

   실습 교재, 다기능 스위치, ETACM 모듈, 배선, 전원공급기

2. **다음 방법에 따라서 실험을 실시한다.**

   ① 전원공급기의 1A의 (+), (-)를 자동차의 배터리로 사용한다.

   ② 회로도를 보고 ETACM 모듈과 와셔 스위치를 ON해서 와이퍼 모터가 작동할 수 있도록 회로를 연결한다.

   ③ 회로도에 나타나 있는 배선의 색깔과 커넥터의 핀을 잘 확인하여 연결한다.

   ④ 실내 정션박스, 엔진룸 정션박스 등은 없으므로 직접 배선으로 연결한다.

   ⑤ 전원공급기의 (-)를 자동차의 접지(G02, G03, G04)로 사용한다.

   ⑥ 와셔 스위치를 ON하여 와셔 모터를 작동시키면서 동시에 와이퍼 모터가 일정한 시간동안 회전한 후 자동으로 정지하는지 살펴본다.

   ⑦ 와이퍼 모터의 파킹 스위치 회로도 구성하여 파킹 동작이 작동하는지 살펴본다.

   ⑧ 모터가 작동하지 않으면 회로도와 비교하면서 틀린 곳을 찾아 바르게 연한다.

   ⑨ 위의 과정을 반복해서 실시하여 숙달이 되도록 한다.

3. **와셔 연동 와이퍼 모터의 동작은 정상적으로 작동이 되었는가 ?**

   예(　　　), 아니오(　　　)

4. **만약 모터가 잘 구동이 되지 않았다면 그 원인은 무엇이라고 생각되는지 아래에 적으시오.**

5. **위의 실험을 통해 느낀 점을 아래에 적으시오.**

MEMO

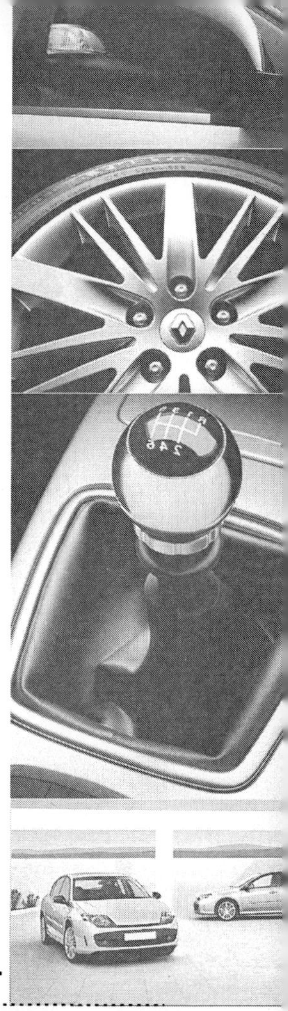

부 록

PART 00

CHAPTER

01 CHAPTER

전장회로도

1. 퓨즈 및 릴레이

1.1. 실내 정션박스

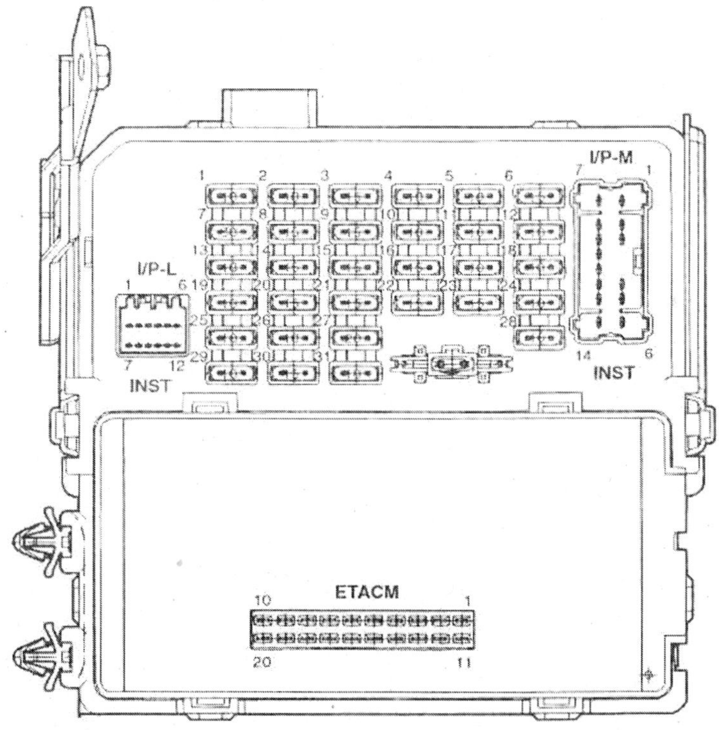

[앞면]

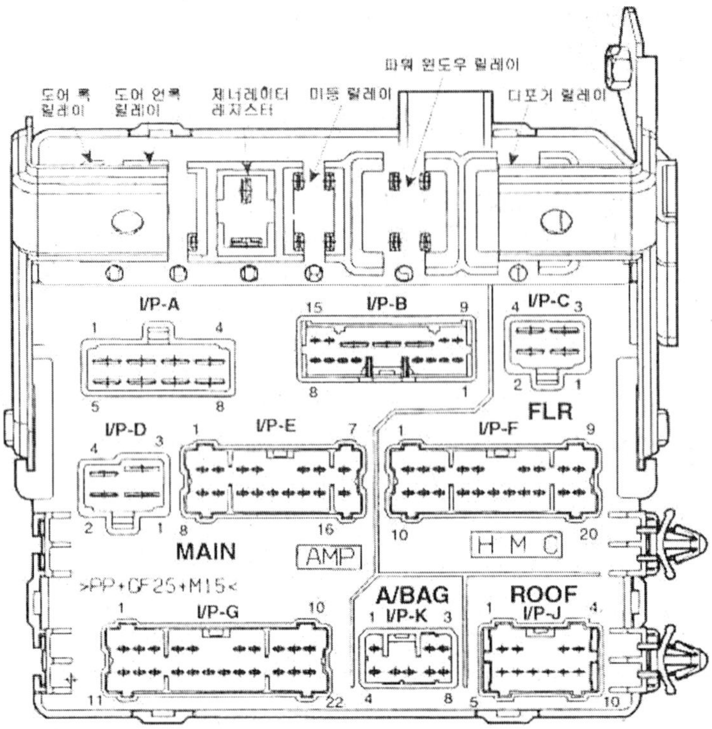

[뒷면]

[1] 회로

퓨즈	용량(A)	연결회로
1	10A	열선 및 아웃사이드 미러(디포거)
2	10A	비상등
3	15A	ECS
4	10A	에어컨
5	10A	ETACM, 전조등 오토 레벨링, 선루프, 레인센서, 실래 감광 미러, 블로워 릴레이, 공기청정기
6	15A	파워 도어록
7	25A	파워 시트(운전석)
8	15A	연료 주입구 & 트렁크 열림
9	15A	정지등
10	10A	전조등

퓨즈	용량(A)	연결회로
11	10A	계기판(에어백 경고등)
12	10A	방향지시등
13	10A	에어컨
14	15A	프론트 파워 아웃렛
15	15A	시트히터
16	15A	에어백
17	10A	차속센서, 후진등, TCM
18	10A	ETACS, 계기판, 시계, 핸즈프리, 도난방지 릴레이
19	10A	스타팅
20	15A	사용안함
21	15A	사용안함
22	15A	파워시트(조수석)
23	15A	사용안함
24	10A	키레스 리시버, ETACM, 오디오, 시계, 트렁트 룸 램프, 계기판, 에어컨
25	10A	미등(좌측), 화장등, 번호판등(좌측)
26	10A	오디오, 리어 파워 아웃렛
27	20A	와이퍼 & 와셔
28	10A	실내등, 이그니션 키 조명등, 핸즈프리, 오디오, 네비게이션, 도어 램프
29	10A	안개등, 미등(우측), 실내 조명등
30	15A	시거 라이터, 이웃사이드 미러 & 폴딩
31	10A	EPS, 공기청정기

1.2. 엔진룸 정션박스

1.2.1. 앞면 위치

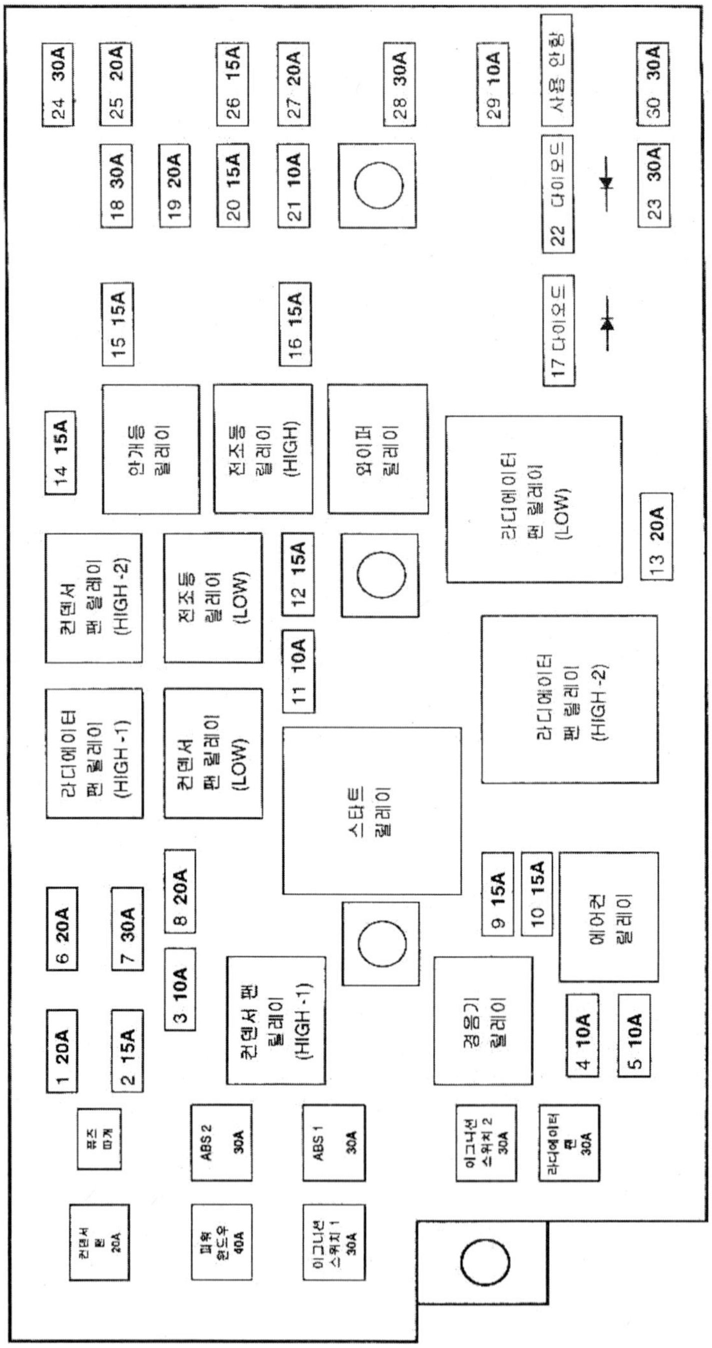

[1] 앞면 회로

퓨즈블링크 & 퓨즈		용량(A)	연결회로
컨덴서		20A	컨덴서 팬 모터 릴레이
파워 윈도우		40A	파워 윈도우
이그니션 스위치		30A	이그니션 스위치(ACC, IG1)
ABS 1		30A	ABS 컨트롤
ABS 2		30A	ABS 컨트롤
이그니션스위치		30A	이그니션 스위치(IG2, Start), 스타트 릴레이
라디에이터		30A	라디에이터 팬 모터 릴레이
30	디포거(뒷유리 열선)	30A	디포거 릴레이
29	ECU	10A	제너레이터, ECM
28	실내정선박스 1 (파워 퓨즈 1)	30A	살내 정선박스(퓨즈 2, 3, 7, 8, 9)
27	미등	20A	미등 릴레이
26	선루프	15A	자기진단 점검단자, 선루프
25	파워 앰프	20A	스피커 앰프
24	실내정선박스 2 (파워 퓨즈 2)	30A	파워 커넥터, 퓨즈 6, 24, 28
23	블로워	30A	블로워 릴레이
22	다이오드-2		
21	예비 퓨즈	10A	
20	예비 퓨즈	15A	
19	예비 퓨즈	20A	
18	예비 퓨즈	30A	
17	다이오드-1		
16	우측 전조등(Low)	15A	전조등 릴레이 - 전조등(Low)
15	안개등	15A	안개등 릴레이 - 안개등
14	DRL	15A	사이렌
13	전조등 와셔	20A	전조등 와셔

퓨즈블링크 & 퓨즈		용량(A)	연결회로
12	전조등(High)	15A	전조등 릴레이 - 전조등(High)
11	경음기	10A	경음기 릴레이
10	ERG(ECU)	15A	ECM, 연료펌프 릴레이, 퍼지 컨트롤 솔레노이드밸브, 캠 포지션센서, 아이들 스피드 컨트롤 액추에이터, 크랭크 앵글 센서, 에어 플로워 센서
9	O_2센서(산소센서)	15A	산소(O_2)센서
8	이그니션 코일	20A	이그니션 코일, ECM
7	메인(ECU 릴레이)	30A	엔진 컨트롤 릴레이
6	A/T	20A	A/T 컨트롤 릴레이, TCM
5	에어컨 컴프레서	10A	에어컨 릴레이
4	인젝터(연료분사기)	10A	인젝터
3	ABS	10A	ABS 컨트롤 모듈
2	좌측 전조등(Low)	15A	전조등 릴레이 - 전조등(Low)
1	연료펌프	20A	연료펌프 릴레이 - 모터

1.2.2. 뒷면 위치

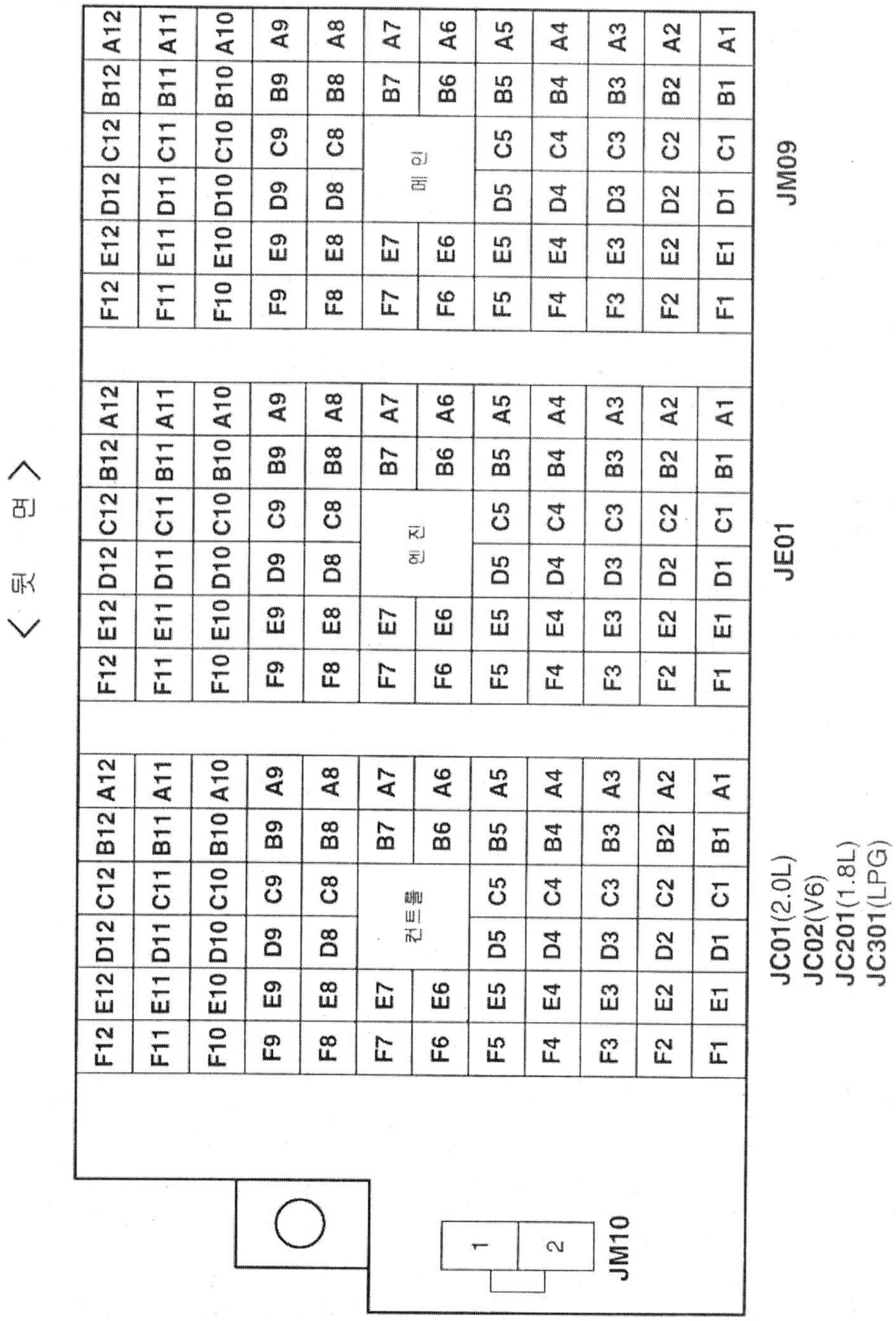
<뒷면>
메인
엔진
컨트롤
JM09
JE01
JC01(2.0L)
JC02(V6)
JC201(1.8L)
JC301(LPG)
JM10

1.3. 릴레이박스

1.3.1. 위치

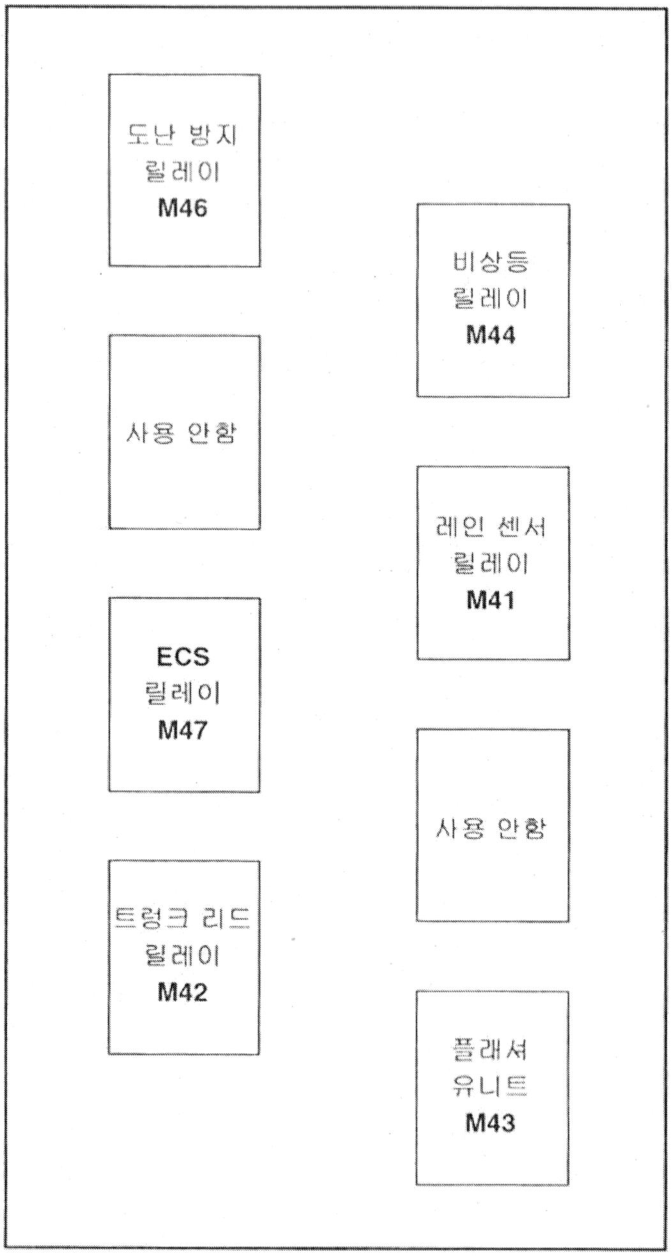

2. 전원 배분도

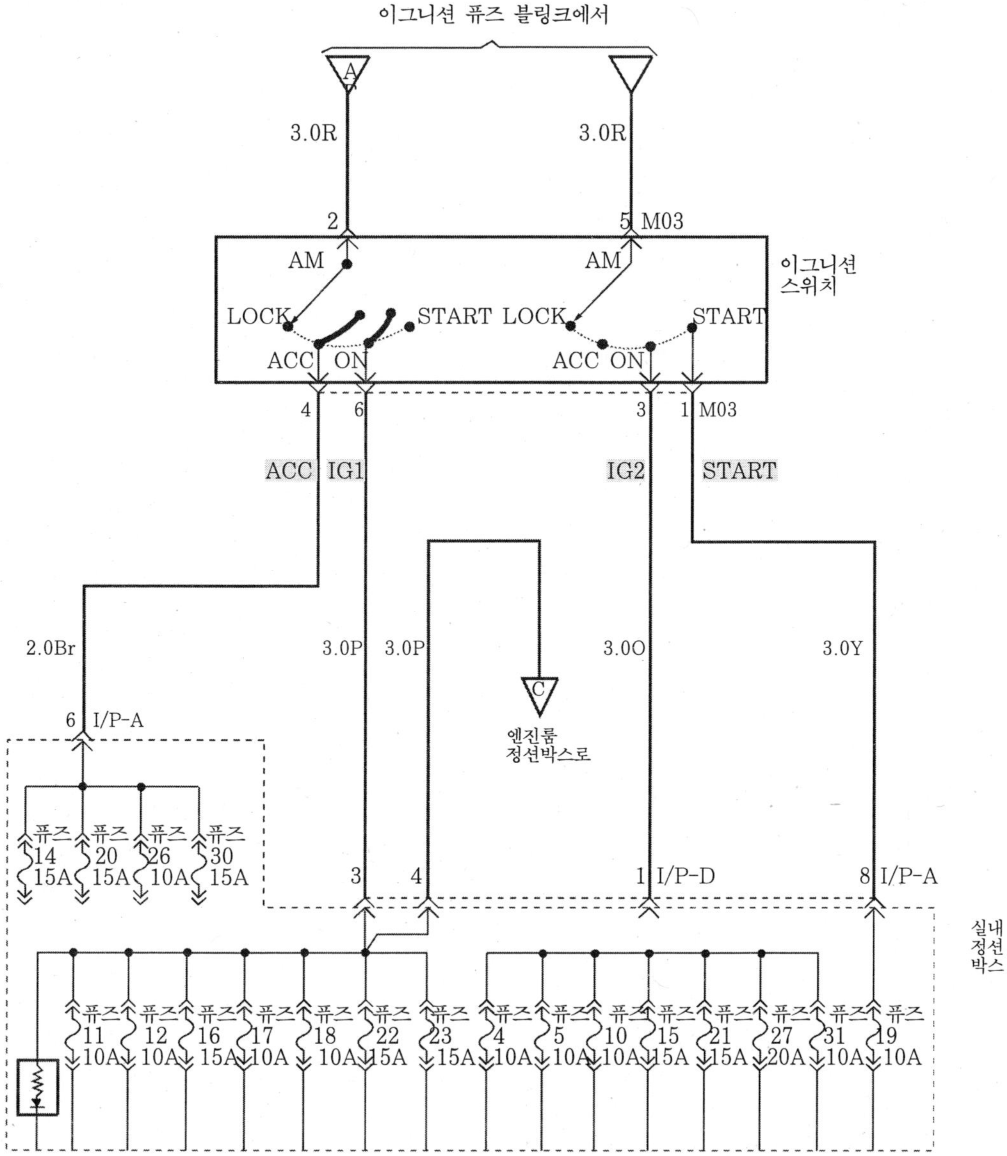
이그니션 퓨즈 블링크에서
A
3.0R
3.0R
2
5 M03
AM
AM
이그니션
스위치
LOCK
START LOCK
START
ACC ON
ACC ON
4 6
3 1 M03
ACC IG1
IG2 START
2.0Br
3.0P 3.0P
3.0O
3.0Y
C
엔진룸
정선박스로
6 I/P-A
퓨즈 14 15A
퓨즈 20 15A
퓨즈 26 10A
퓨즈 30 15A
3 4
1 I/P-D
8 I/P-A
실내
정션
박스
퓨즈 11 10A
퓨즈 12 10A
퓨즈 16 15A
퓨즈 17 10A
퓨즈 18 10A
퓨즈 22 15A
퓨즈 23 15A
퓨즈 4 10A
퓨즈 5 10A
퓨즈 10 10A
퓨즈 15 15A
퓨즈 21 15A
퓨즈 27 20A
퓨즈 31 10A
퓨즈 19 10A

3. 스타팅회로

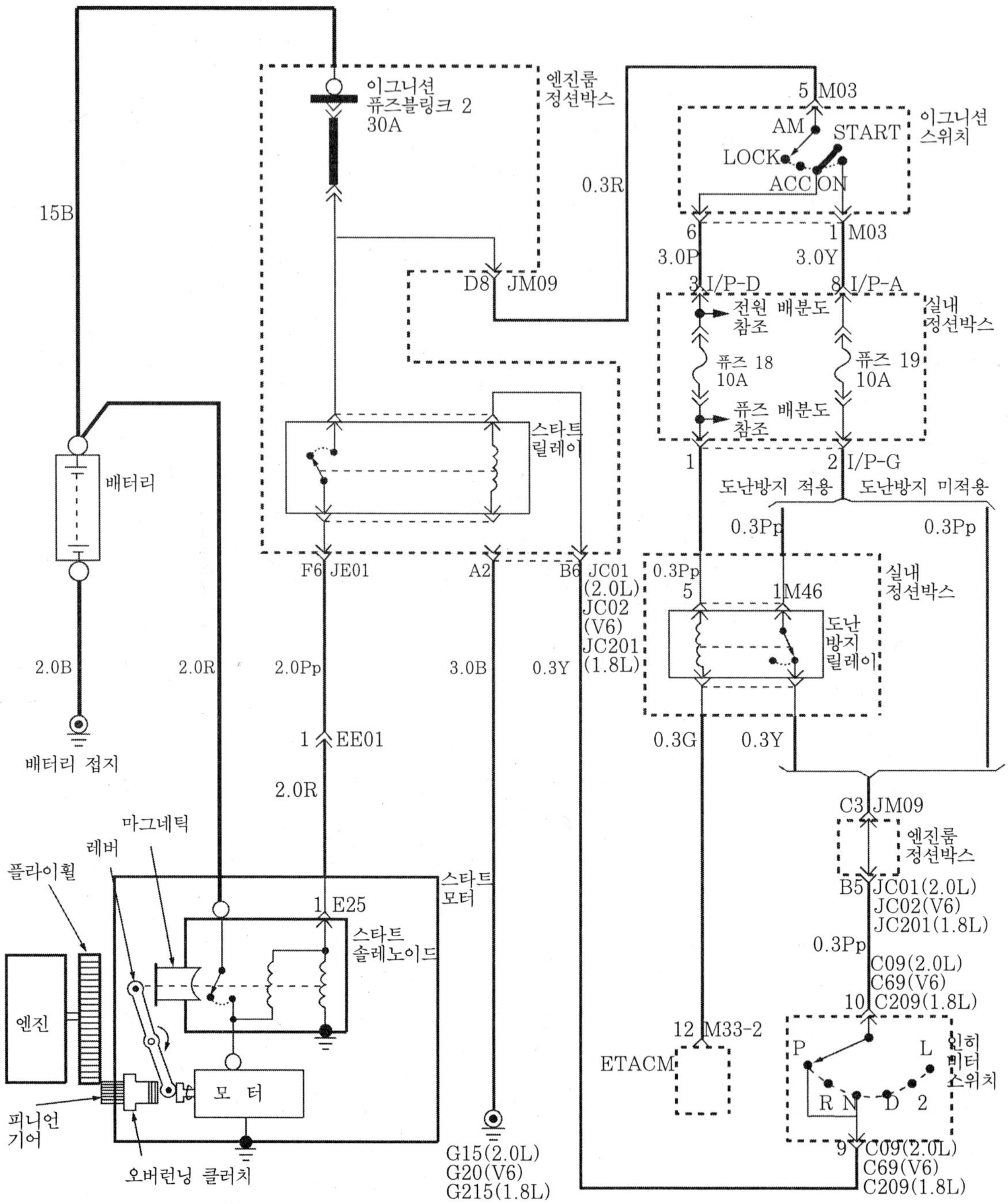

엔진룸 정션박스
이그니션 퓨즈블링크 2 30A
15B
0.3R
5 M03
AM
START
LOCK
ACC
ON
이그니션 스위치
6
1 M03
3.0P
3.0Y
D8 JM09
3 I/P-D
8 I/P-A
전원 배분도 참조
퓨즈 18 10A
퓨즈 19 10A
퓨즈 배분도 참조
실내 정션박스
스타트 릴레이
배터리
1
2 I/P-G
도난방지 적용
도난방지 미적용
0.3Pp
F6 JE01
A2
B6 JC01 (2.0L) JC02 (V6) JC201 (1.8L)
5
1 M46
도난 방지 릴레이
2.0B
2.0R
2.0Pp
3.0B
0.3Y
0.3G
배터리 접지
1 EE01
2.0R
C3 JM09
마그네틱
레버
플라이휠
스타트 모터
1 E25
스타트 솔레노이드
B5 JC01(2.0L) JC02(V6) JC201(1.8L)
C09(2.0L) C69(V6) 10 C209(1.8L)
엔진
12 M33-2
ETACM
P
L
R N D 2
인히비터 스위치
모 터
피니언 기어
오버런닝 클러치
G15(2.0L) G20(V6) G215(1.8L)
9 C09(2.0L) C69(V6) C209(1.8L)

【A/T】

4. ETACS회로

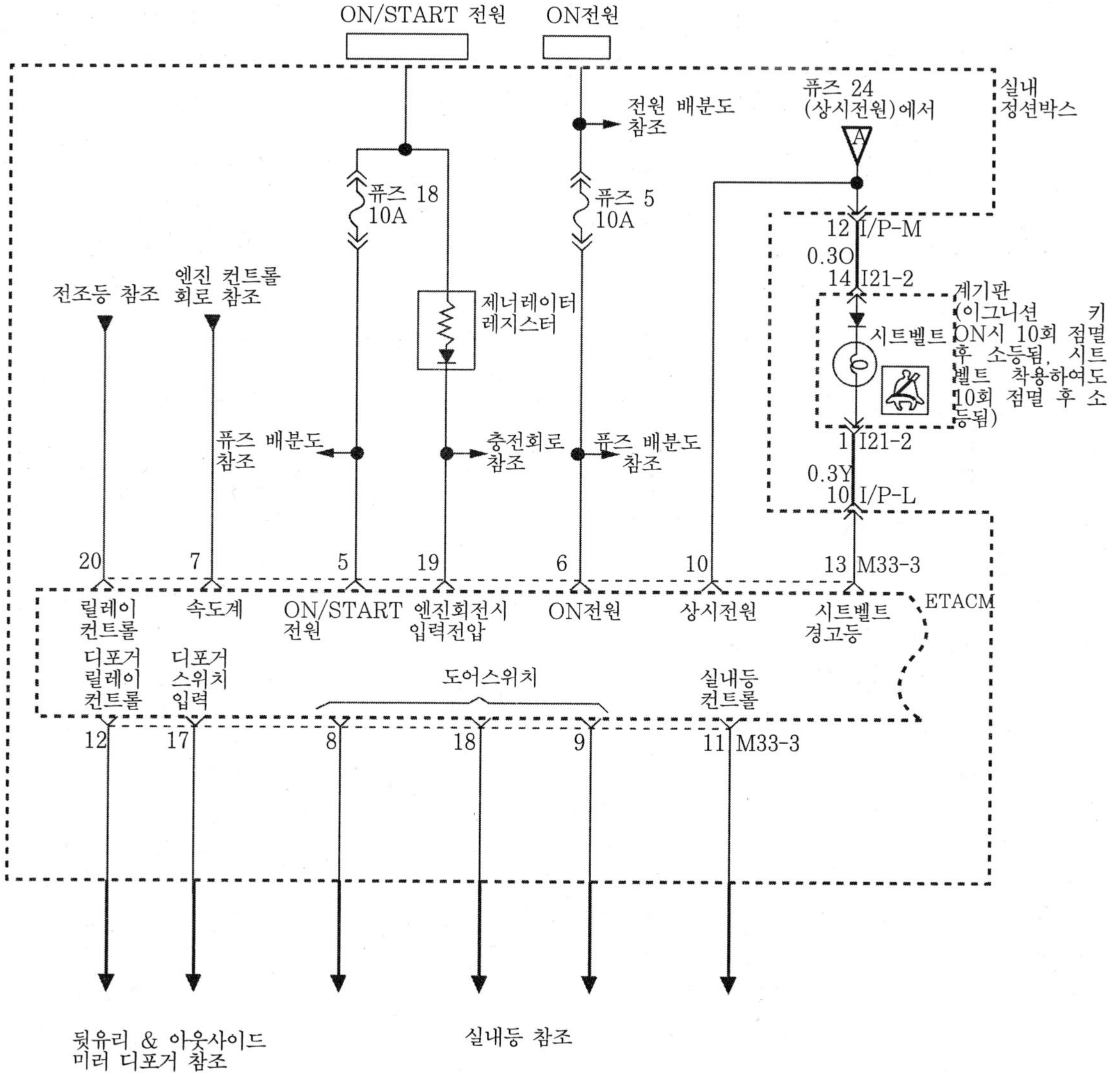
ON/START 전원
ON전원
전원 배분도 참조
퓨즈 24 (상시전원)에서
실내 정션박스
A
퓨즈 18 10A
퓨즈 5 10A
12 I/P-M
0.3O
14 I21-2
계기판 (이그니션 키 ON시 10회 점멸 후 소등됨, 시트벨트 착용하여도 10회 점멸 후 소등됨)
시트벨트
전조등 참조
엔진 컨트롤 회로 참조
제너레이터 레지스터
퓨즈 배분도 참조
충전회로 참조
퓨즈 배분도 참조
1 I21-2
0.3Y
10 I/P-L
20
7
5
19
6
10
13 M33-3
ETACM
릴레이 컨트롤
속도계
ON/START 전원
엔진회전시 입력전압
ON전원
상시전원
시트벨트 경고등
디포거 릴레이 컨트롤
디포거 스위치 입력
도어스위치
실내등 컨트롤
12
17
8
18
9
11 M33-3
뒷유리 & 아웃사이드 미러 디포거 참조
실내등 참조

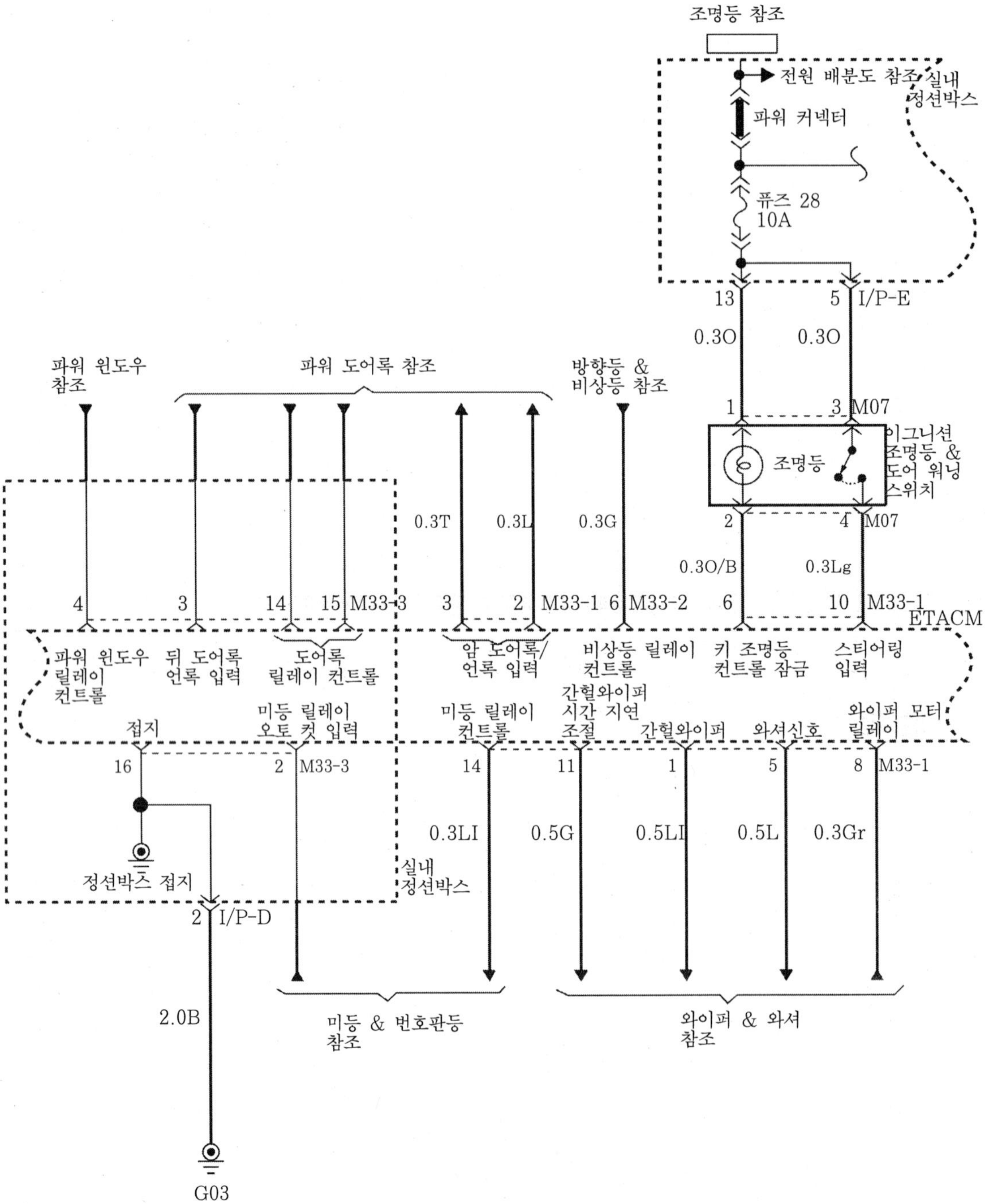
조명등 참조
전원 배분도 참조
실내 정션박스
파워 커넥터
퓨즈 28 10A
13
5 I/P-E
0.3O
0.3O
파워 윈도우 참조
파워 도어록 참조
방향등 & 비상등 참조
1
3 M07
이그니션 조명등 & 도어 워닝 스위치
조명등
2
4 M07
0.3T
0.3L
0.3G
0.3O/B
0.3Lg
4
3
14
15 M33-3
3
2 M33-1
6 M33-2
6
10 M33-1
ETACM
파워 윈도우 릴레이 컨트롤
뒤 도어록 언록 입력
도어록 릴레이 컨트롤
암 도어록/ 언록 입력
비상등 릴레이 컨트롤
키 조명등 컨트롤 잠금
스티어링 입력
접지
미등 릴레이 오토 컷 입력
미등 릴레이 컨트롤
간헐와이퍼 시간 지연 조절
간헐와이퍼
와셔신호
와이퍼 모터 릴레이
16
2 M33-3
14
11
1
5
8 M33-1
0.3LI
0.5G
0.5LI
0.5L
0.3Gr
정션박스 접지
실내 정션박스
2 I/P-D
2.0B
미등 & 번호판등 참조
와이퍼 & 와셔 참조
G03

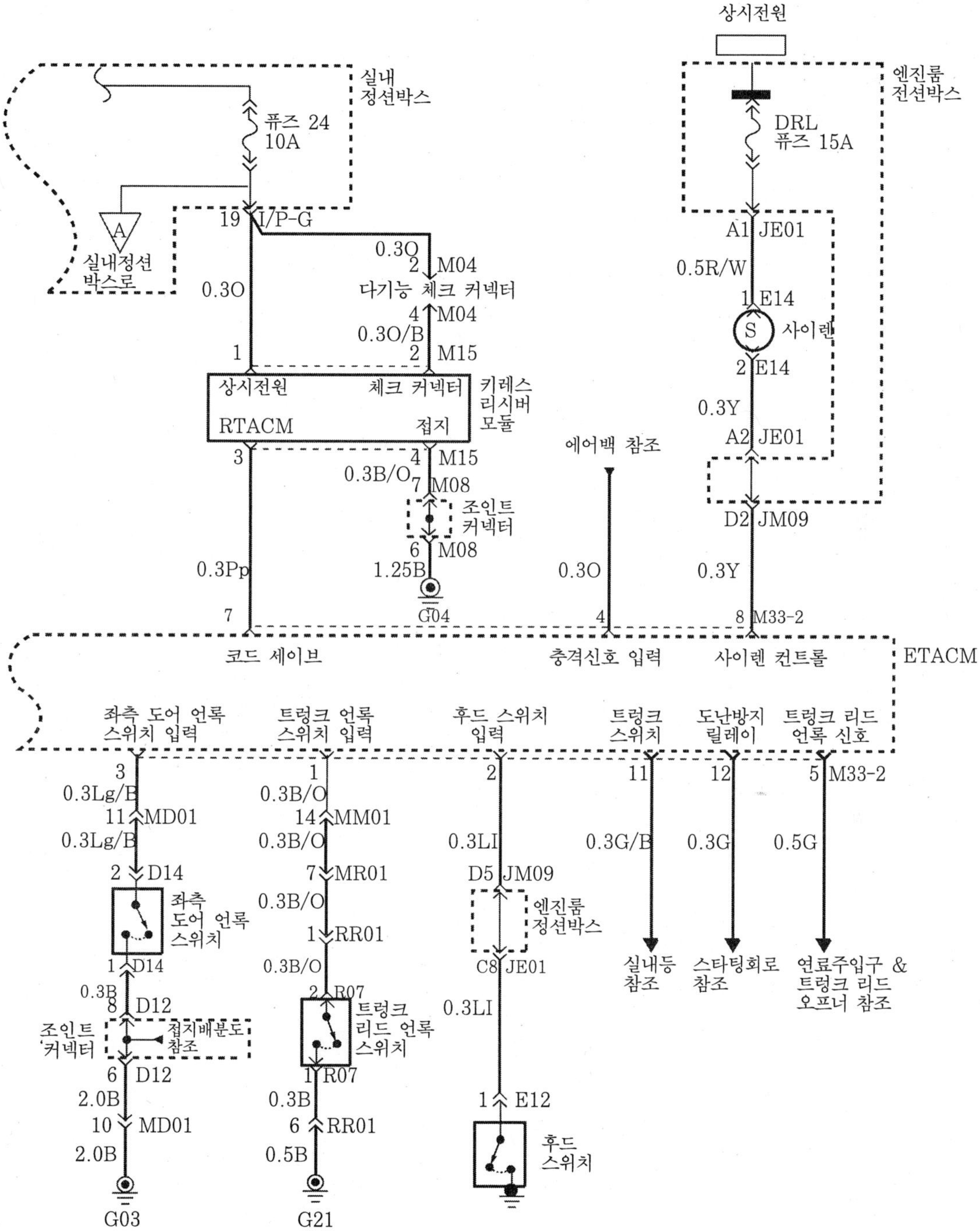
상시전원
실내
정션박스
퓨즈 24
10A
실내정션
박스로
19 I/P-G
0.3O
2 M04
다기능 체크 커넥터
4 M04
0.3O/B
2 M15
0.3O
1
상시전원
체크 커넥터
RTACM
접지
키레스
리시버
모듈
3
4 M15
0.3B/O
7 M08
조인트
커넥터
6 M08
1.25B
G04
0.3Pp
7
엔진룸
전선박스
DRL
퓨즈 15A
A1 JE01
0.5R/W
1 E14
사이렌
2 E14
0.3Y
A2 JE01
D2 JM09
0.3Y
8 M33-2
에어백 참조
0.3O
4
코드 세이브
충격신호 입력
사이렌 컨트롤
ETACM
좌측 도어 언록
스위치 입력
트렁크 언록
스위치 입력
후드 스위치
입력
트렁크
스위치
도난방지
릴레이
트렁크 리드
언록 신호
3
0.3Lg/B
11 MD01
0.3Lg/B
2 D14
좌측
도어 언록
스위치
1 D14
0.3B
8 D12
조인트
커넥터
접지배분도
참조
6 D12
2.0B
10 MD01
2.0B
G03
1
0.3B/O
14 MM01
0.3B/O
7 MR01
0.3B/O
1 RR01
0.3B/O
2 R07
트렁크
리드 언록
스위치
1 R07
0.3B
6 RR01
0.5B
G21
2
0.3LI
D5 JM09
엔진룸
정션박스
C8 JE01
0.3LI
1 E12
후드
스위치
11
0.3G/B
실내등
참조
12
0.3G
스타팅회로
참조
5 M33-2
0.5G
연료주입구 &
트렁크 리드
오프너 참조

【도난방지 적용】

5. 커넥터 식별도

5.1. 메인 하니스

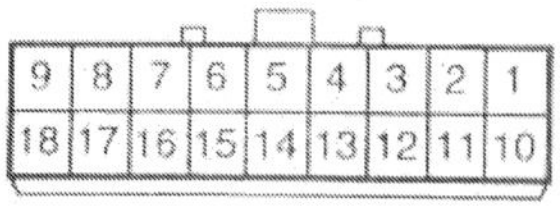

M01-1

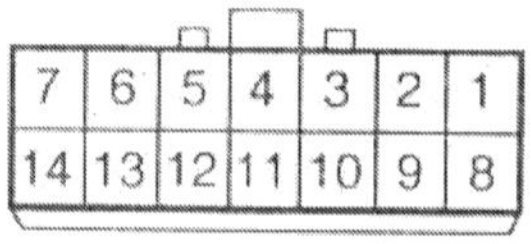

MO1-2

MO1-3

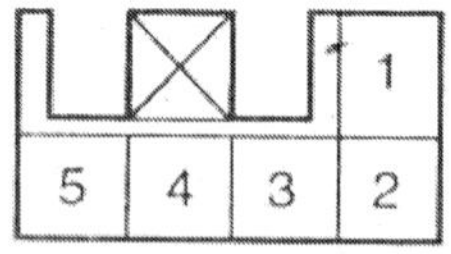

MO2

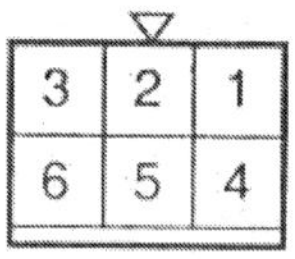

MO3

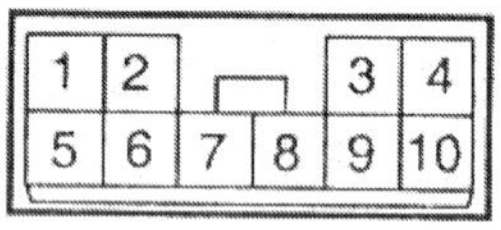

MO4

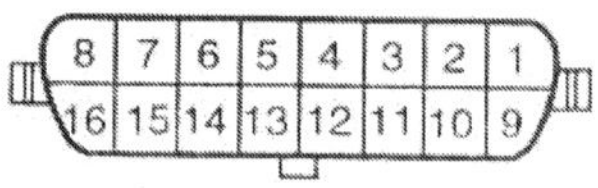

MO5

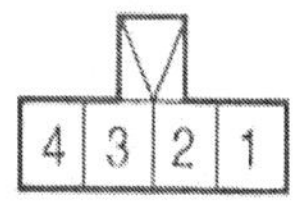

MO7

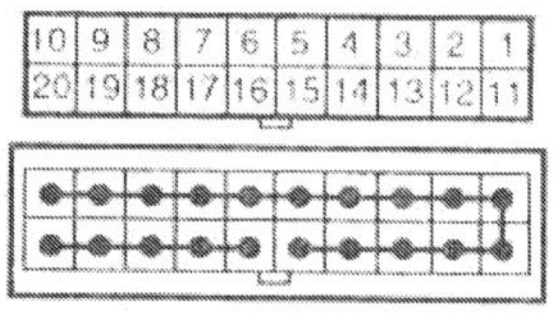

MO8

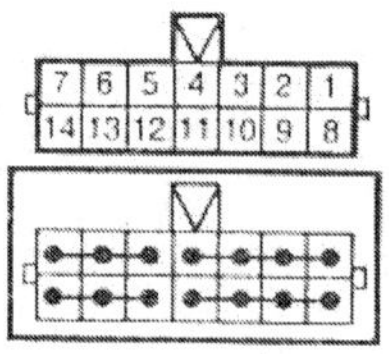

MO9

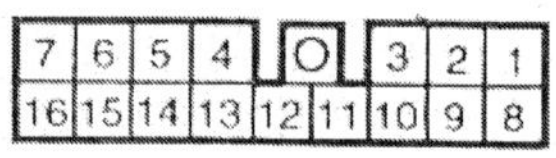

M1O

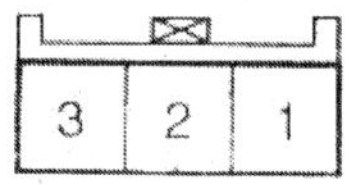

M11

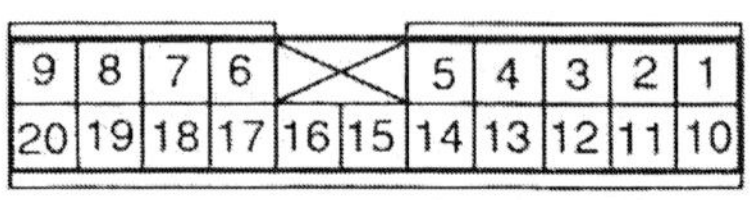

M12

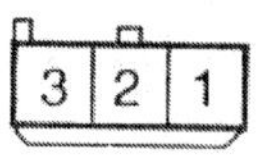

M13

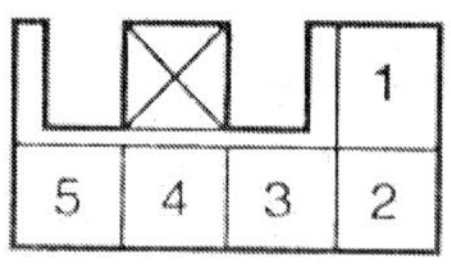

M14

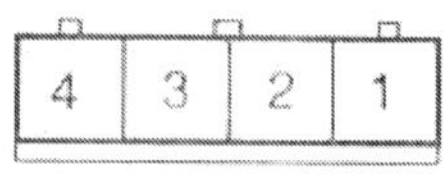

M15

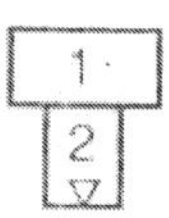

M16

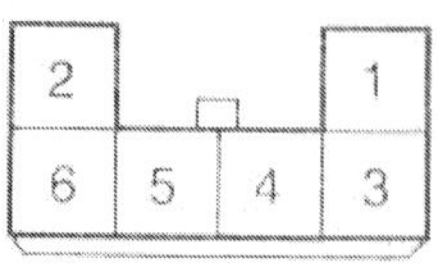

M17

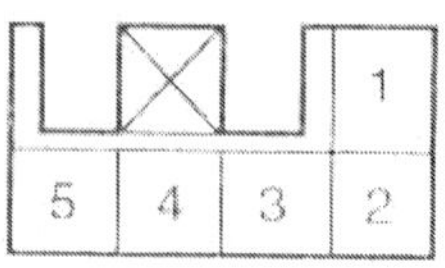

M18

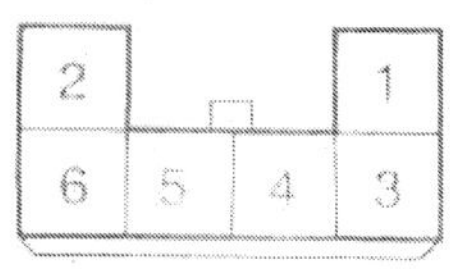

M19

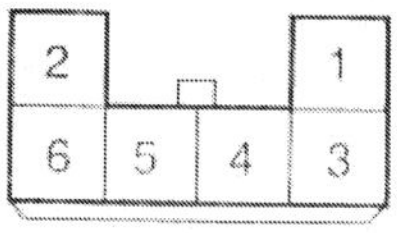

M20

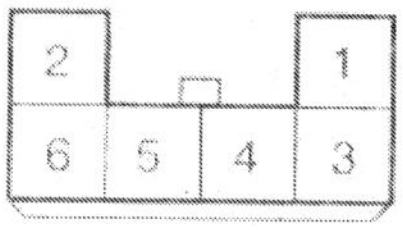

M21

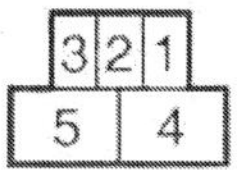

M24

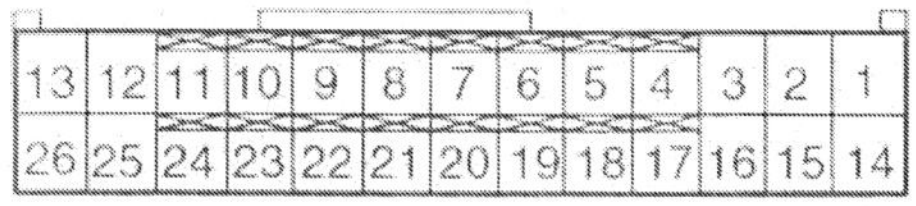

M25

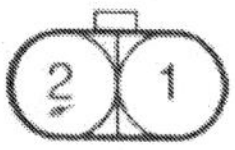

M26

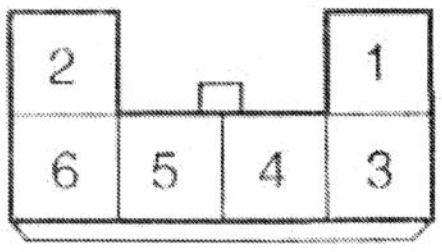

M28

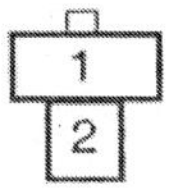

M30

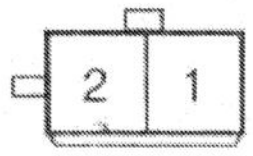

M31

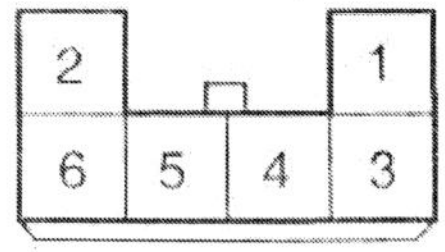

M32

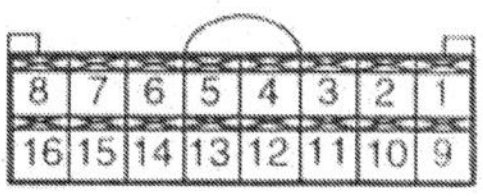

M33-1

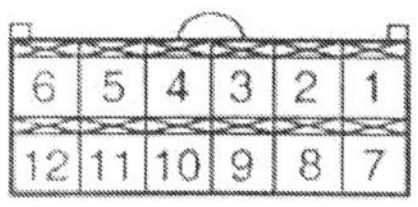

M33-2

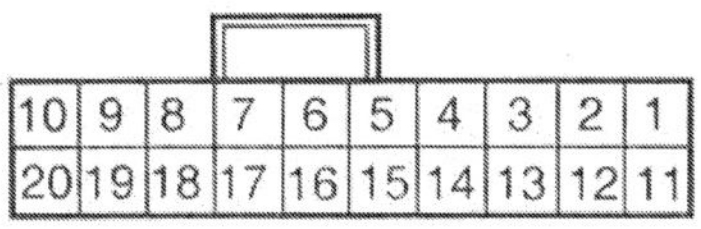

M33-3

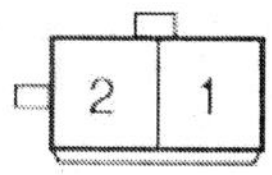

M34

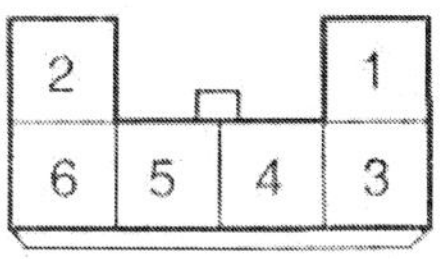

M36

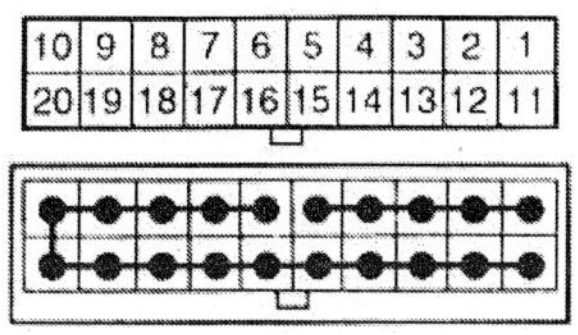

M39

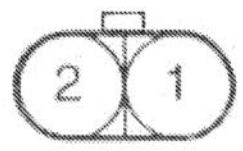

M40

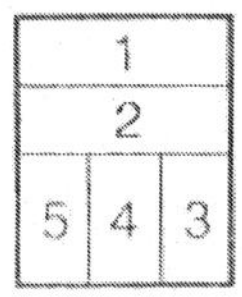

M41

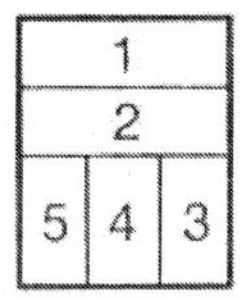

M42

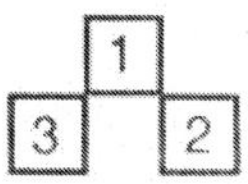

M43

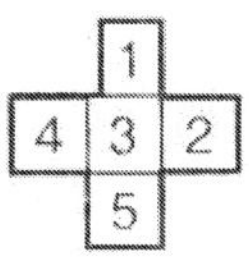

M44

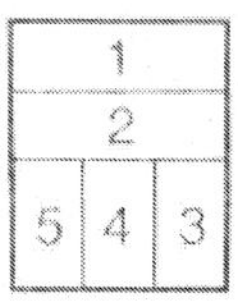

M46

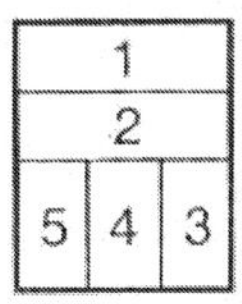

M47

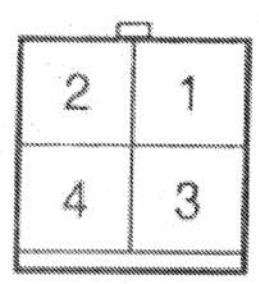

M48

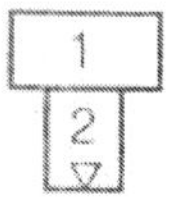

M51

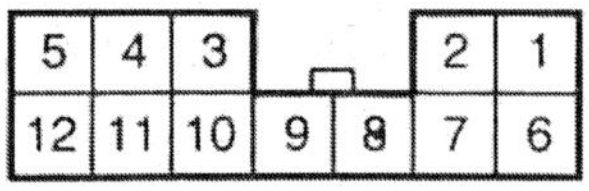

M51-1

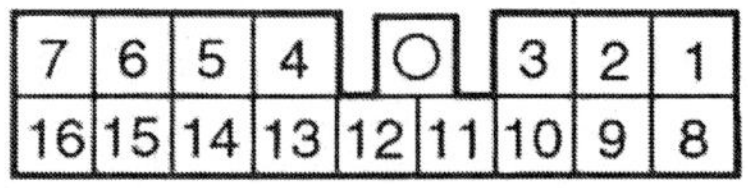

M52-2

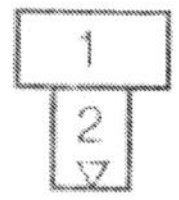

M53

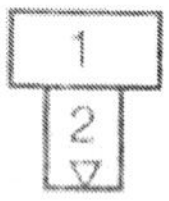

M55

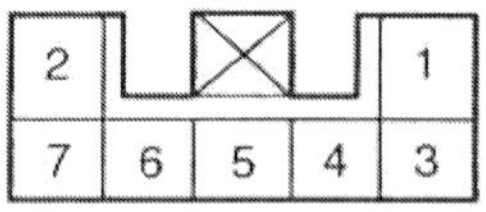

M56

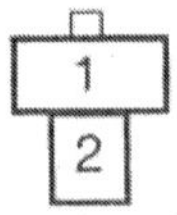

M58

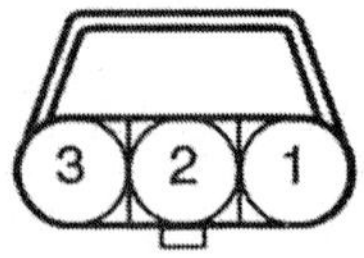

M59

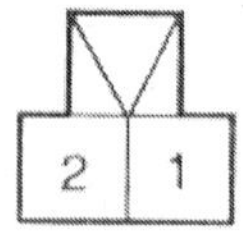

M60

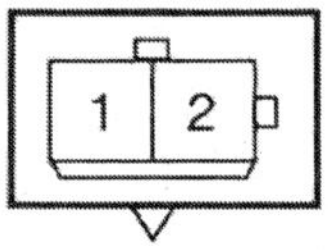

M61

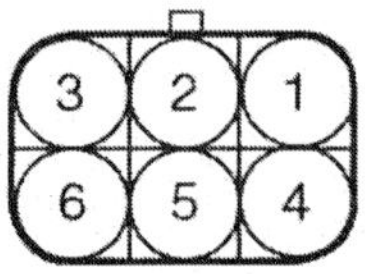

M62

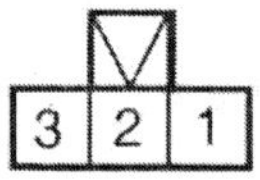

M64

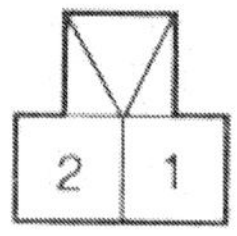

M65

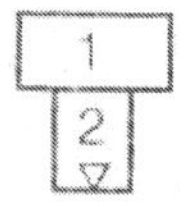

M66

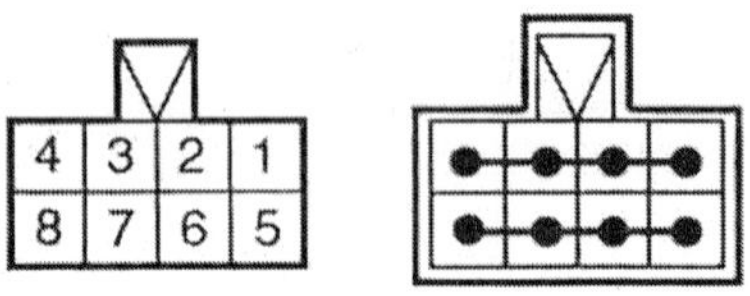

M67

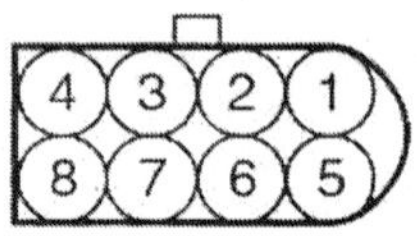

M68

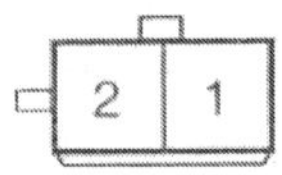

M69

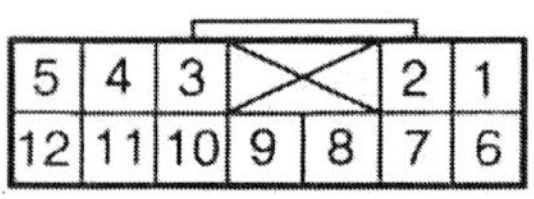

M70-1

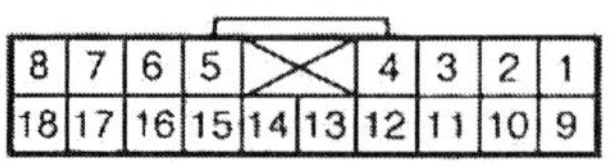

M70-2

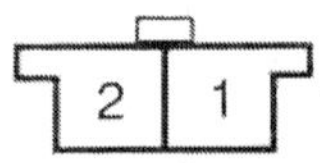

M72

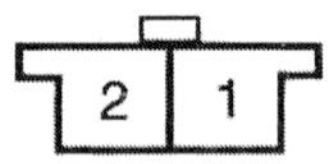

M73

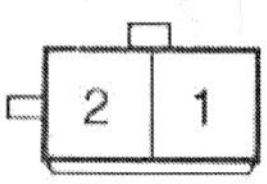

M74

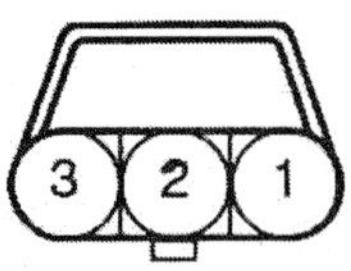

M75

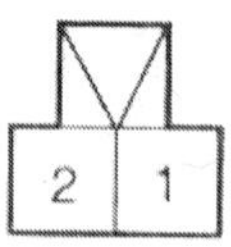

M76

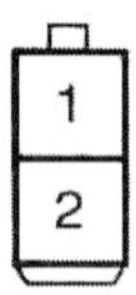

M77

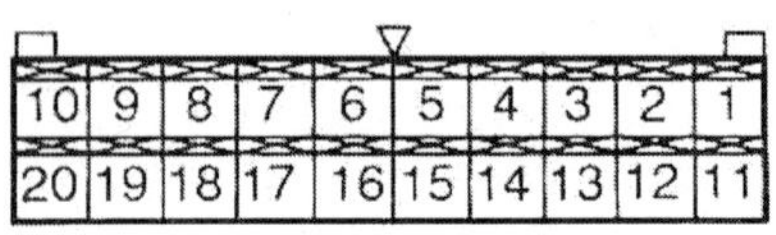

M79-1

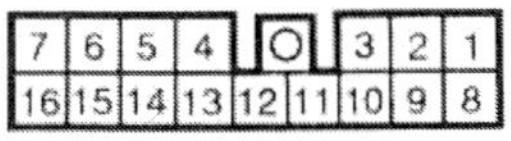

M79-2

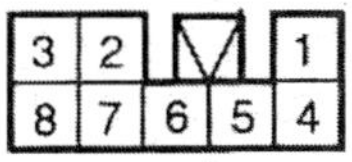

M80

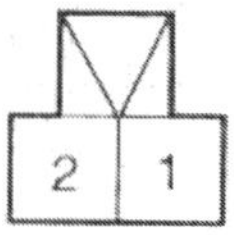

M81

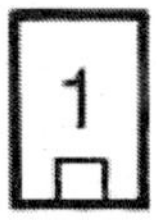

M81-1

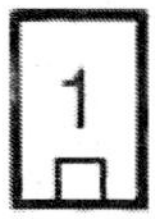

M81-2

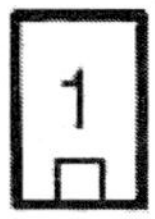

M81-3

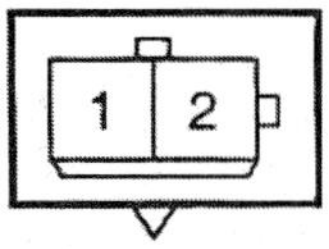

M83

M84

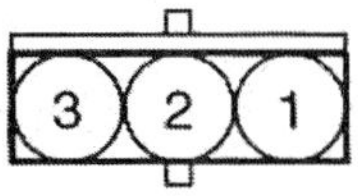

M85

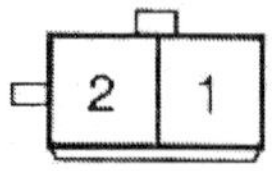

M86

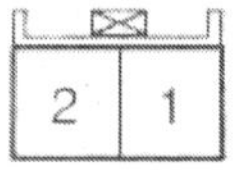

M87

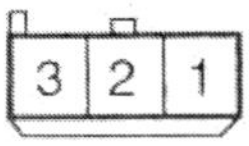

M88

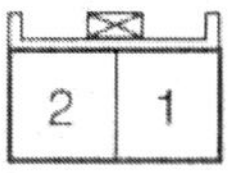

M89

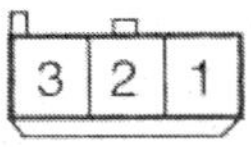

M90

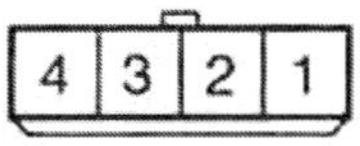

M92

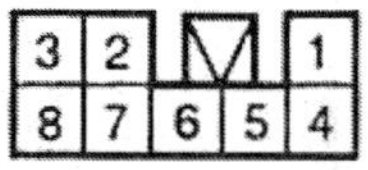

M98

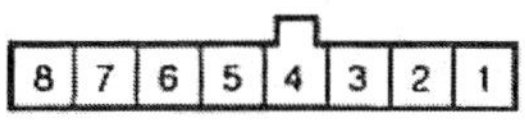

M99

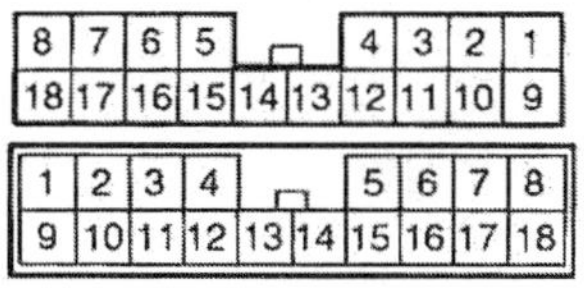

MC01

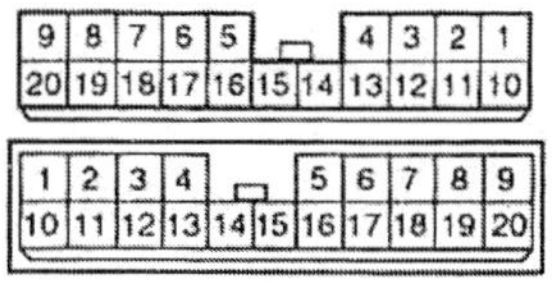

MC02

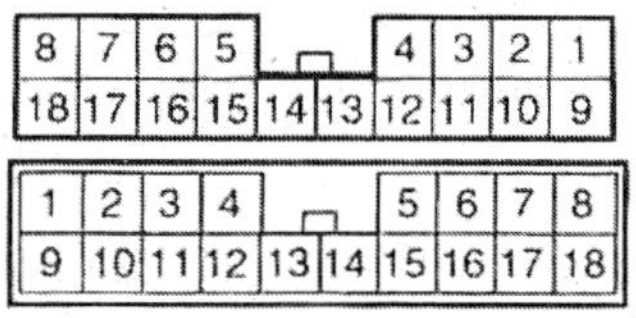

MC04

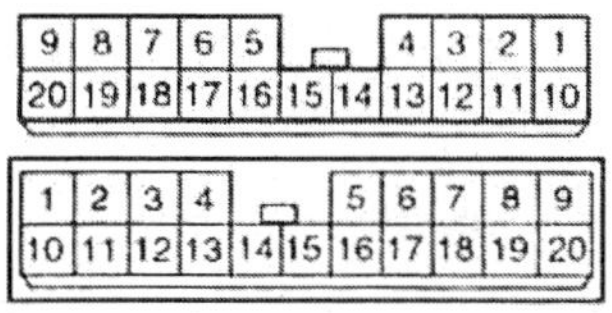

MC05

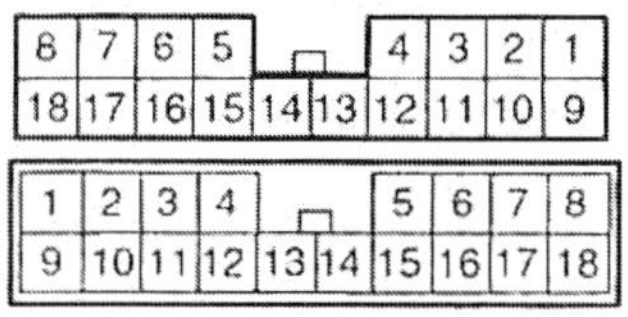

MC201

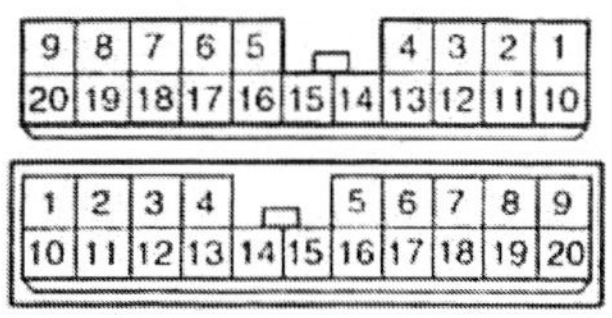

MC202

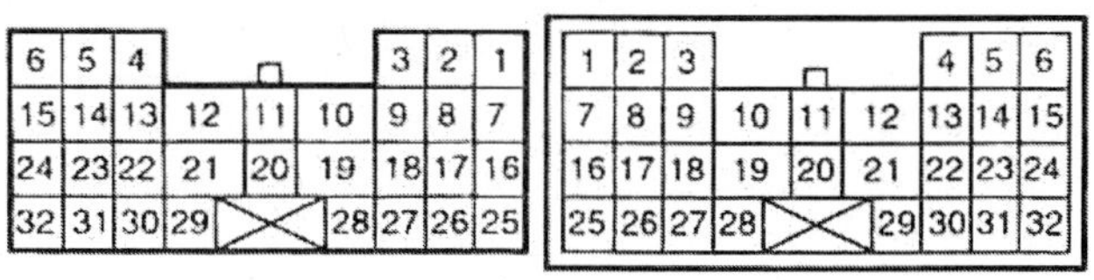

MD01

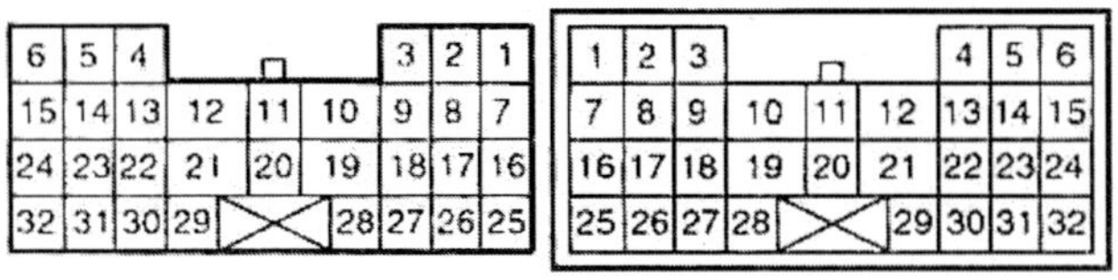

MD02

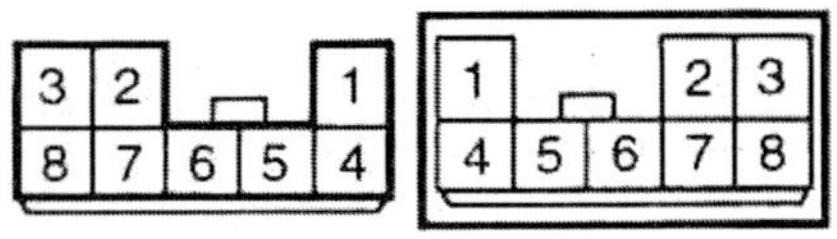

MD03

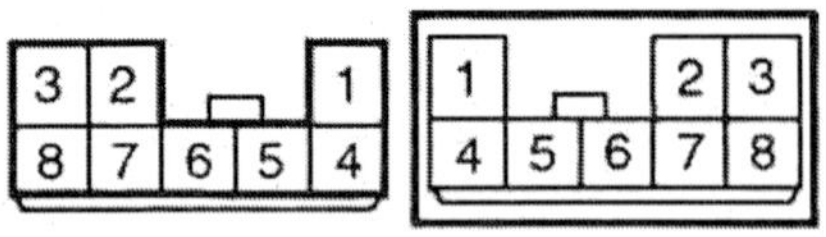

MD04

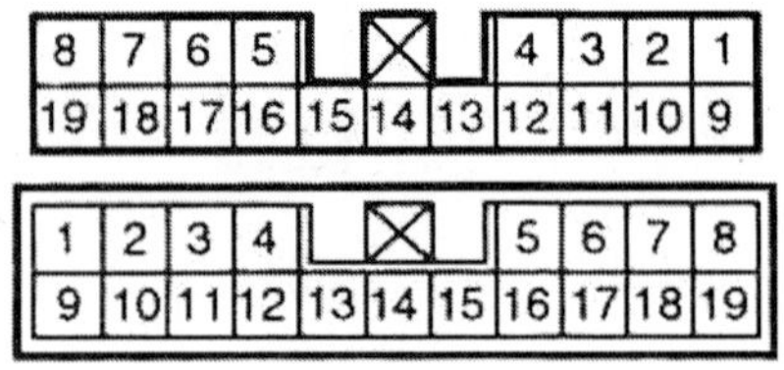

MI01

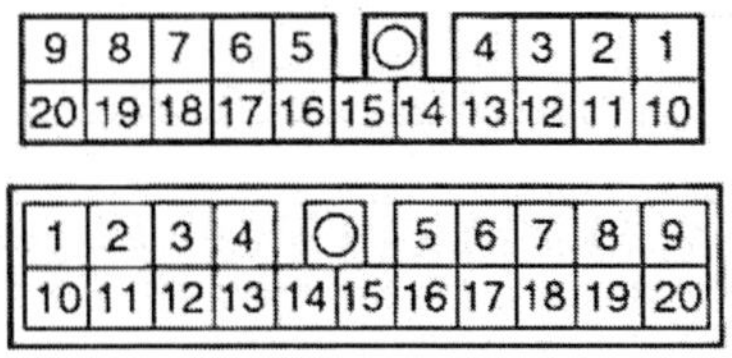

MI02

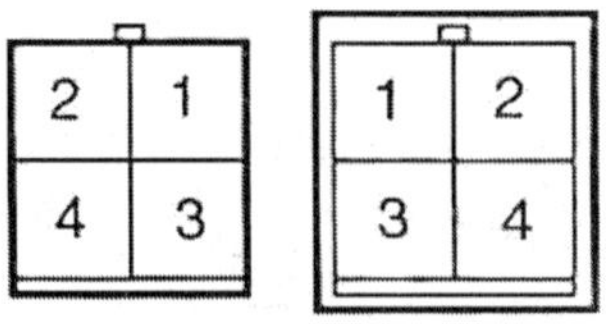

MI03

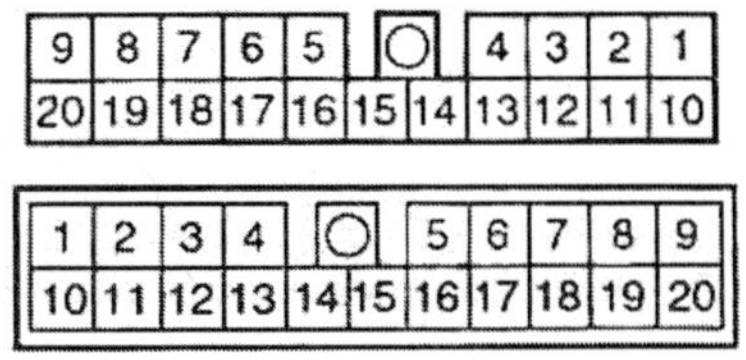

MM01

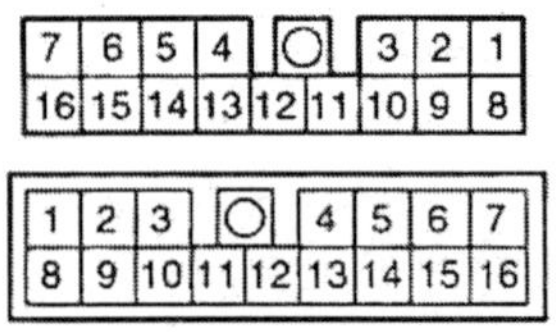

MM02

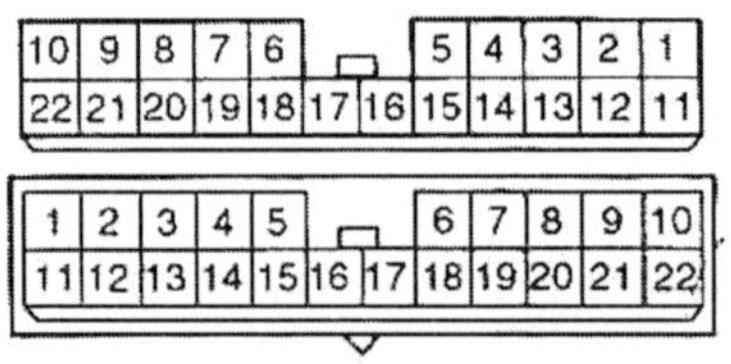

MM03

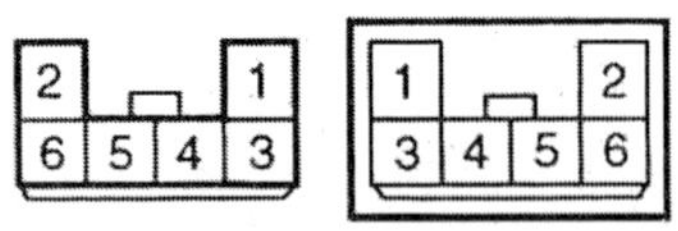

MM05

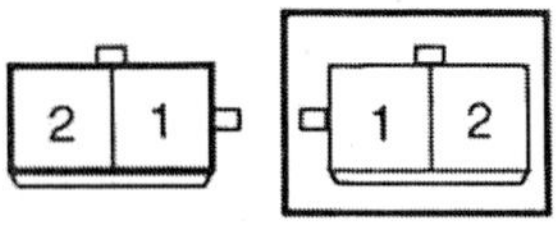

MM06

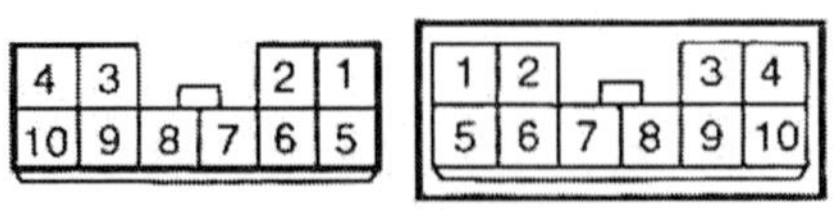

MM07

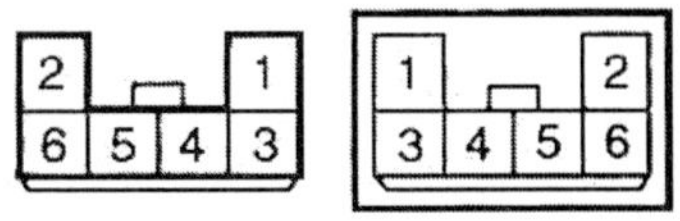

MM08

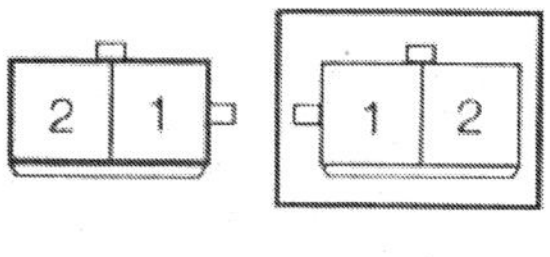

MM10

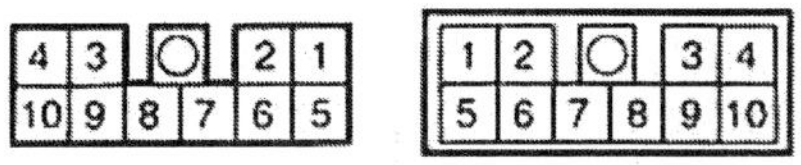

MR01

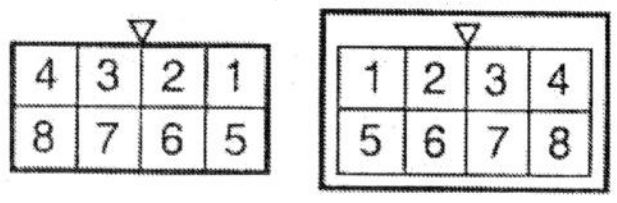

I/P-A

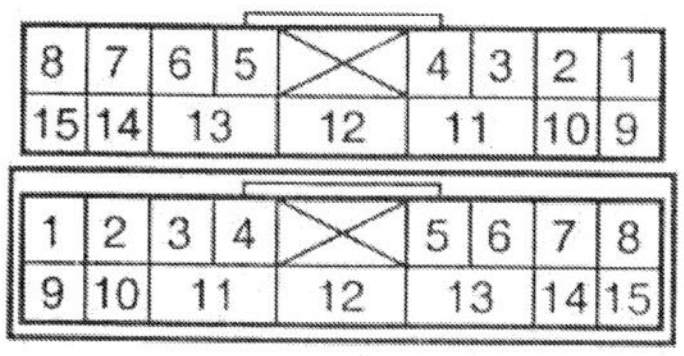

I/P-B

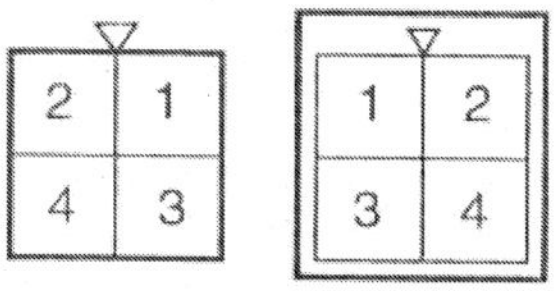

I/P-C

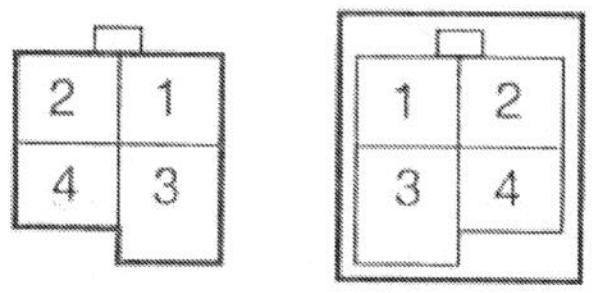

I/P-D

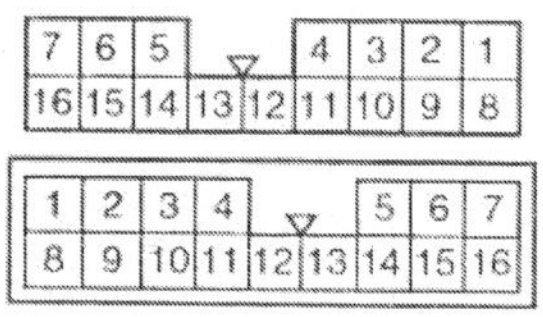

I/P-E

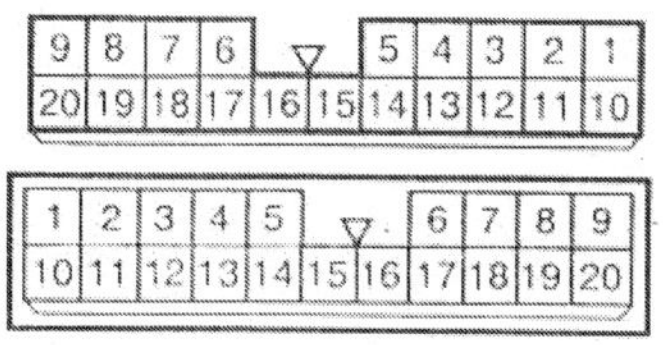

I/P-F

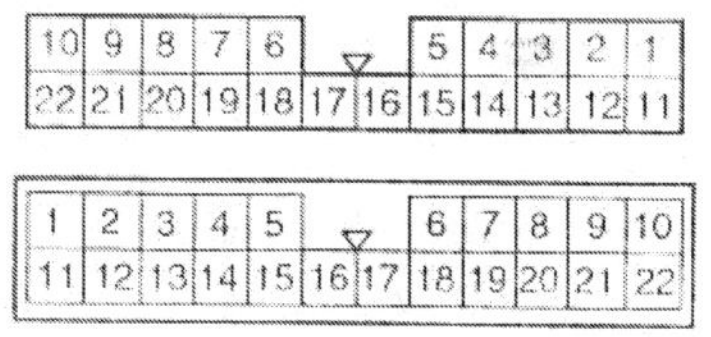

I/P-G

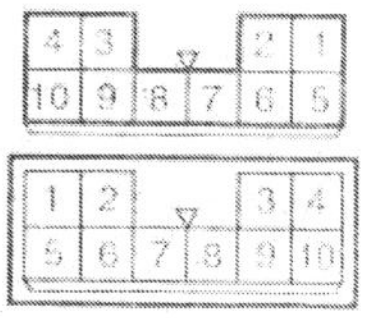

I/P-J

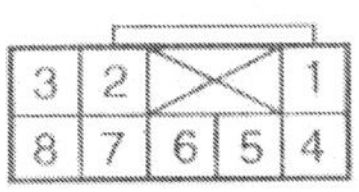

I/P-K

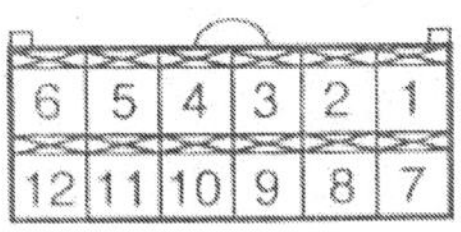

I/P-L

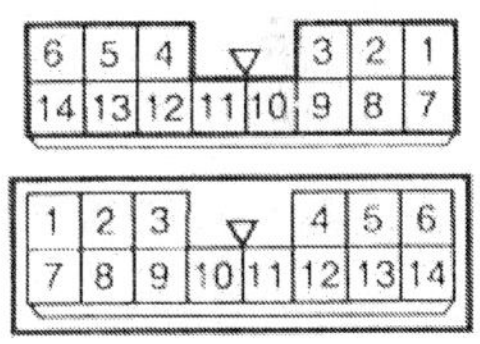

I/P-M

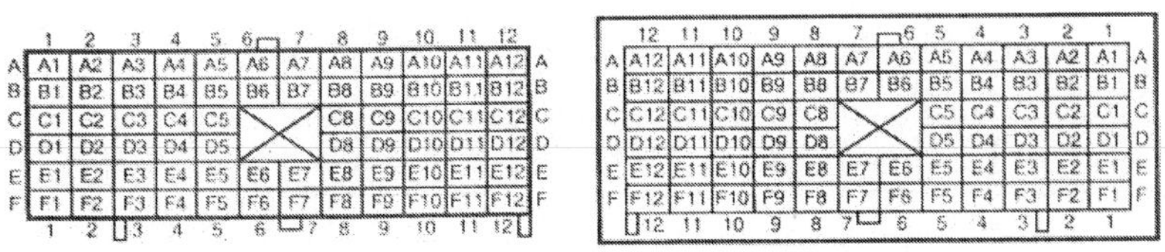

JM09

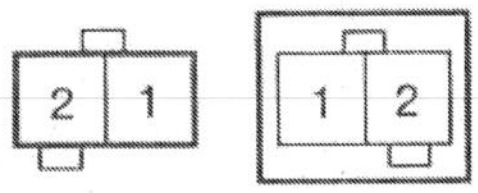

JM10

5.2. 엔진 하니스

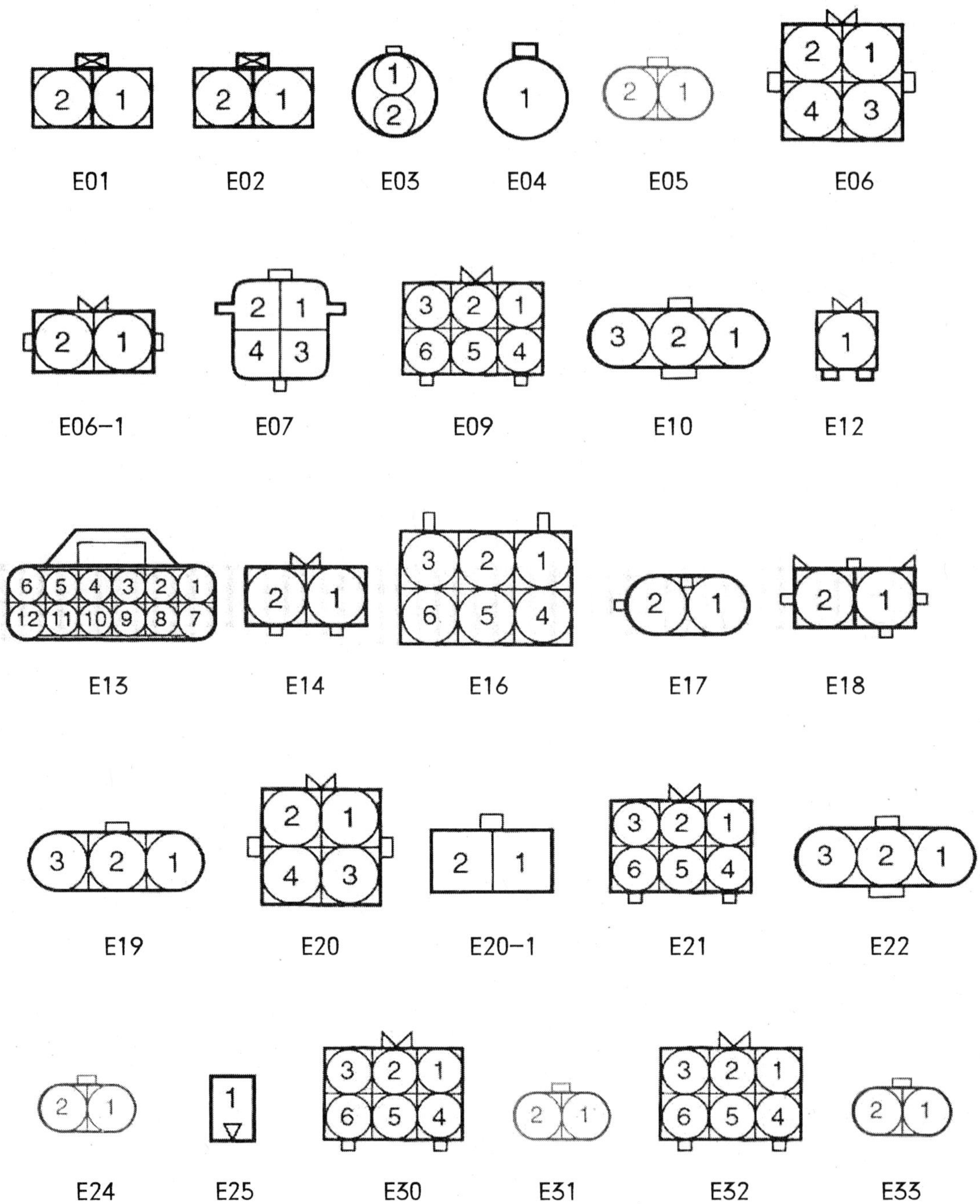
E01
E02
E03
E04
E05
E06
E06-1
E07
E09
E10
E12
E13
E14
E16
E17
E18
E19
E20
E20-1
E21
E22
E24
E25
E30
E31
E32
E33

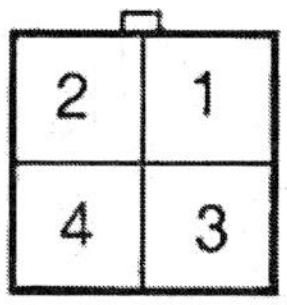

E40

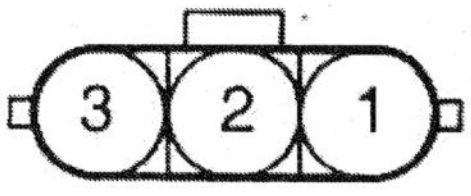

E43

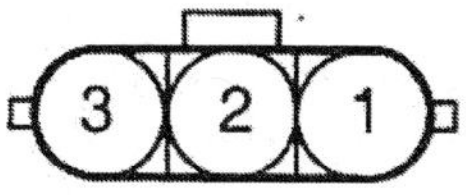

E44

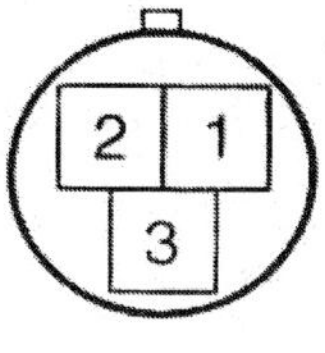

E45

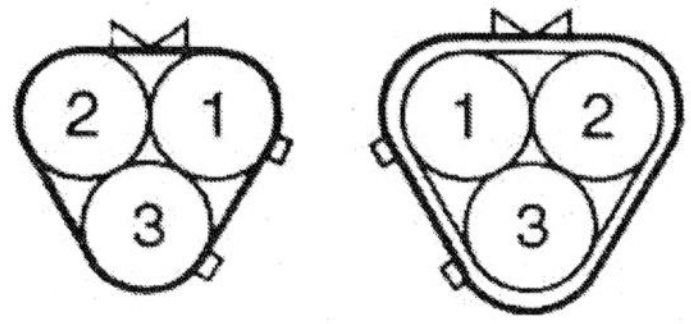

EE01

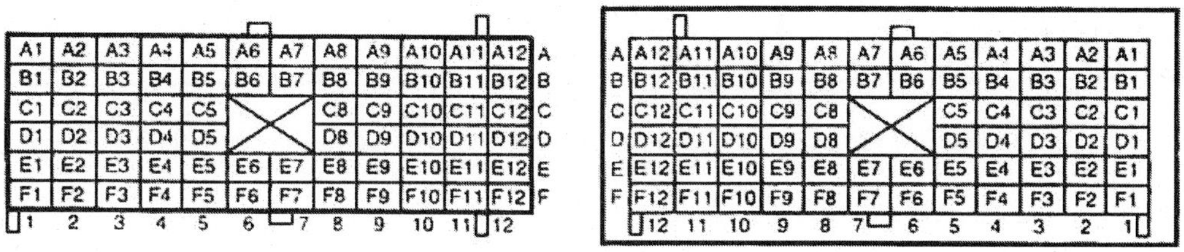

JE01

5.3. 인스트루먼트 하니스

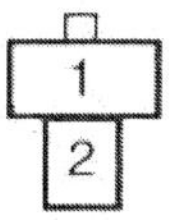

I01

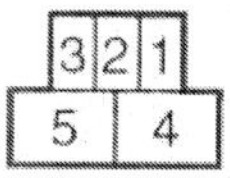

I02

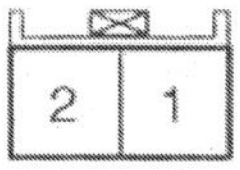

I03

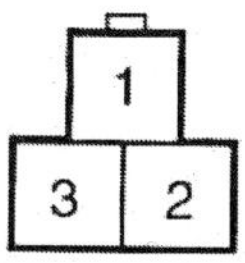

I04

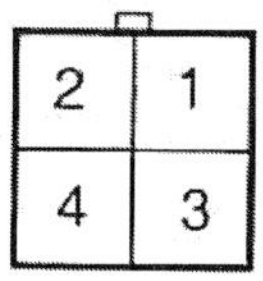

I05

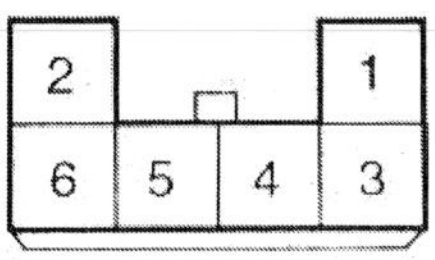

I06

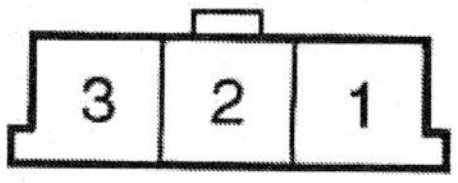

I08

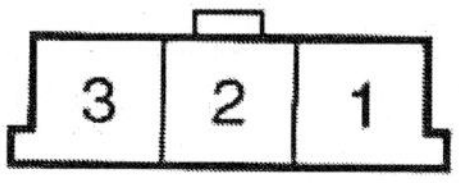

I09

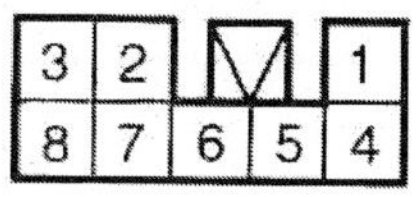

I10

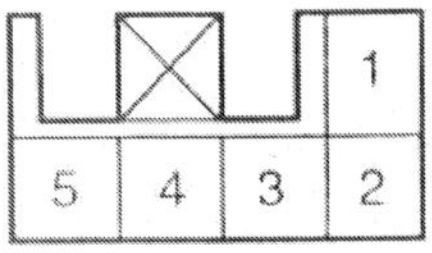

I11

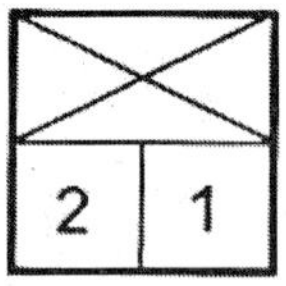

I12

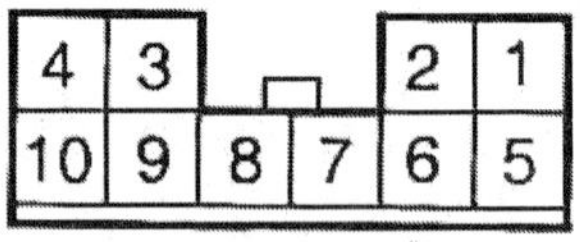

I13

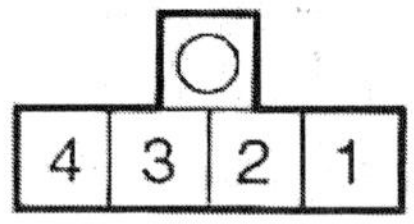

I14

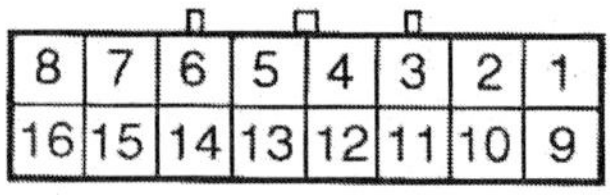

I15

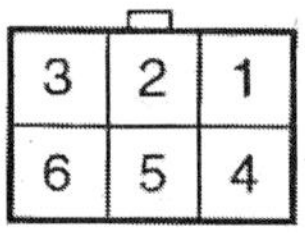

I16

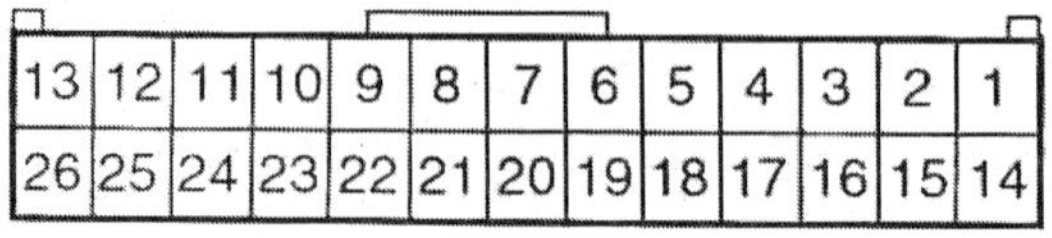

I17-1

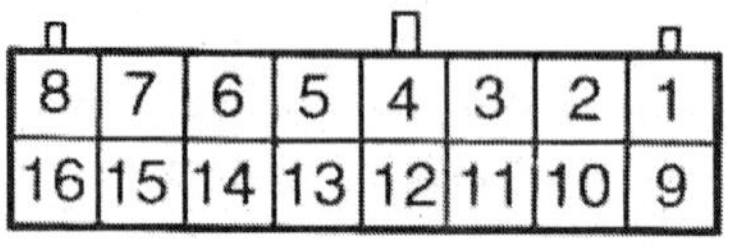

I17-2

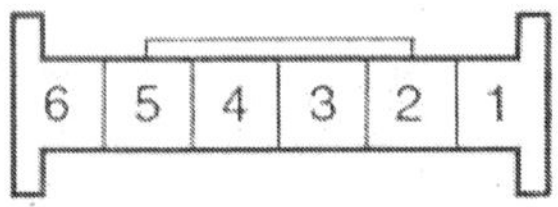

I18

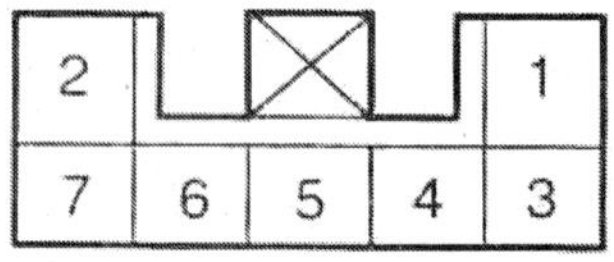

I19

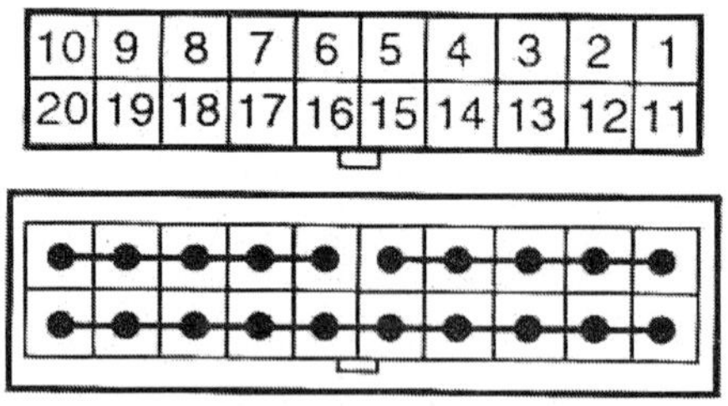

I20

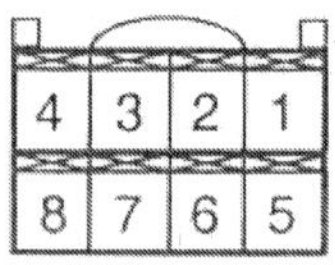

I21-1

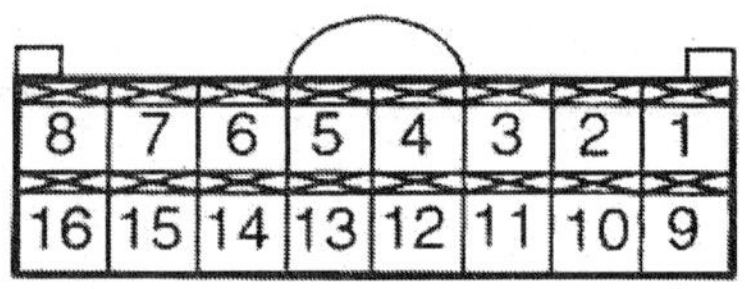

I21-2

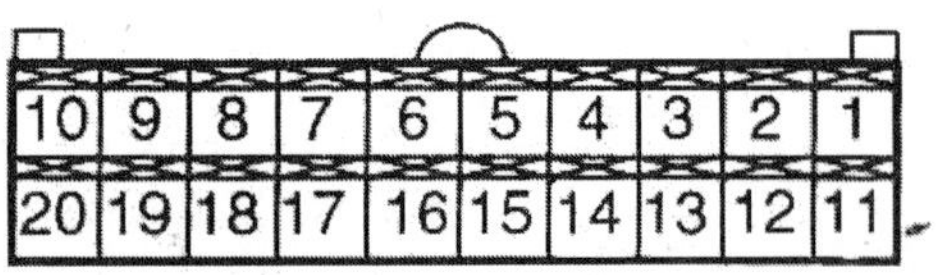

I21-3

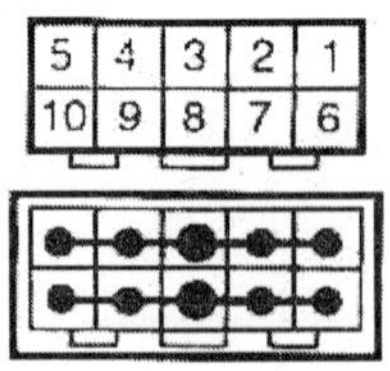

I22

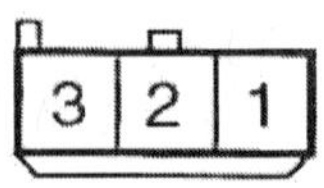

I23

I24-1

I24-2

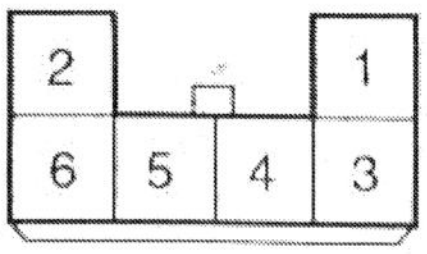

I25

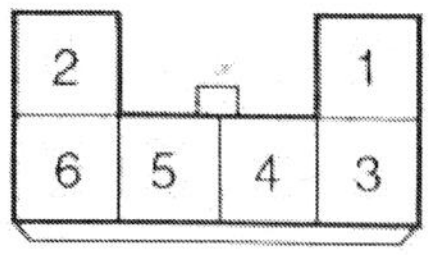

I26

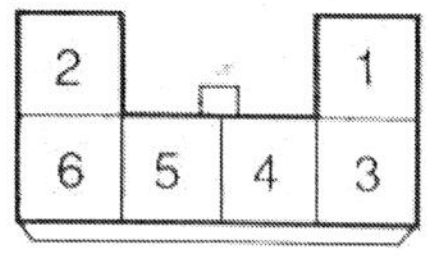

I27

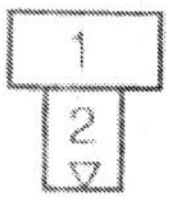

I28

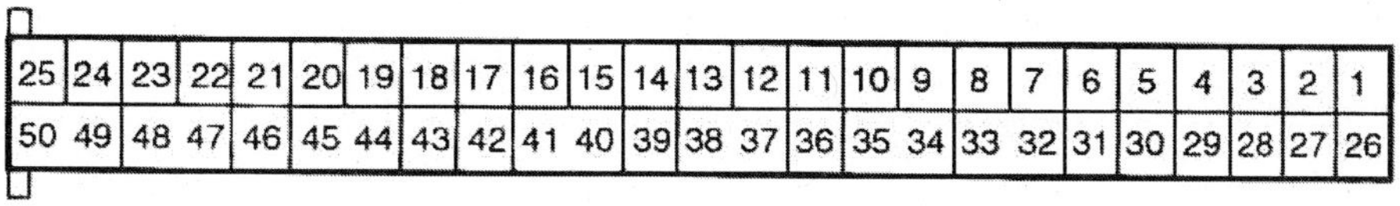

I29

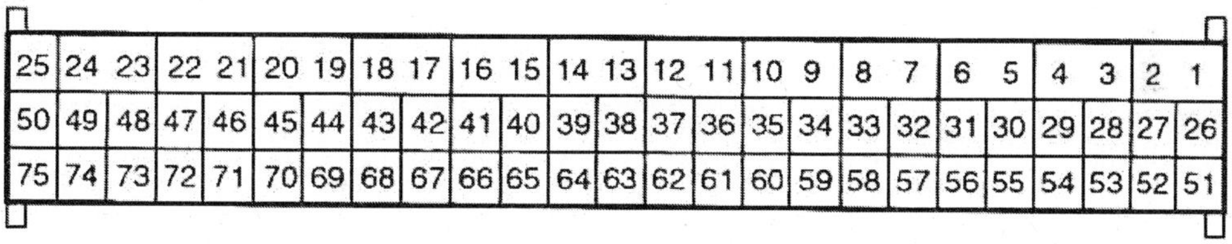

I30

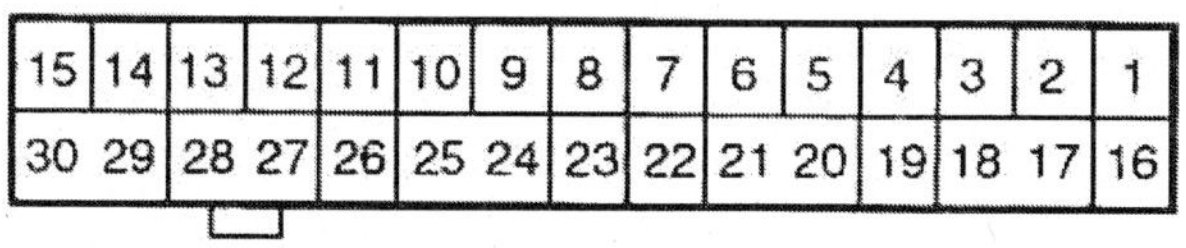

I31

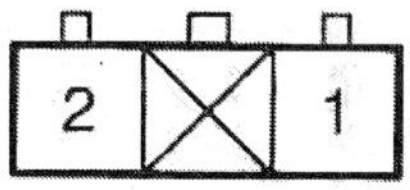

I32

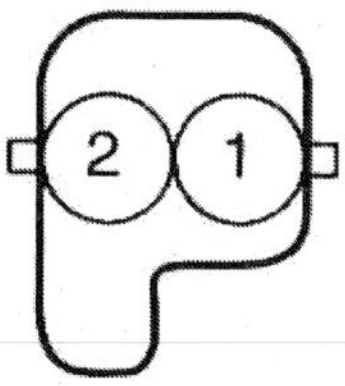

I33

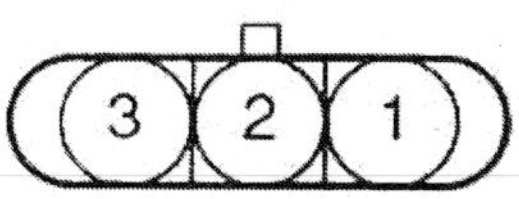

I34

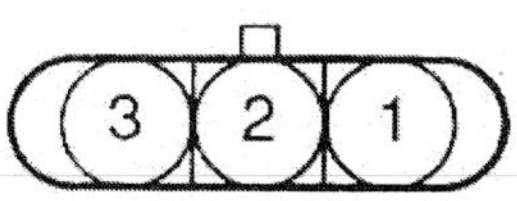

I35

I36

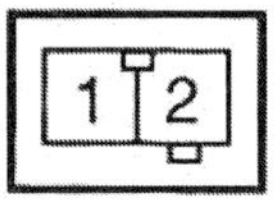

I37

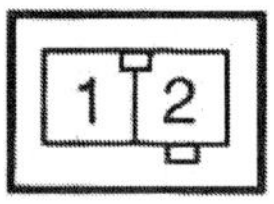

I38

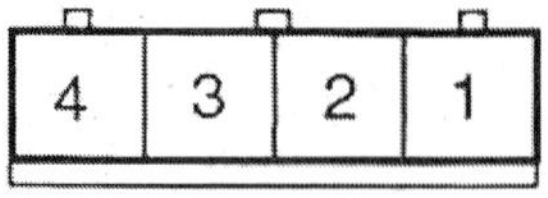

I39

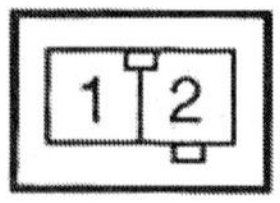

I40

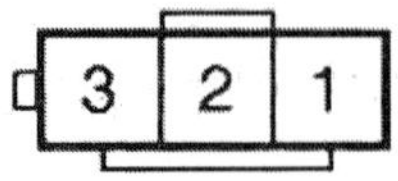

I41

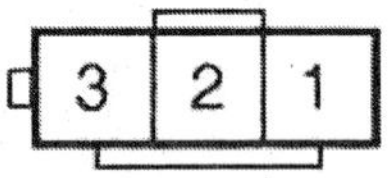

I42

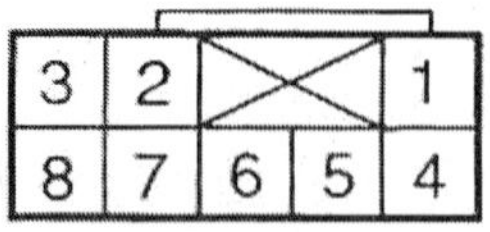

I/P-K

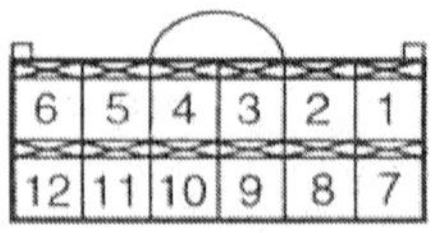

I/P-L

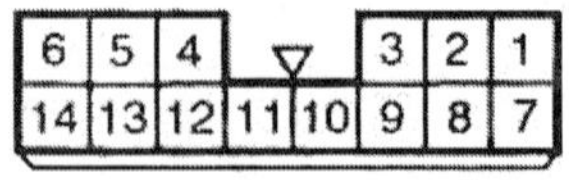

I/P-M

5.4. 컨트롤 하니스

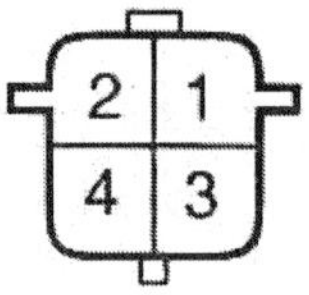

C01

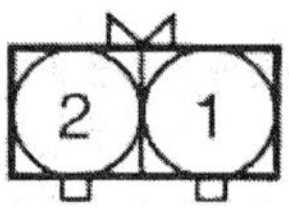

C03

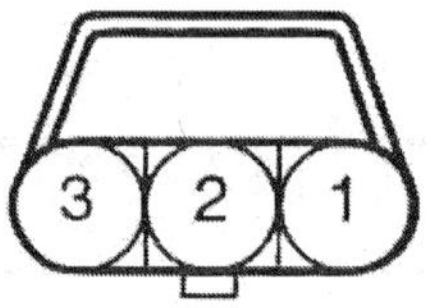

C04

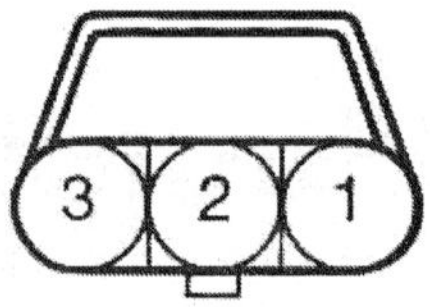

C05

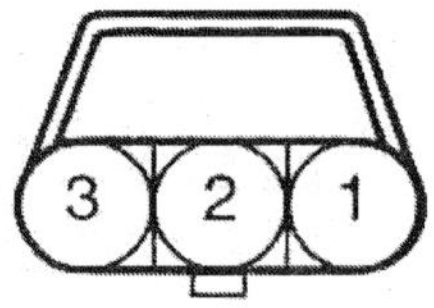

C08

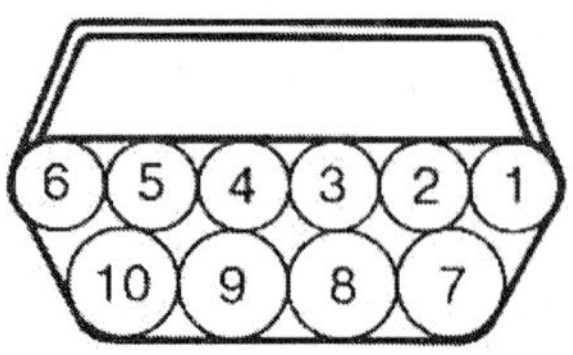

C09

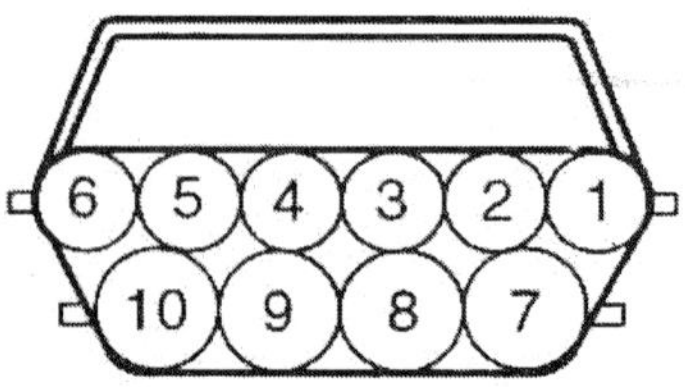

C10

C11

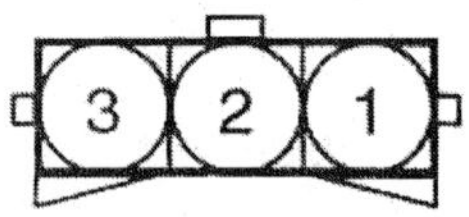

C12

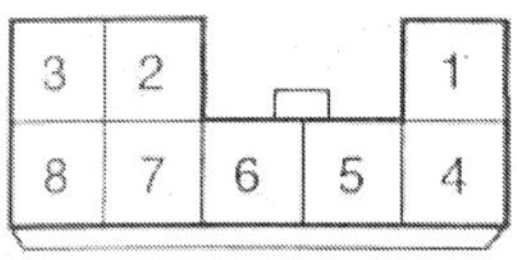

C13

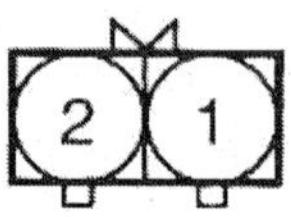

C14

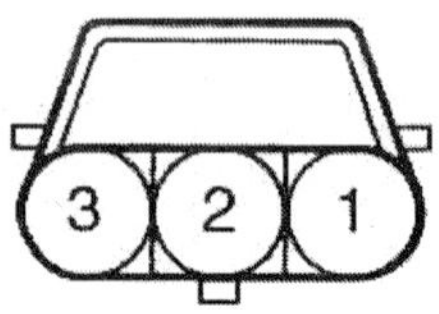

C15

C16

C17

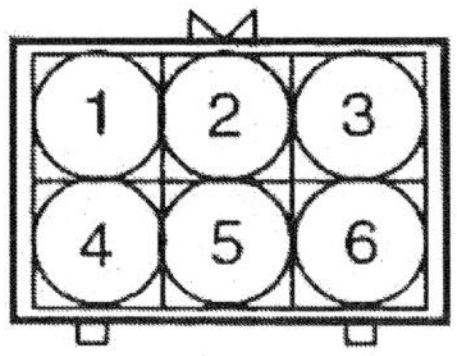

C18

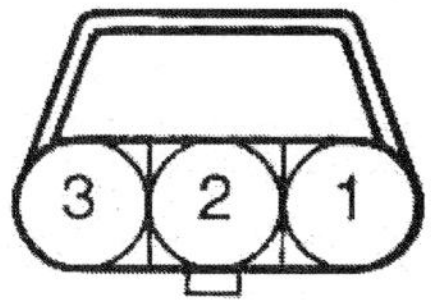

C19

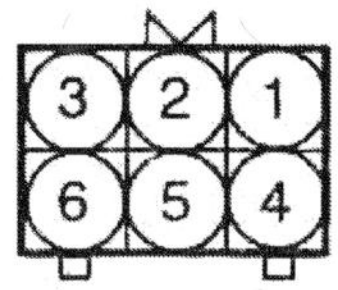

C21

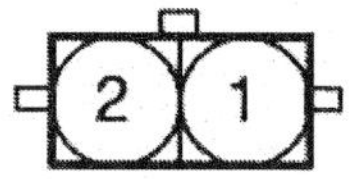

C22

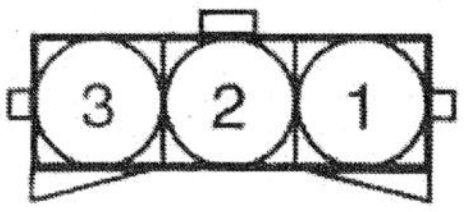

C23

C24

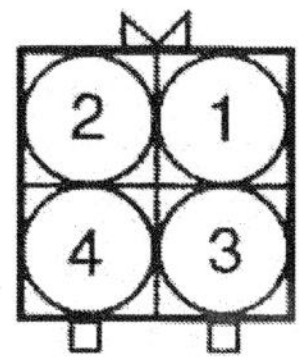

C26

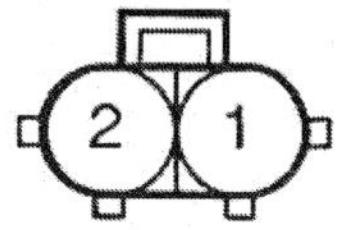

C28-1

C28-2

C28-3

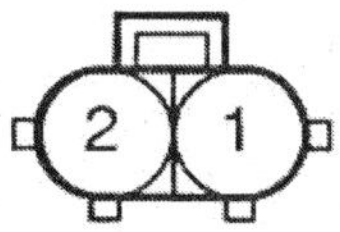

C28-4

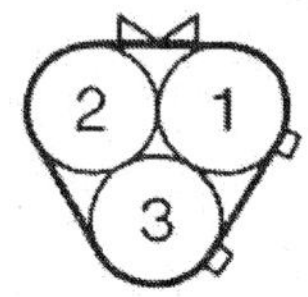

C29

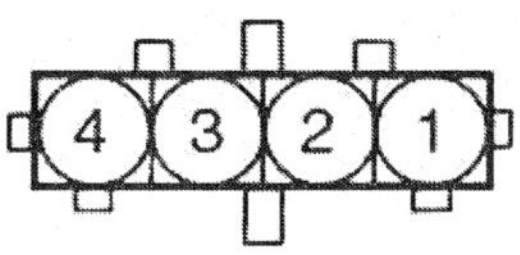

C30

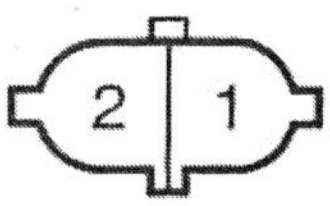

C31

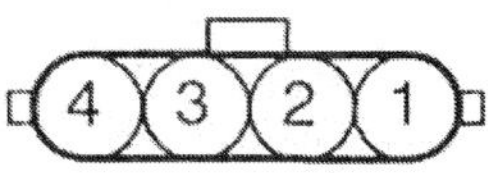

C32

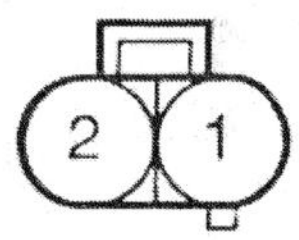

C33

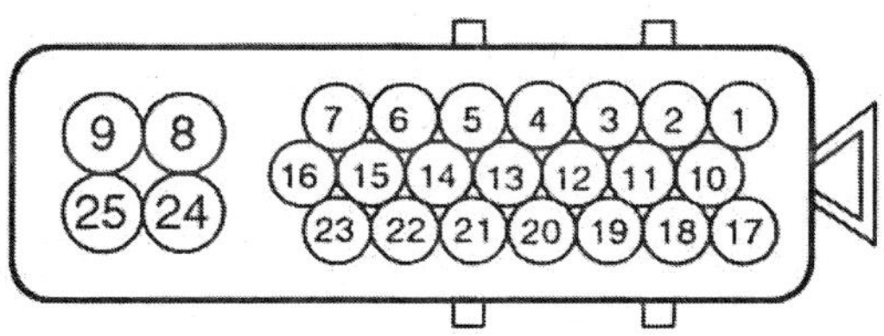

C34-1

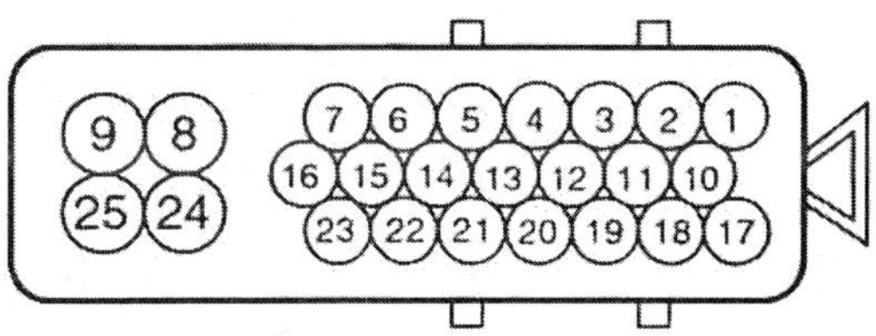

C34-2

C33

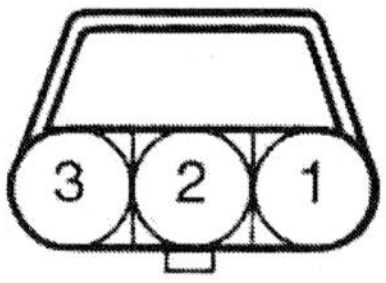

C38

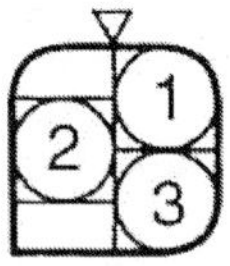

C39

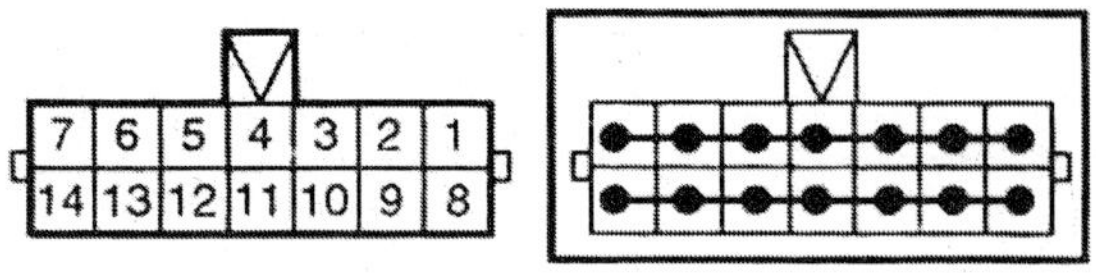

C41

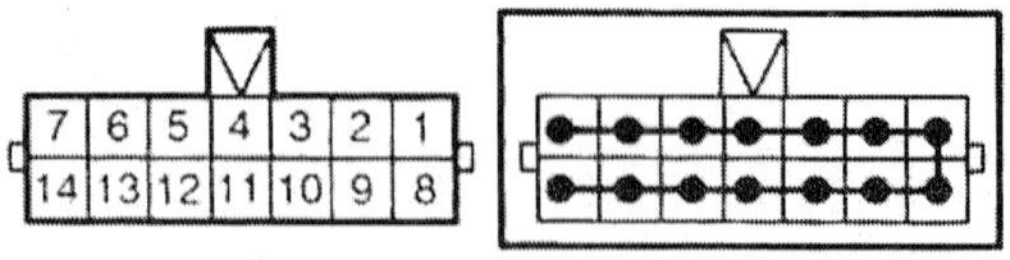

C42

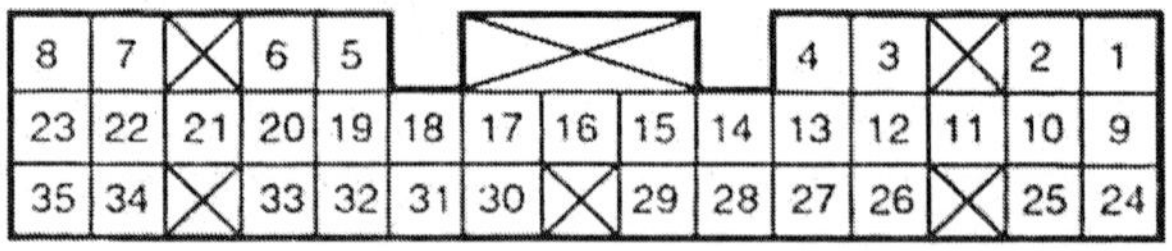

C44-1

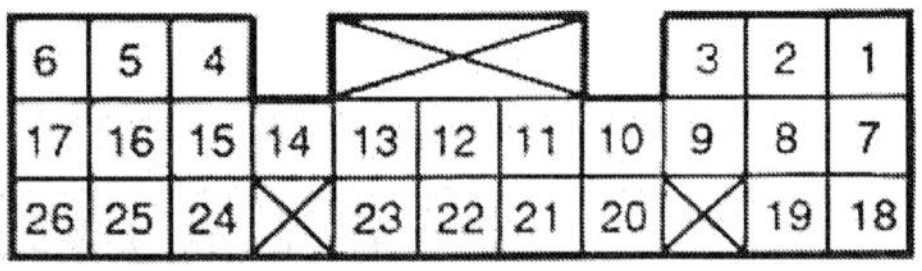

C44-2

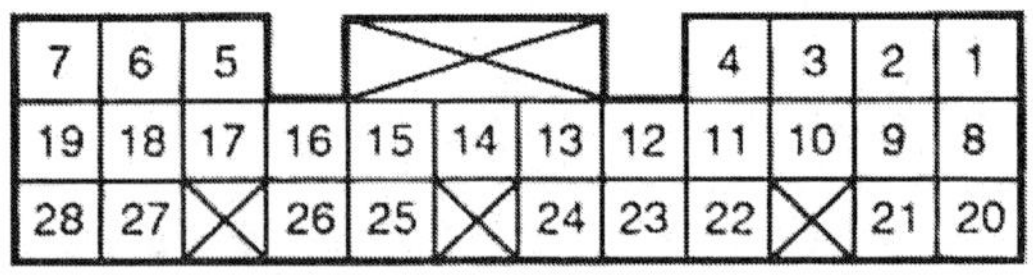

C44-3

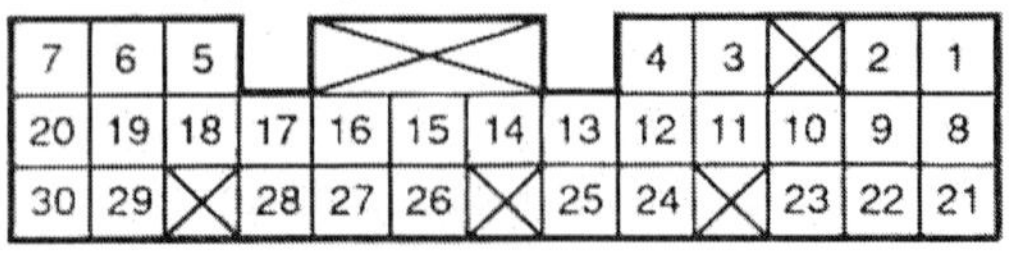

C44-4

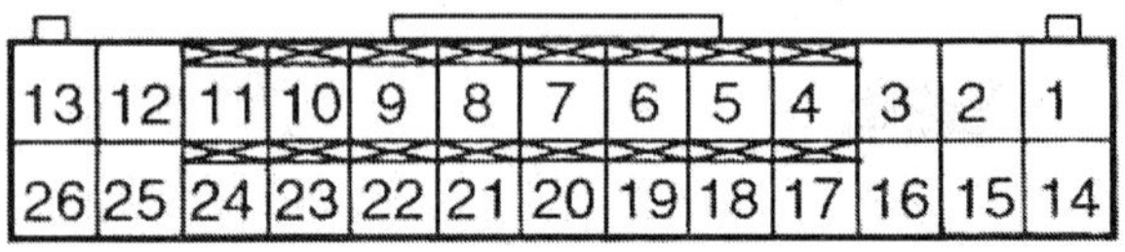

C45-1

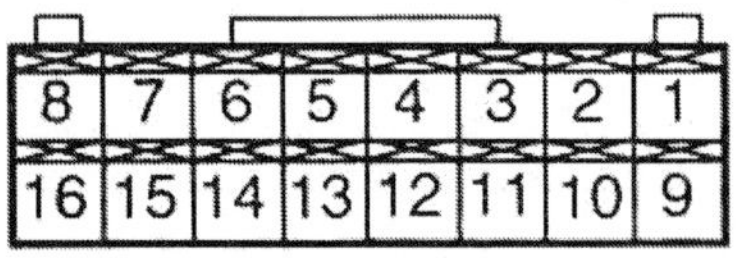

C45-2

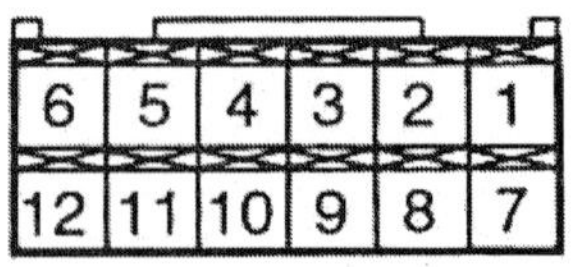

C45-3

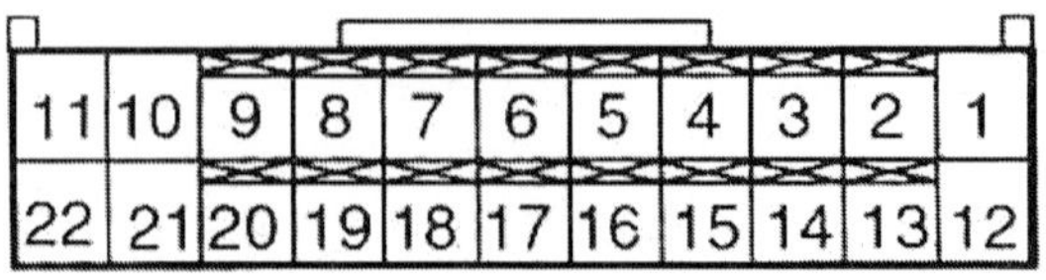

C45-4

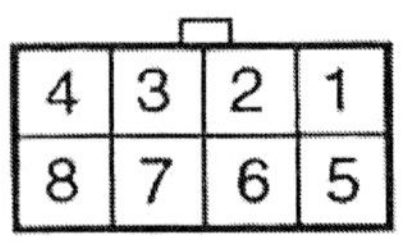

C46

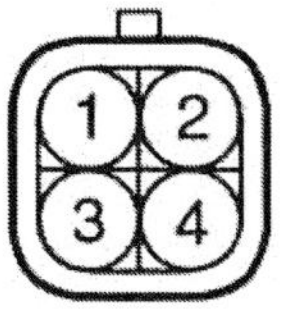

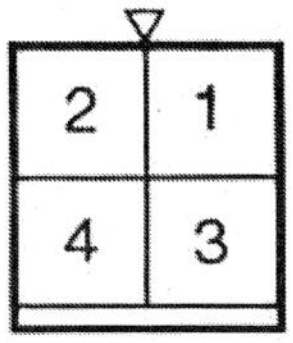

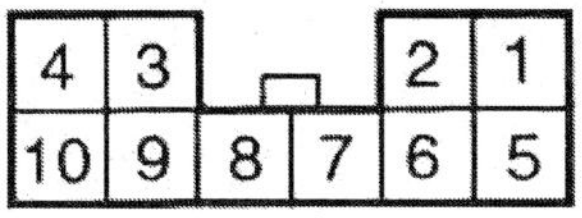

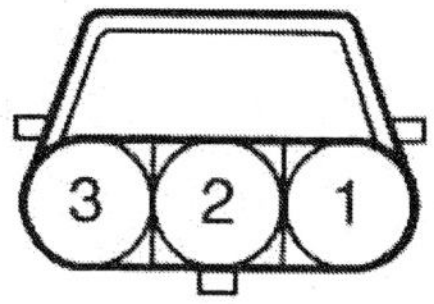

C47 C48 C55 C56

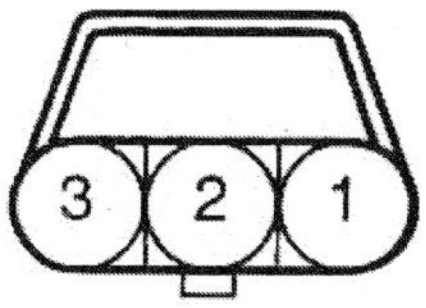

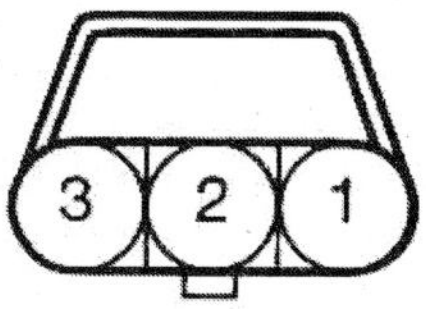

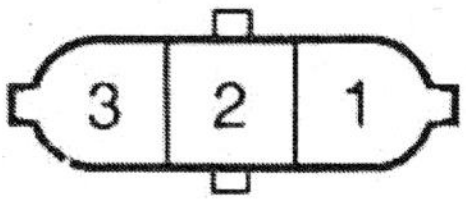

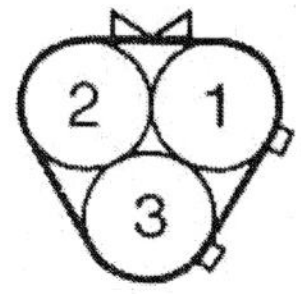

C57 C58 C59 C60

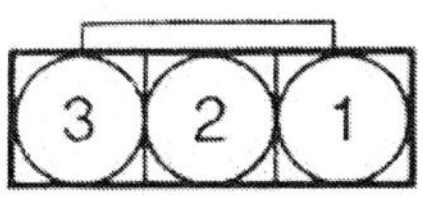

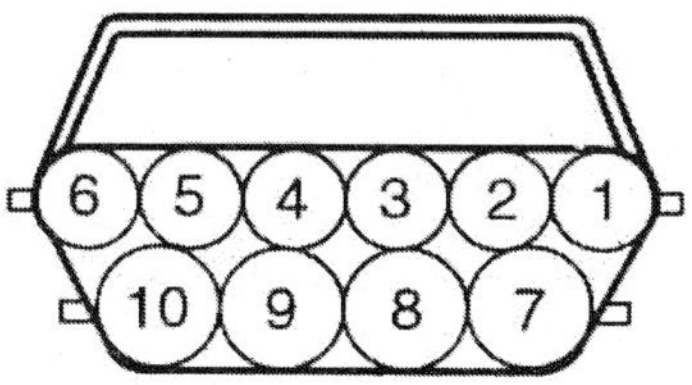

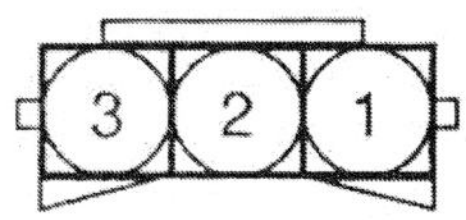

C61 C63 C64 C65

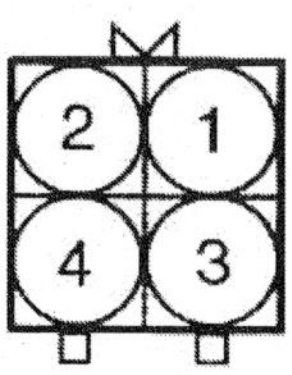

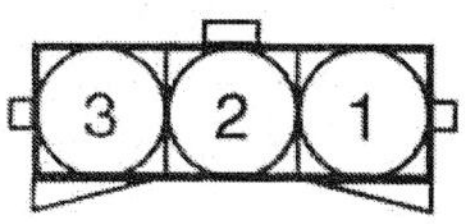

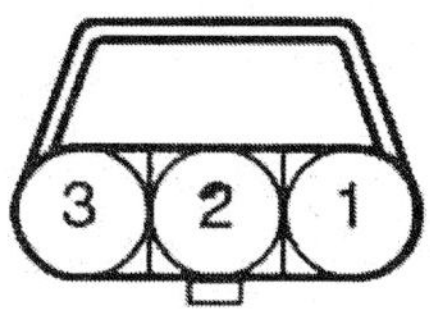

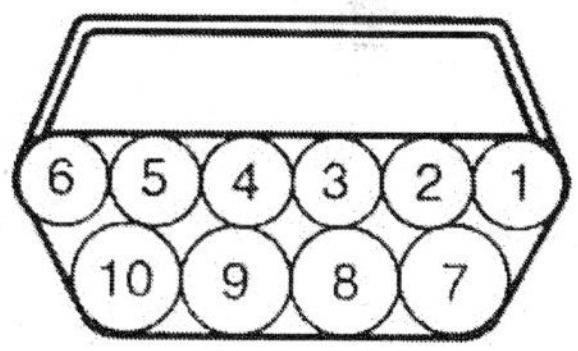

C66 C67 C68 C69

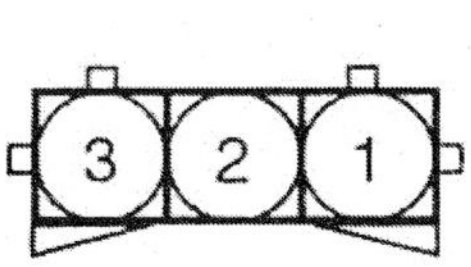

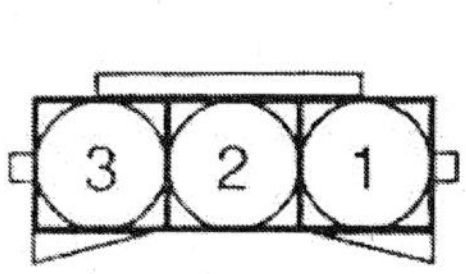

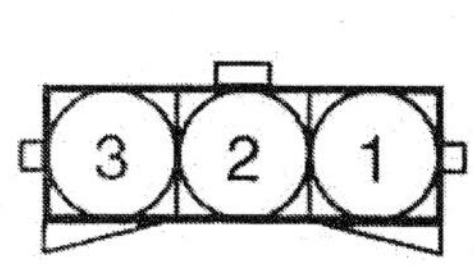

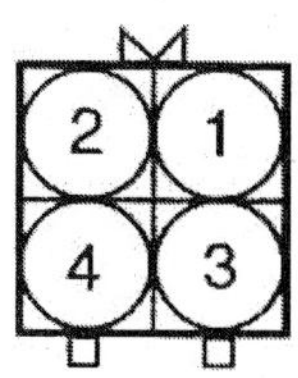

C70 C71 C72 C73

C74

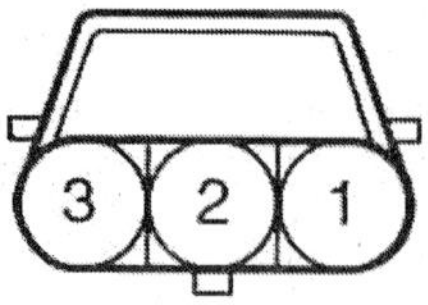

C75

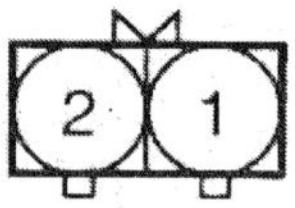

C76

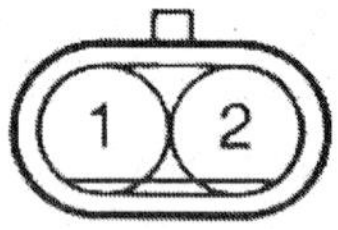

C77

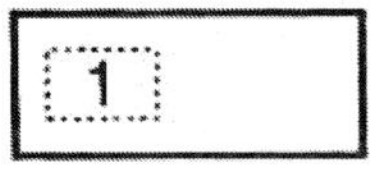

C78

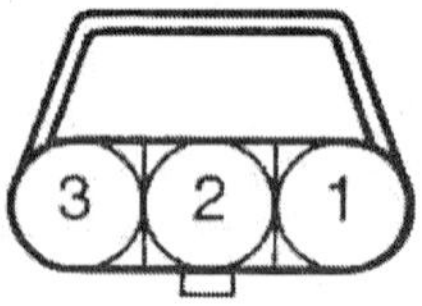

C79

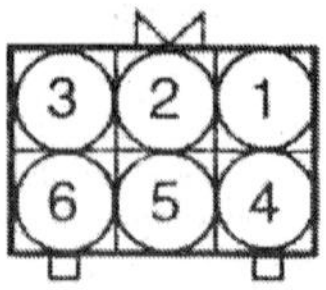

C81

C82

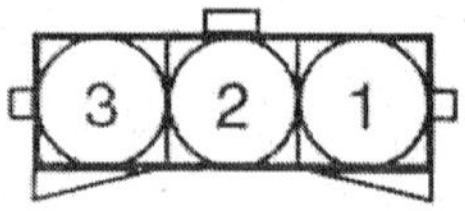

C83

C84

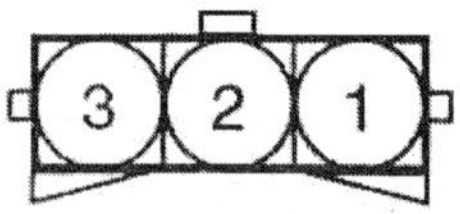

C85

C88–1

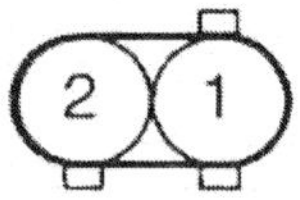

C88–2

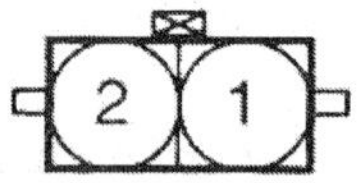

C88–3

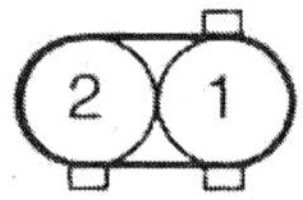

C88–4

C88–5

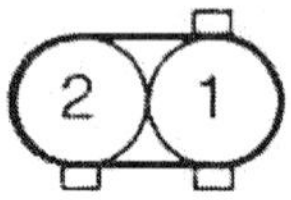

C88–6

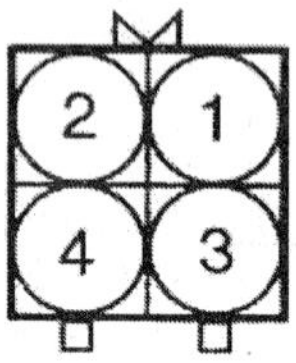

C89

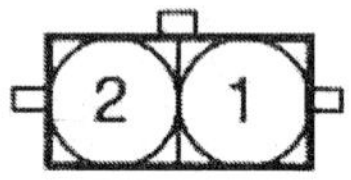

C90

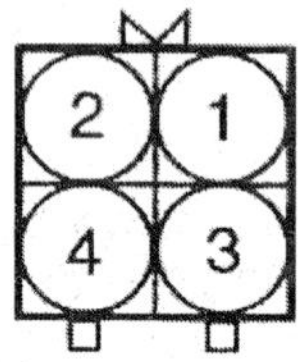

C92

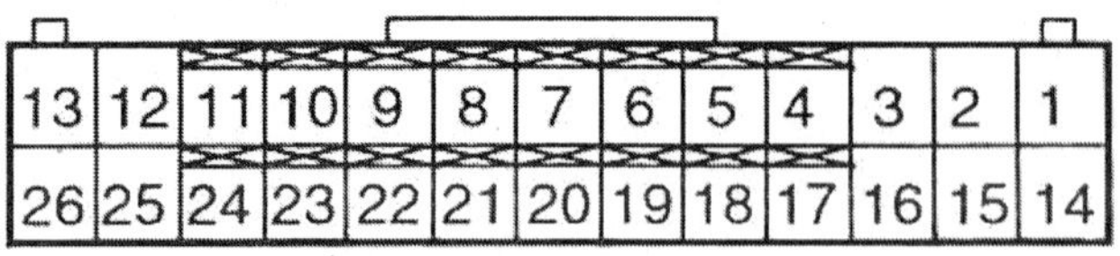

C93–1

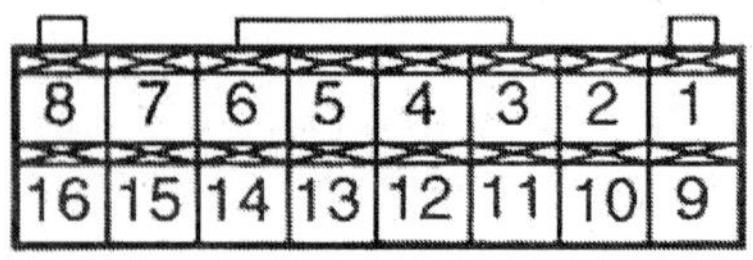

C93–2

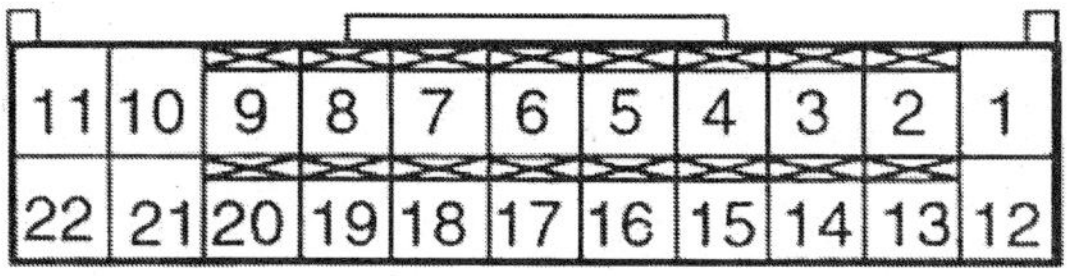

V93-3

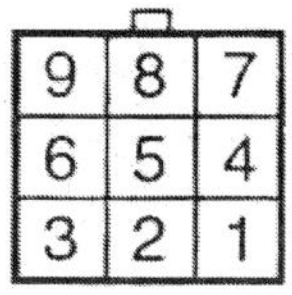

C94-1

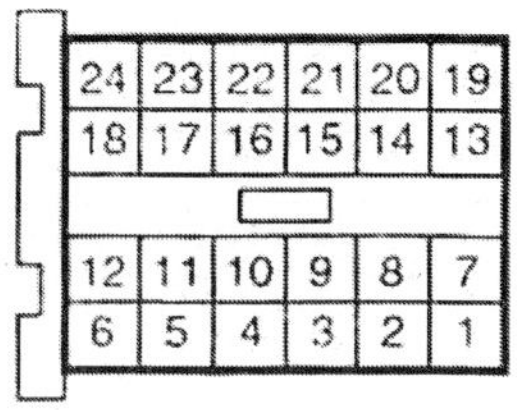

C94-2

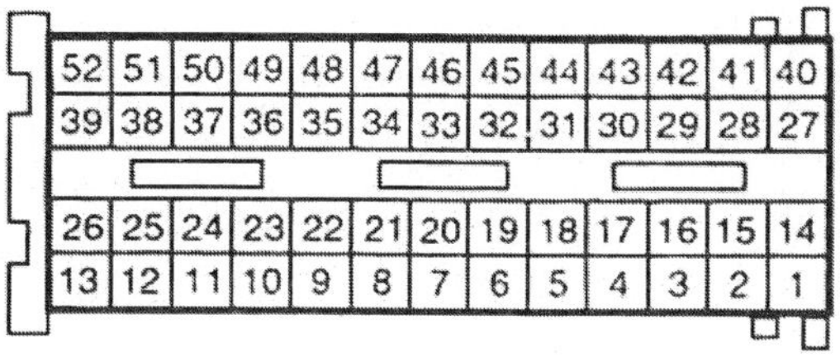

C94-3

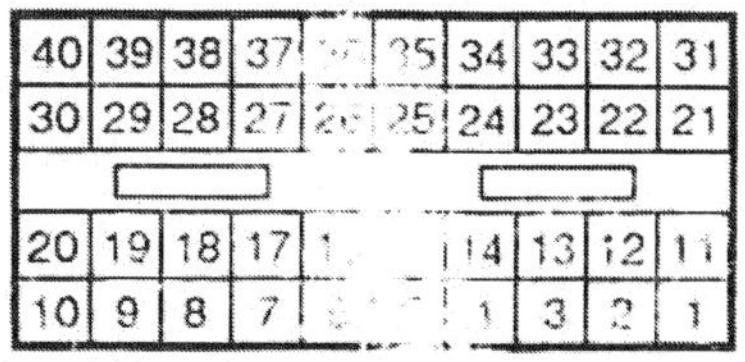

C94-4

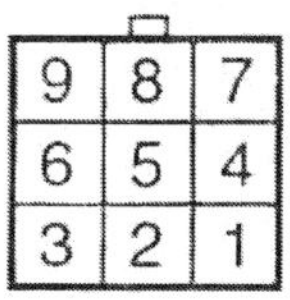

C94-5

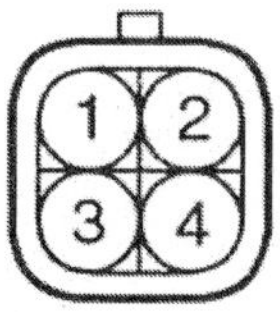

C95

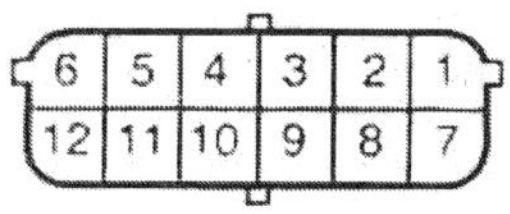

C97

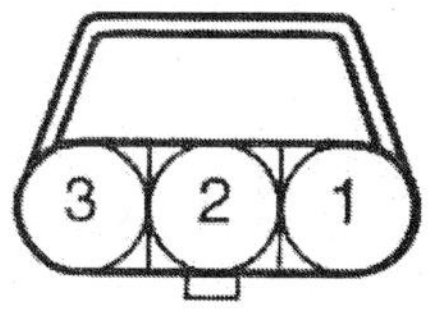

C98

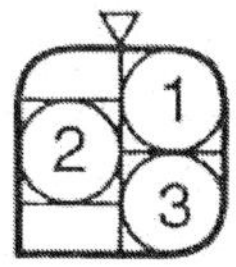

C99

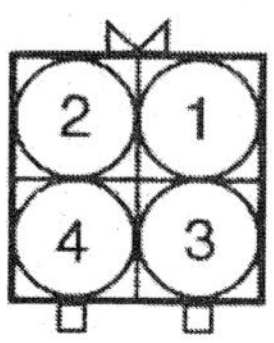

C100

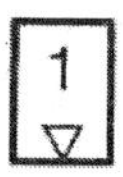

C101

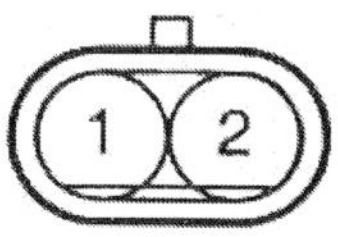

C102

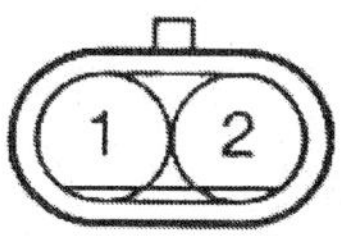

C103

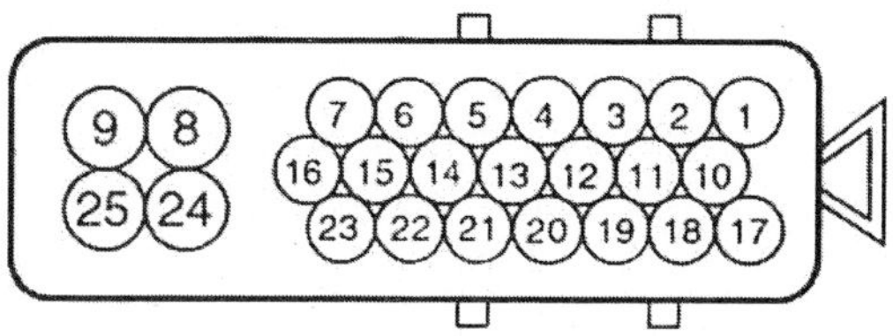

C104-1

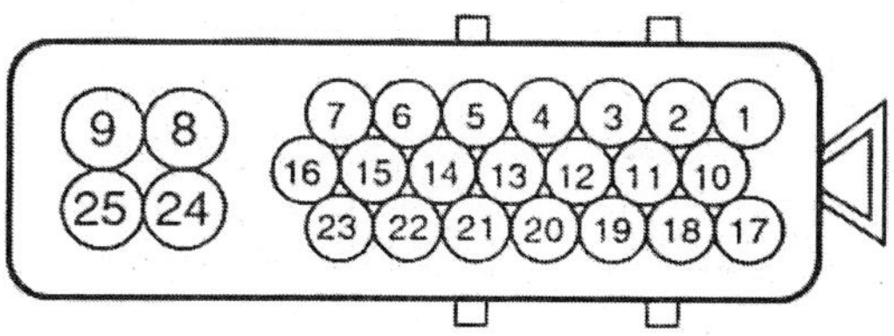

C104-2

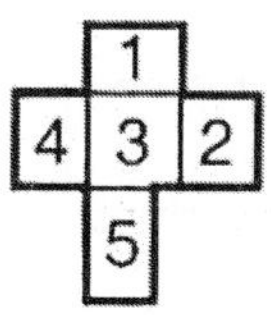

C106

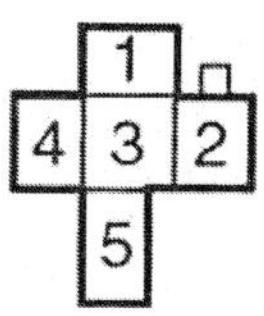

C107

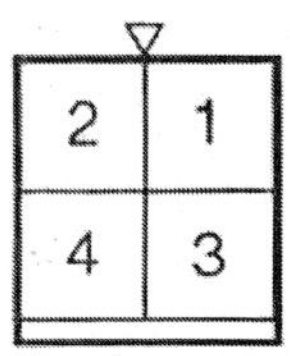

C108

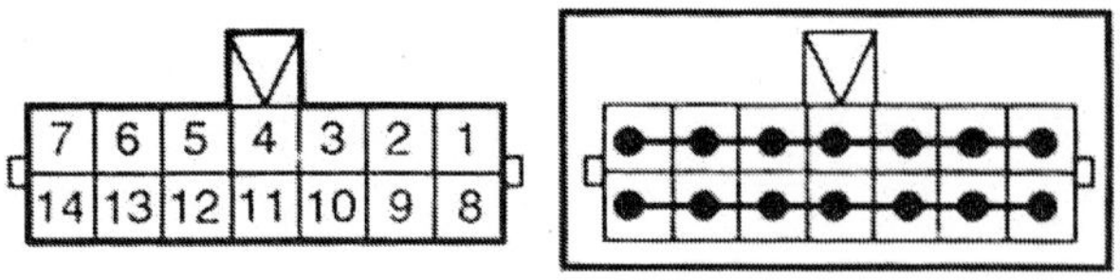

C109

C110

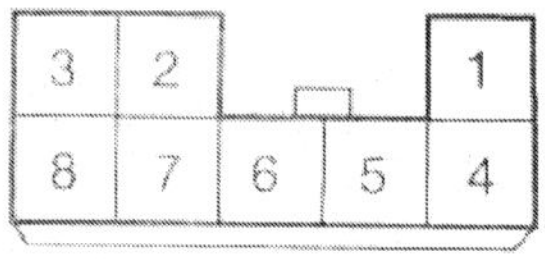

C113

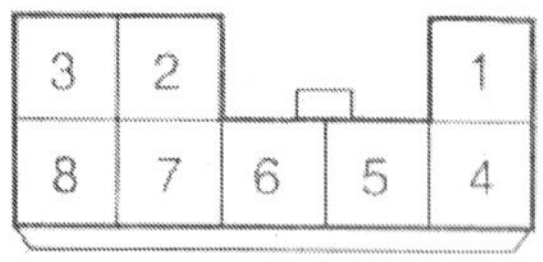

C115

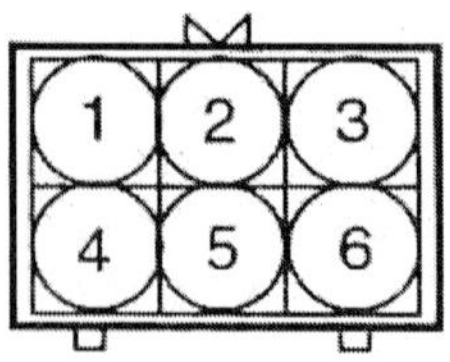

C116

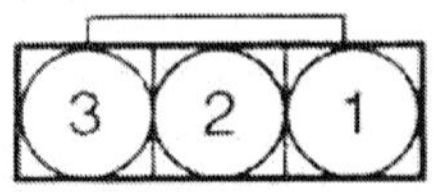

C202

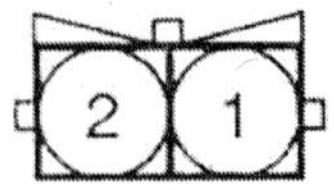

C203

C205

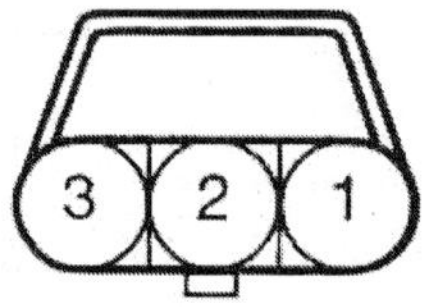

C208

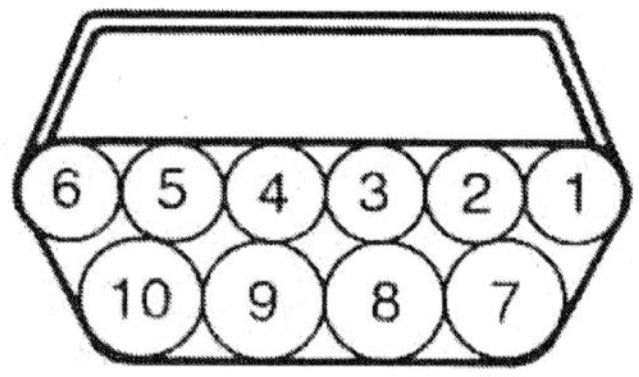

C209

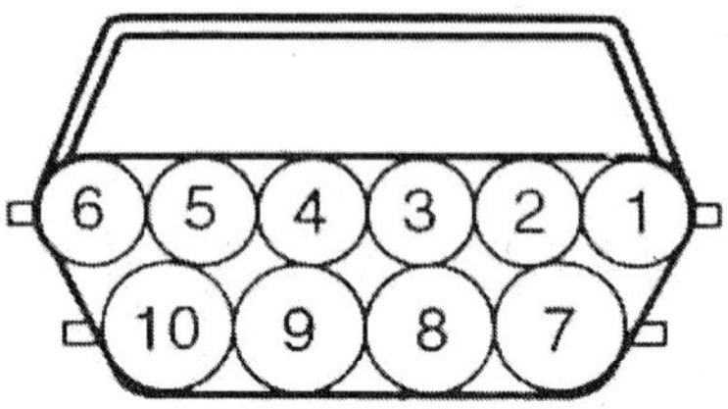

C210

C211

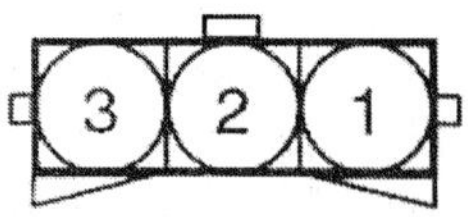

C212

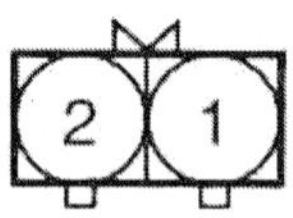

C214

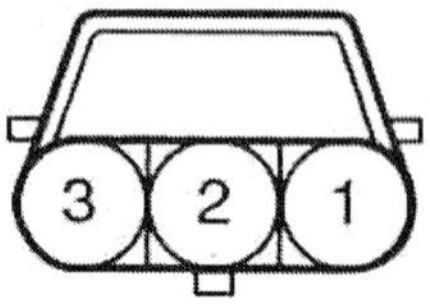

C215

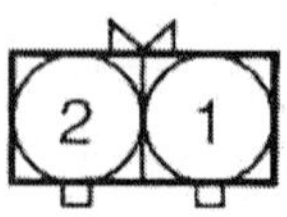

C216

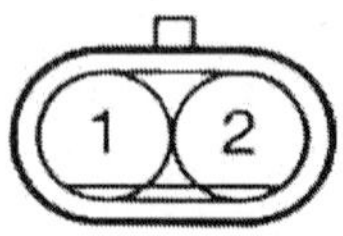

C217

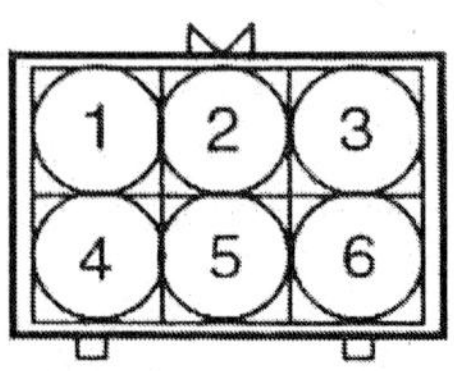

C218

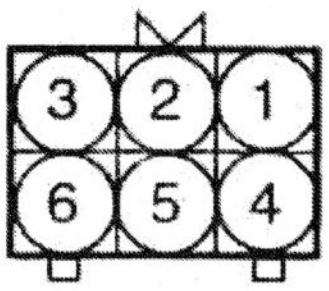

C221

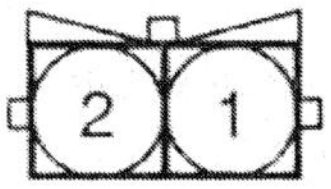

C222

C223

C224

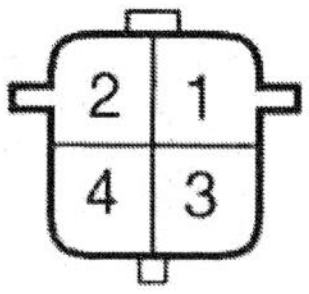

C226

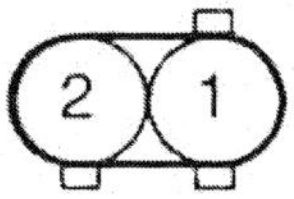

C228-1

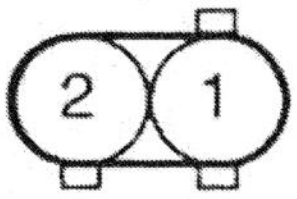

C228-2

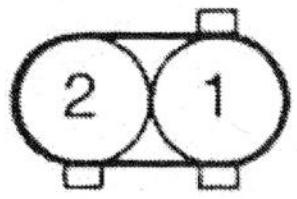

C228-3

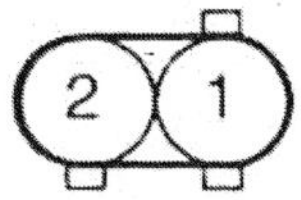

C228-4

C229

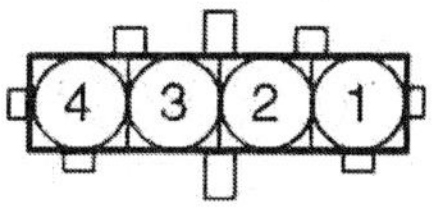

C230

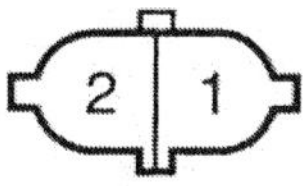

C231

C232

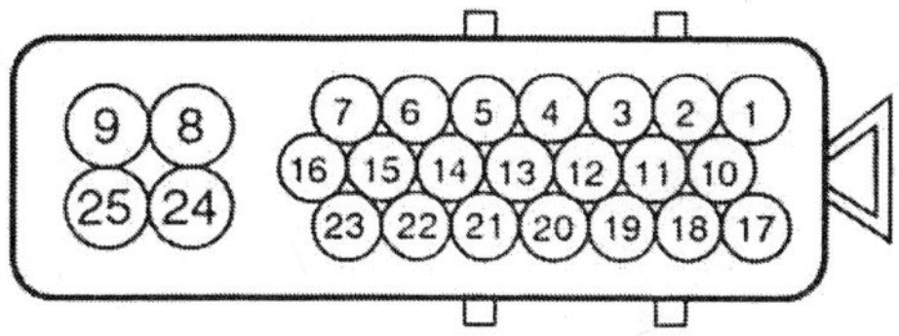

C234

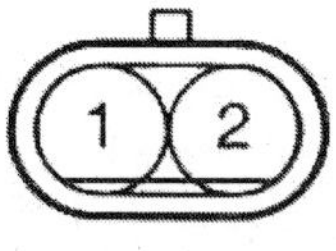

C235

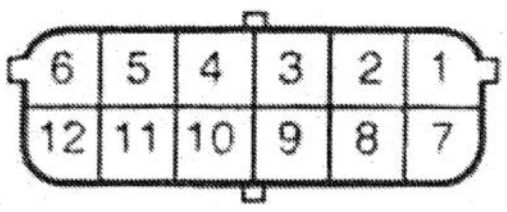

C237

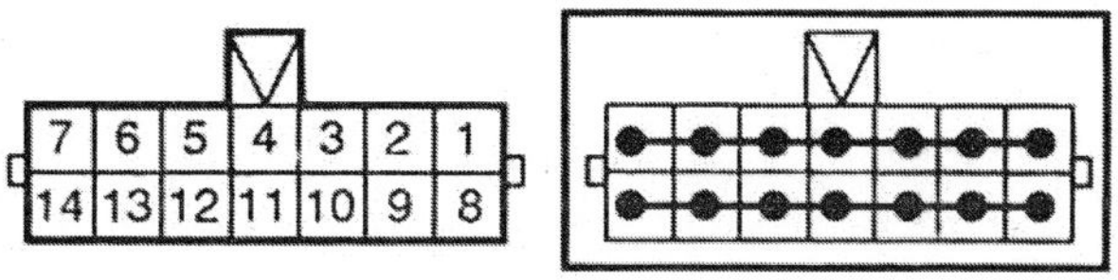

C241

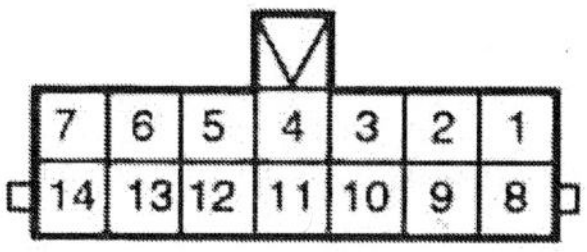

C242

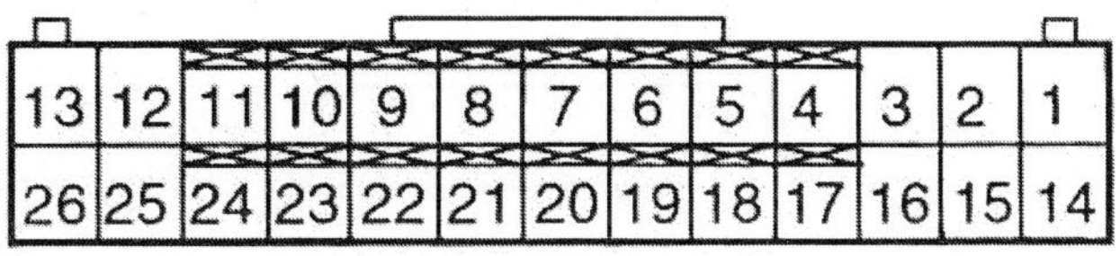

C244-1

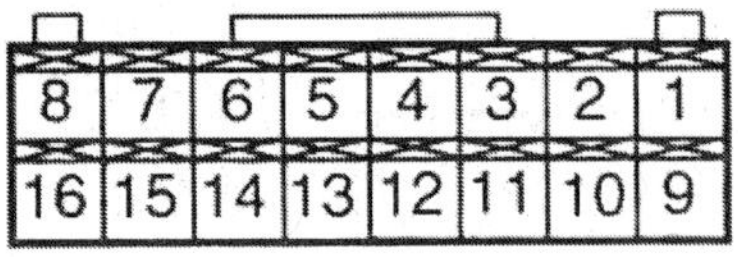

C244-2

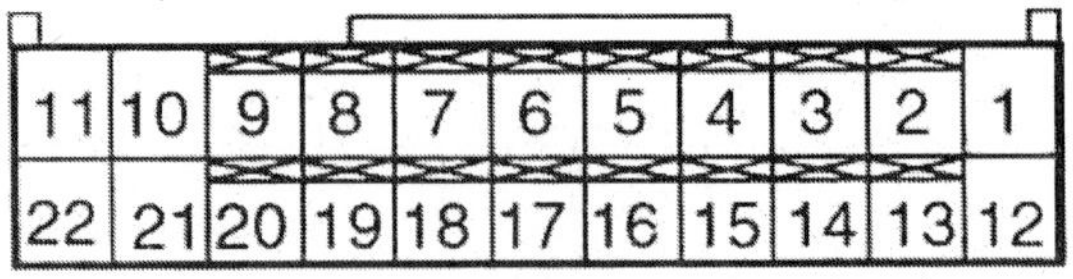

C244-3

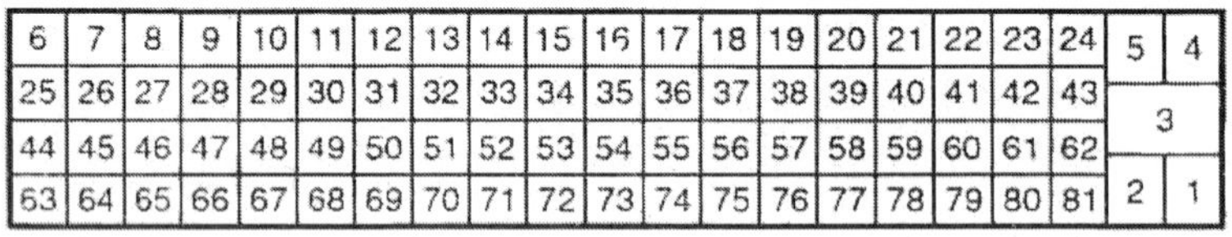

C245

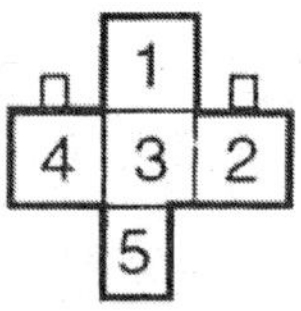

C246

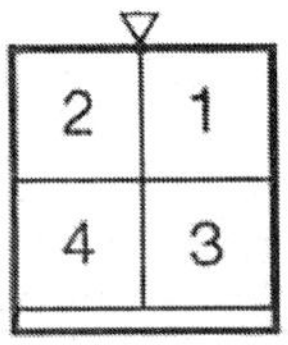

C248

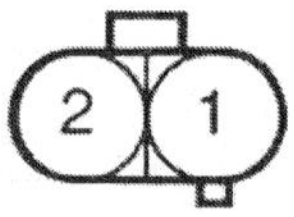

C251

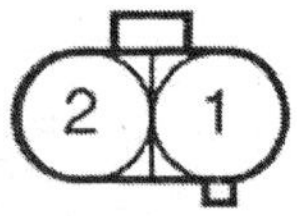

C252

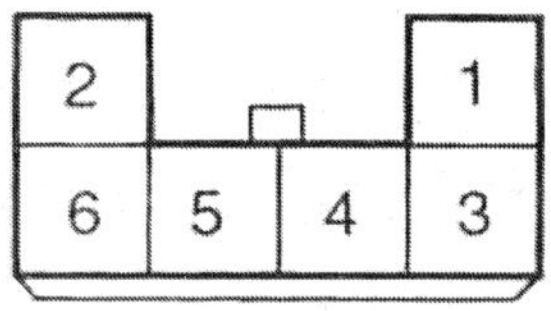

C255

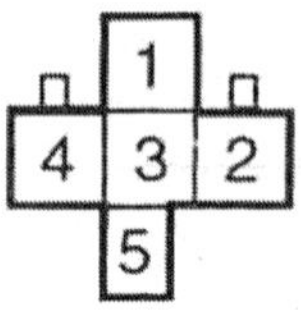

C270

C271

C272

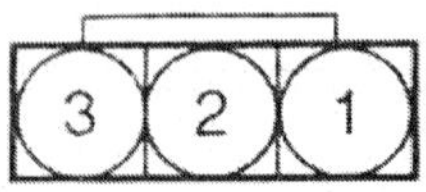

C302

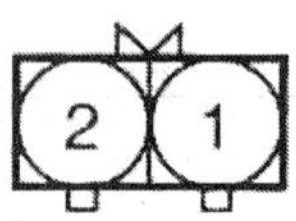

C303

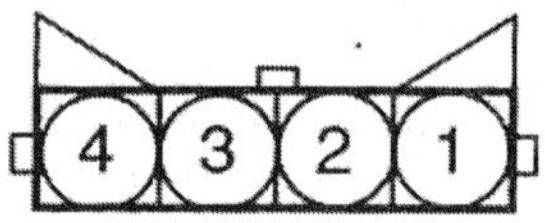

C305

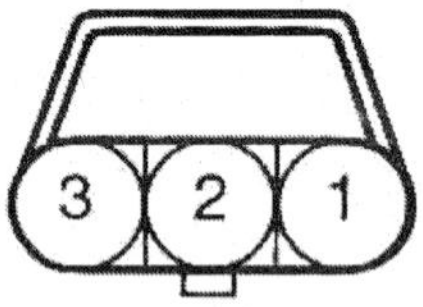

C308

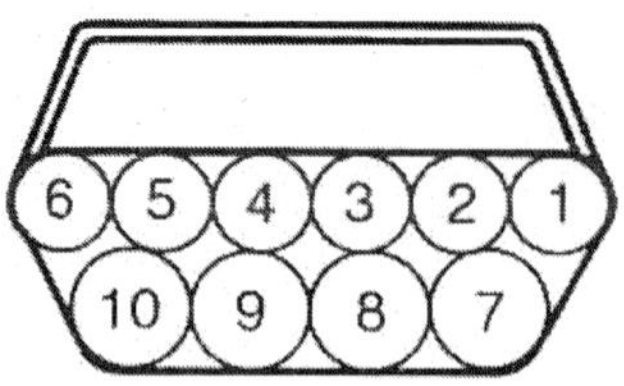

C309

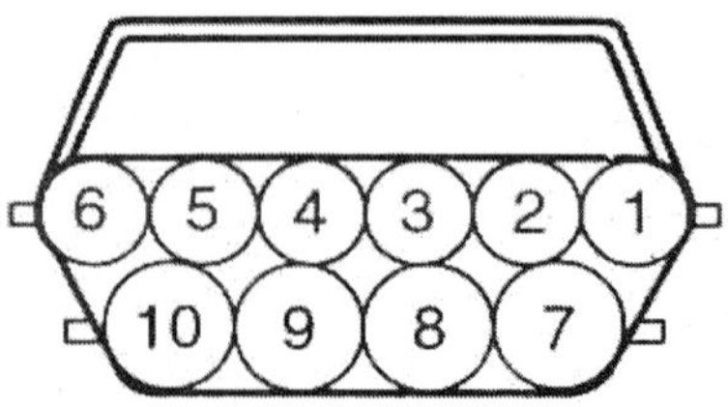

C310

C311

C312

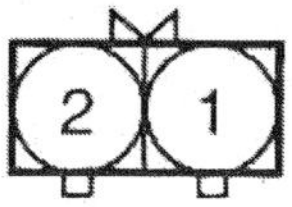
C314

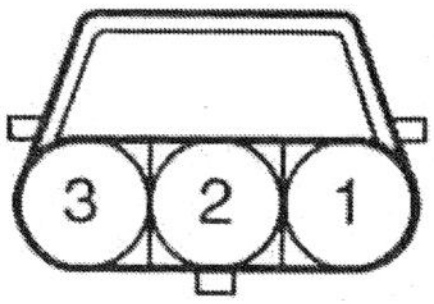
C315

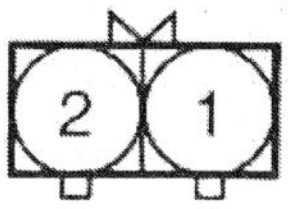
C316

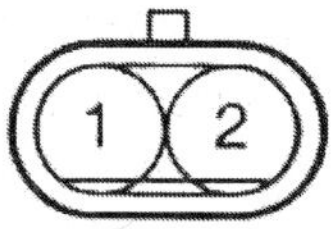
C317

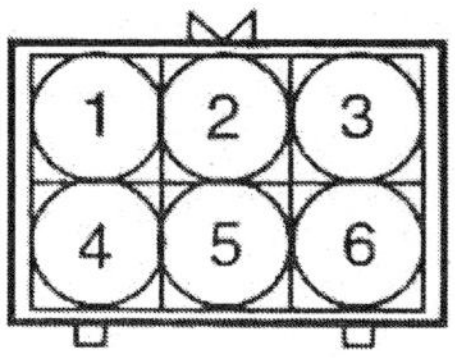
C318

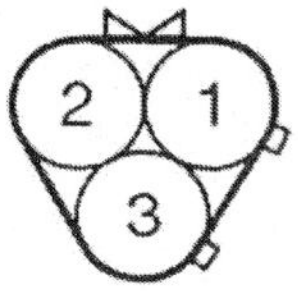
C320

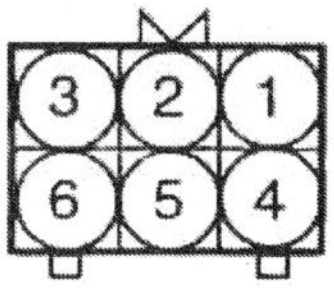
C321

C322

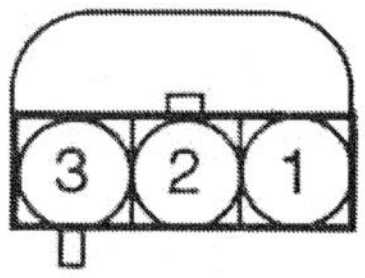
C323

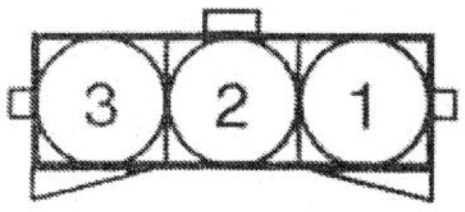
C324

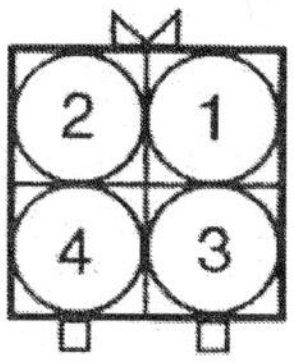
C326

C328-1

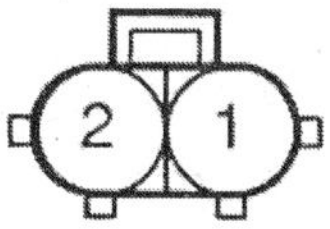
C328-2

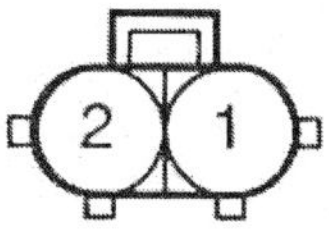
C328-3

C328-4

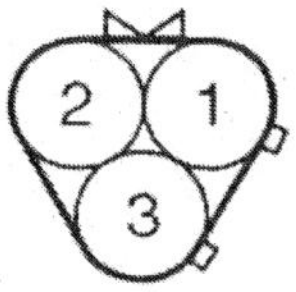
C329

C330

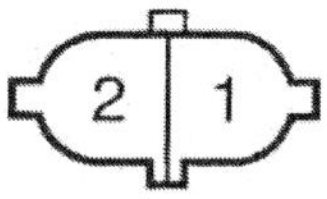
C331

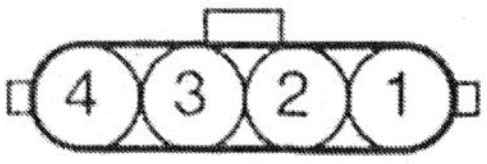
C332

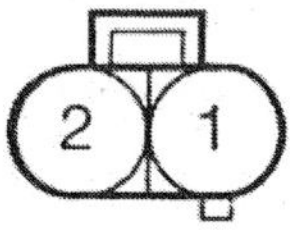
C333

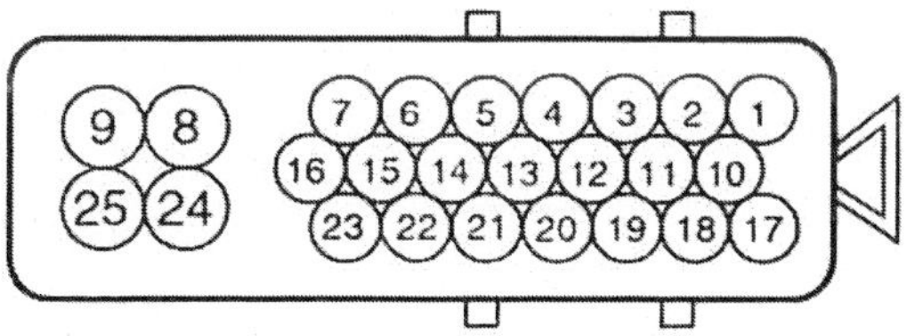
C334

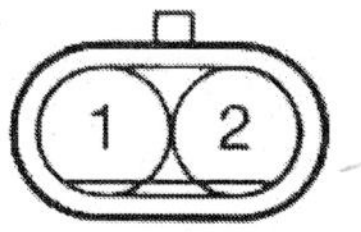
C338

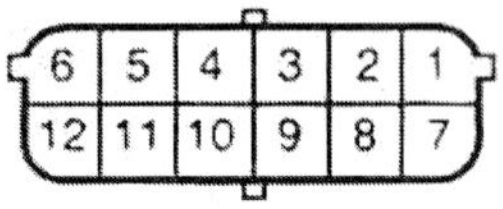

C337

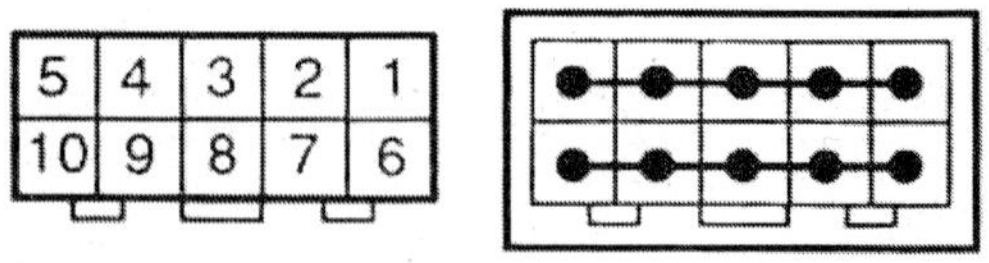

C341

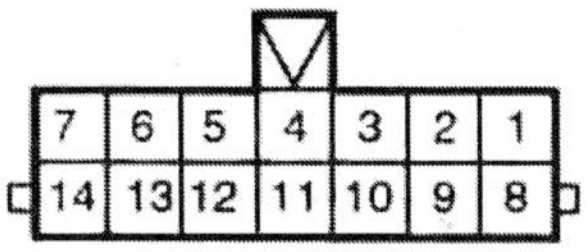

C342

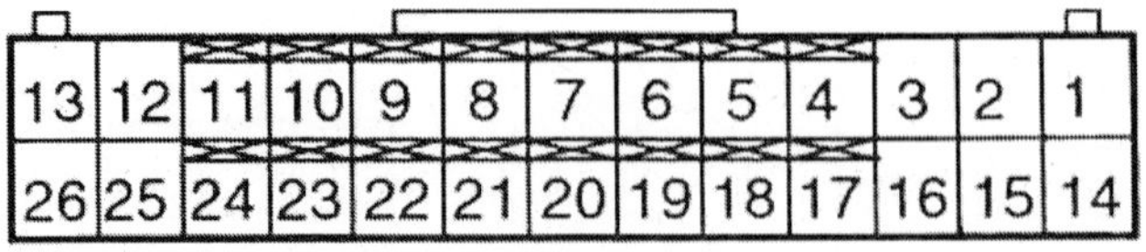

C344-1

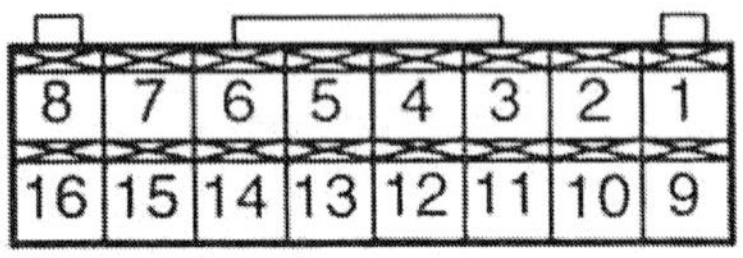

C344-2

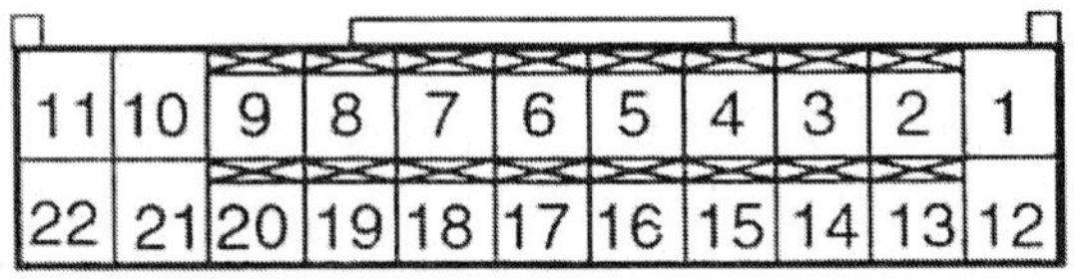

C344-3

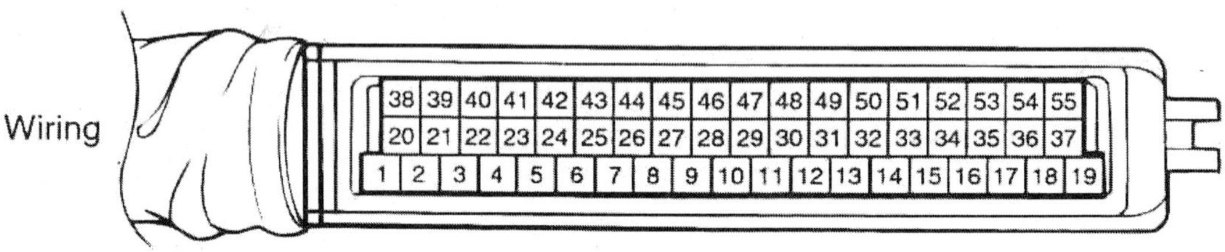

C345

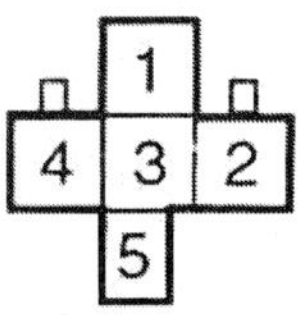

C346

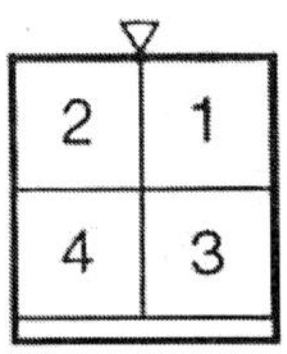

C348

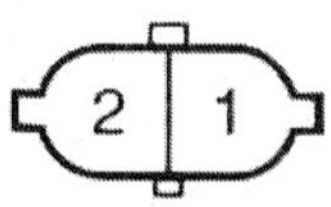

C374

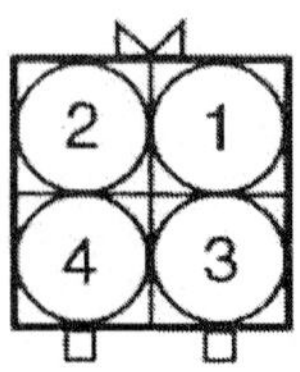

C375

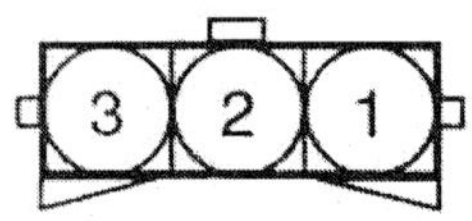

C405

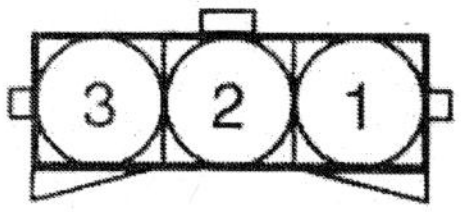

C412

C413

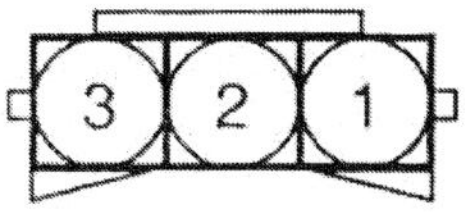

C429

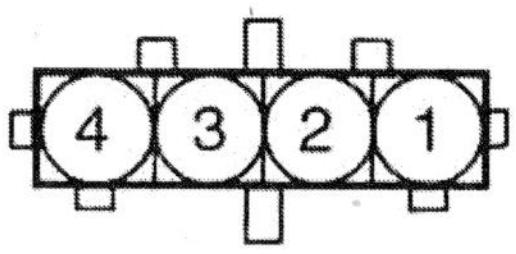

C430

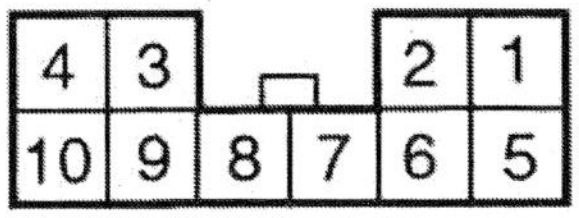

C455

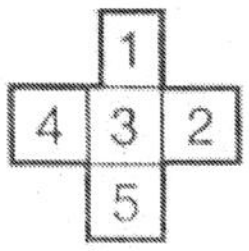

C470

C471

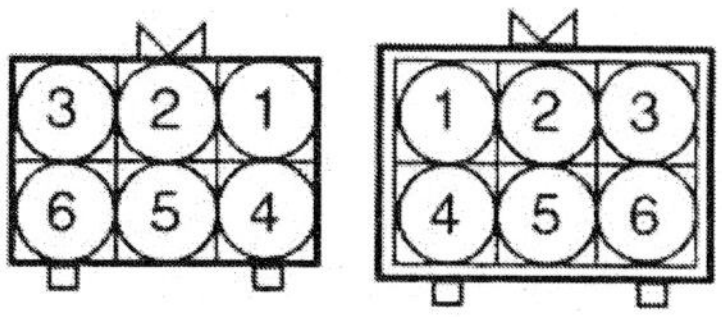

C472

C473

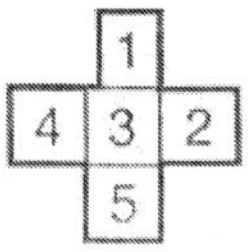

C474

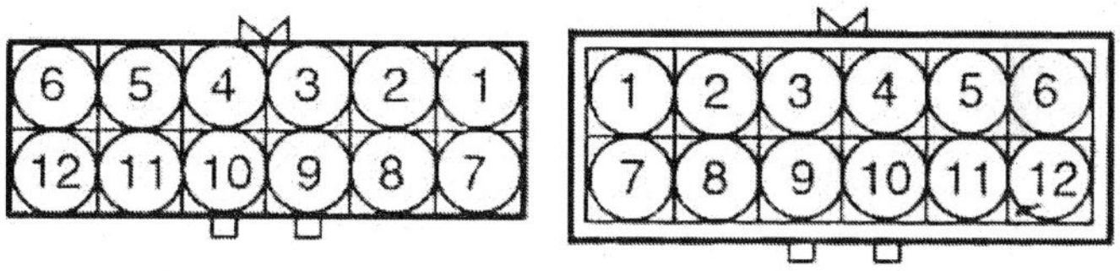

CC01

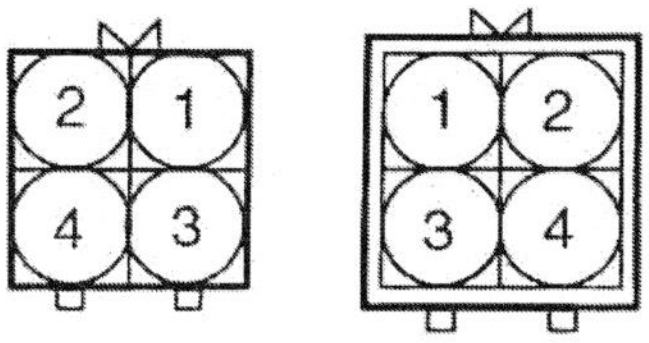

CC02

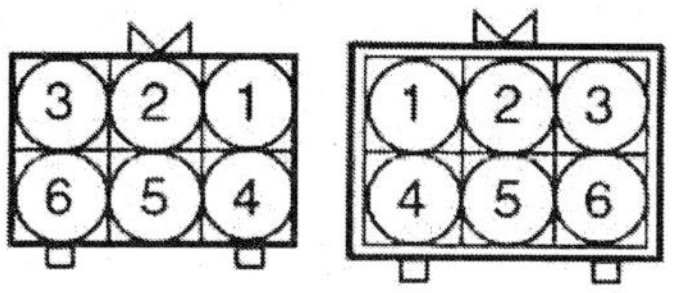

CC401

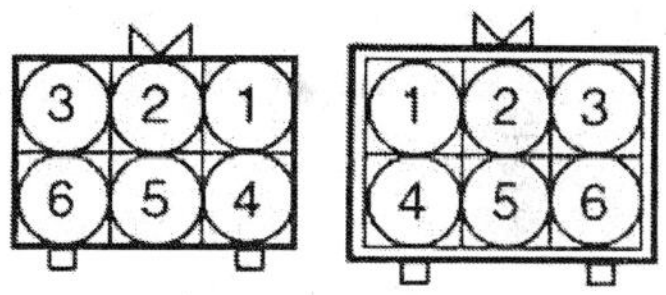

CC402

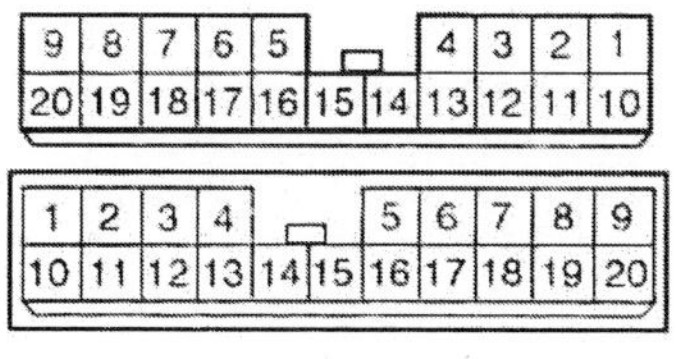

CI01

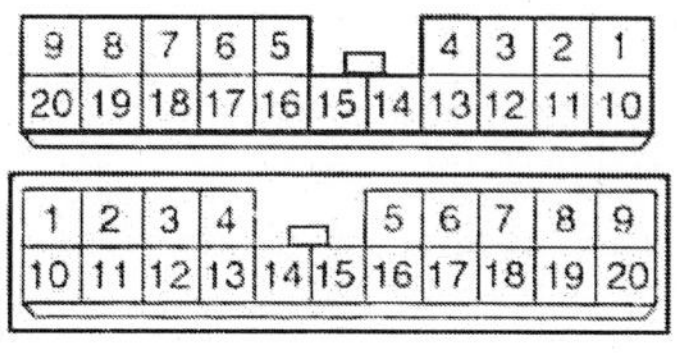

CI02

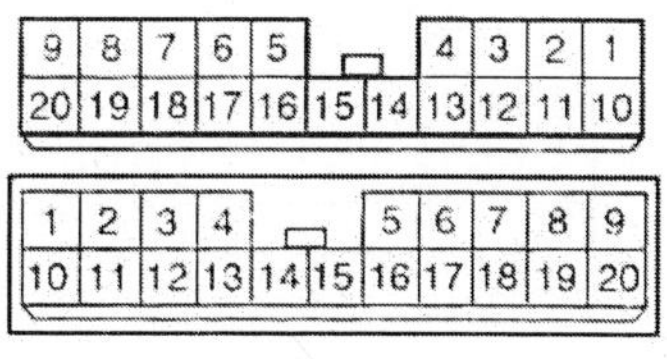

CI04

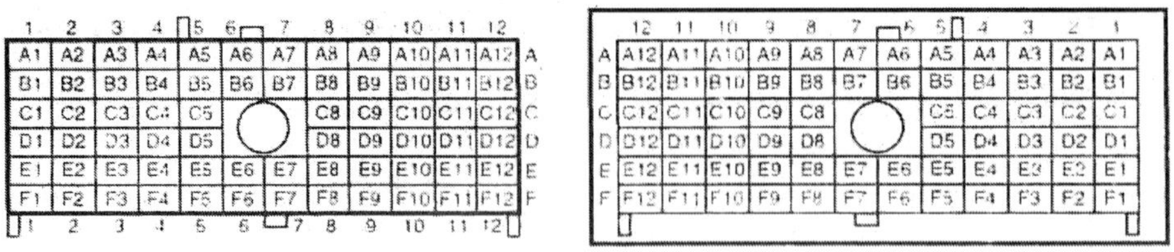

JC01

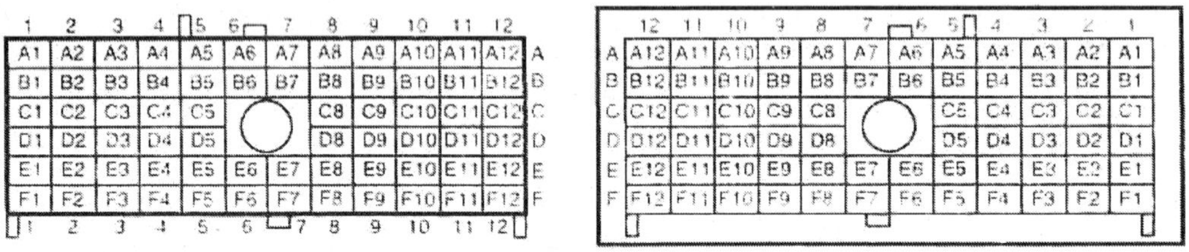

JC02

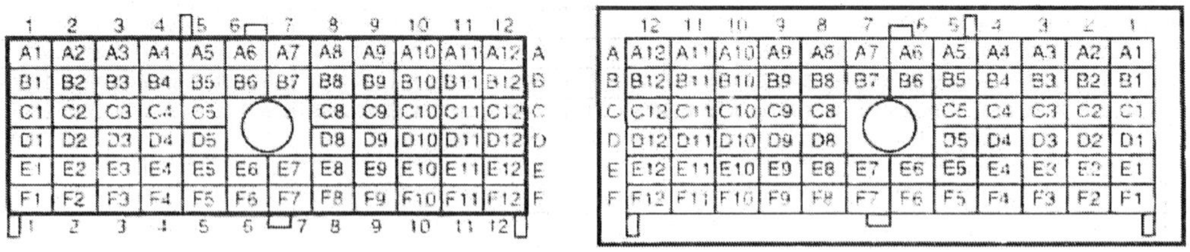

JC201

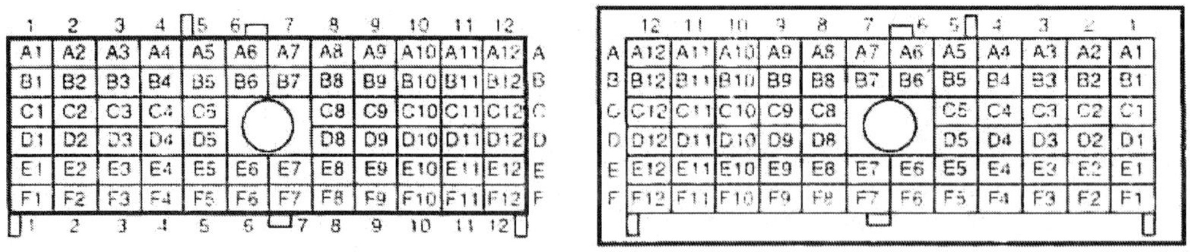

JC301

5.5. 도어 하니스

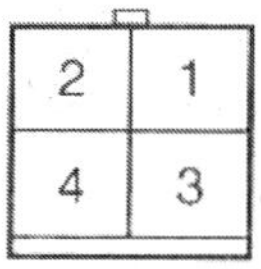

D01

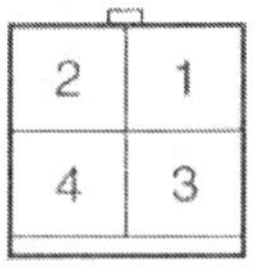

D02

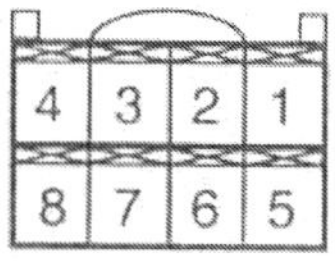

D03

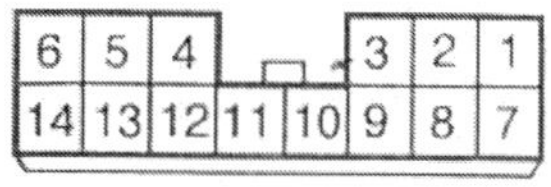

D04

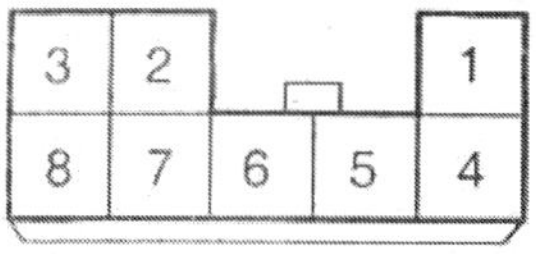

D05

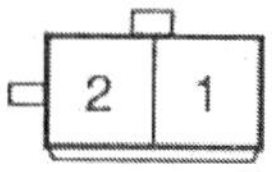

D06

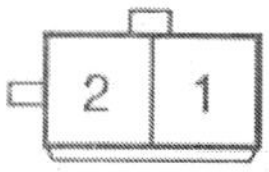

D07

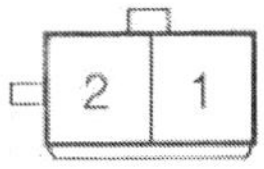

D08

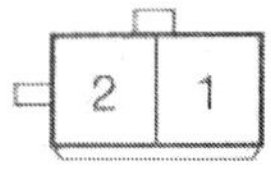

D09

D10

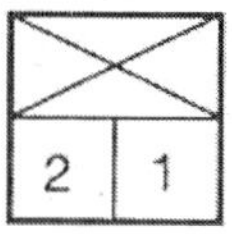

D11

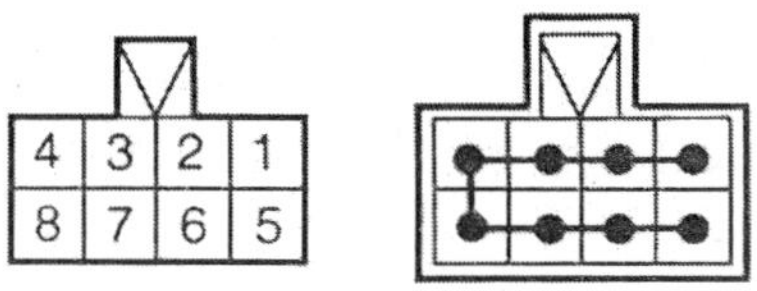

D12

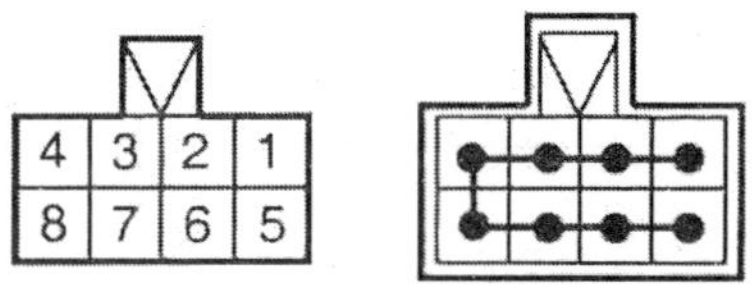

D13

D14

D15

D16

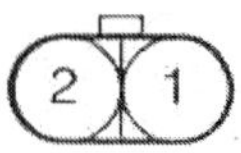

D17

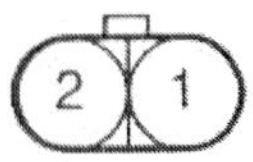

D18

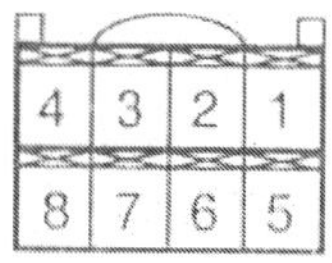

D19

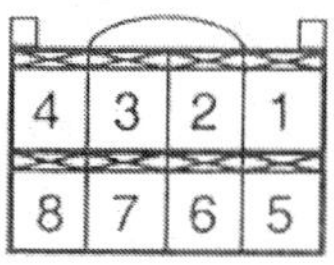

D20

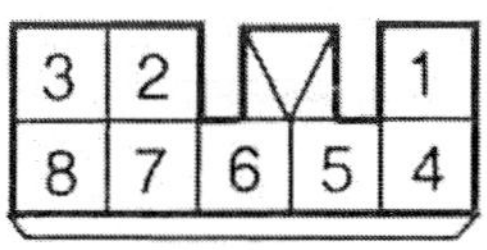

D21

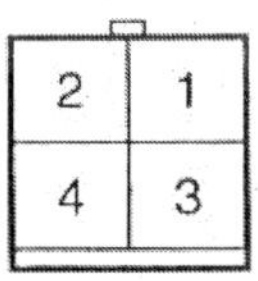

D22

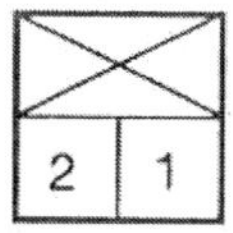

D23

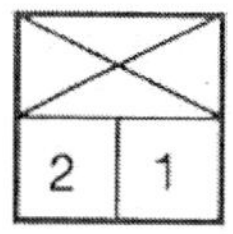

D24

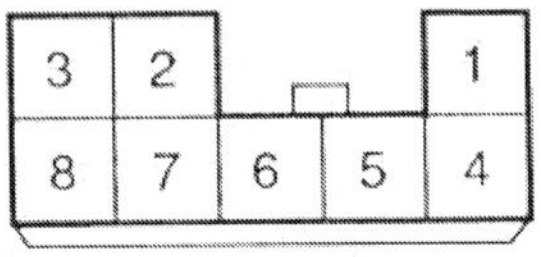

D31

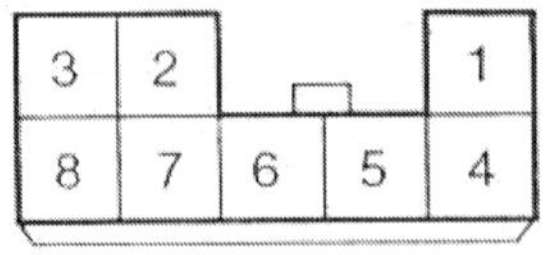

D32

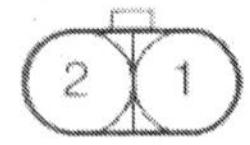

D33

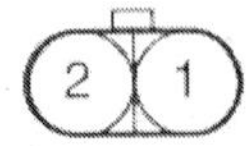

D34

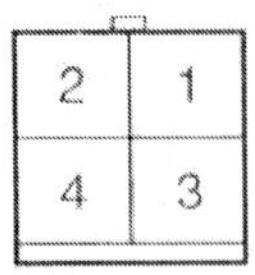

D35

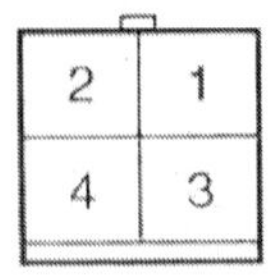

D36

5.6. 리어 하니스

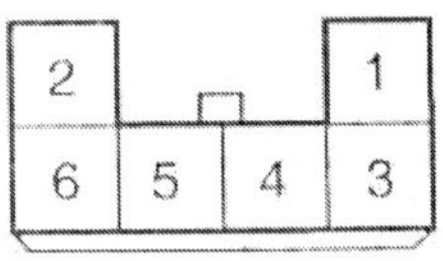

R01

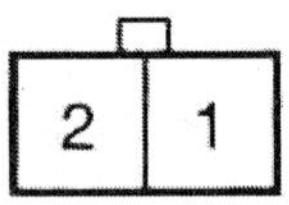

R02

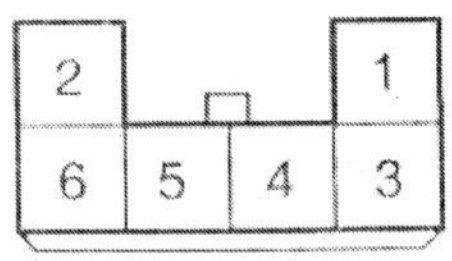

R03

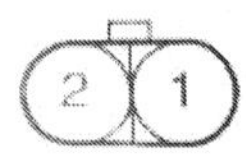

R04

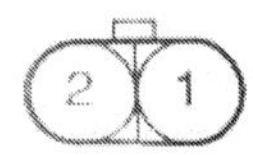

R05

R06

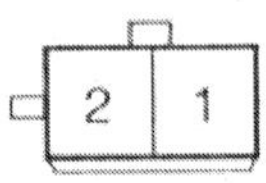

R07

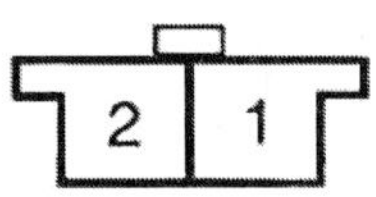

R10

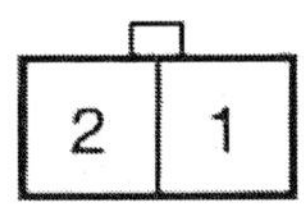

R11

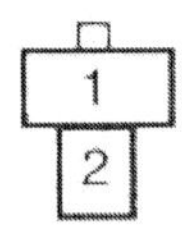

R12

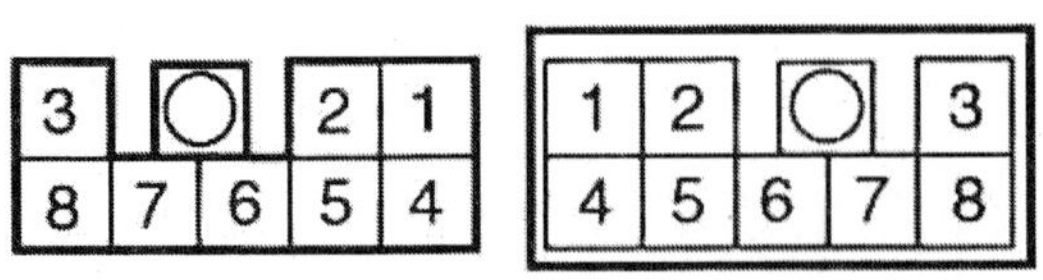

RR01

02 CHAPTER

정 답

1. 자동차 전등제어

1.1. 경음기 제어회로

44P

1.
   - 1.1. → 1
   - 1.2. → 2
2. 경음기 스피커
   경음기 스피커에 흐르는 전류가 스위치에 흐르는 전류보다 많으므로
3. 경음기 스위치의 작은 전류를 사용해서 스피커 쪽으로 흐르는 큰 전류를 손쉽게 제어하기 위해서
4. 검은색, 초록색, 노랑색

1.2. 방향등 및 비상등 제어

51P

1.
   - 1.1. → 9

- 1.3. → F9
- 1.4. → 2
- 1.5. → G21

2. 플래셔 유닛
3. 오렌지색, 검은색바탕에 오렌지색 줄무늬, 하늘색, 보라색, 검정색

58P

1.
   - 1.2. → 〔2〕 F9, 〔3〕 2, 〔4〕 G21
   - 1.3. → 3, 〔2〕 E11, 〔3〕 2
2. 흰색, 초록색

1.3. 미등•안개등 제어회로

67P

1.
   - 1.1. → 14
   - 1.2. → 13
   - 1.3. → 4
   - 1.6. → 3
2. 오렌지, 자주색, 검정색, 갈색바탕에 흰색 줄무의, 하늘색

73P

1.
   - 1.1. → M01-1
   - 1.2. → D1
   - 1.4. → 2
   - 1.5. → 2

2. 라이트 스위치를 PARK에 위치시켜야만 미등 릴레이가 작동을 한다.
미등 릴레이가 작동을 해야 안개등 릴레이에 전원이 공급될 수 있으므로 미등을 켜지 않고 안개등 스위치만 ON시키면 안개등은 점등되지 않는다.
3. 엔진룸 정션박스에서 미등퓨즈(20A), 안개등 퓨즈(15A)
실내 정션박스에서 퓨즈 29(10A)
4. 오렌지색, 갈색바탕에 흰색 줄무늬, 하늘색, 검정색, 녹색바탕에 오렌지색 줄무늬, 자주색

1.4. 전조등 제어회로

81P

1.
- 1.1. → D4, 17
- 1.3. → 6
- 1.4. → 3

2.
- 2.1. → D4, 15
- 2.2. → 17

3. 일반 전조등 회로에서는 1개 릴레이(전조등 릴레이 LOW)를 사용해서 좌, 우측 전조등을 ON시킨다.
반면에 고광도 전조등 회로에서는 좌측 HID 액추에이터를 켜기 위해서는 전조등 릴레이(LOW)를 ON시키고, 우측 HID 액추에이터를 켜기 위해서는 HID 릴레이를 ON시킨다. 즉, 2개의 릴레이를 사용해서 좌, 우측 HID 액추에이터를 ON시킨다.
4. 갈색, 흰색, 검정색, 노랑색
5. 노랑색, 오렌지색

88P

1.

- 1.1. → D4
- 1.2. → 〔1〕 6, 〔2〕 3
- 1.3. → 11
- 1.4. → A4, 〔2〕 5

2.

- 2.1. → D4, 17
- 2.2. → 17
- 2.3. → 11
- 2.4. → A4

3. 일반 전조등에서는 릴레이 2개를 사용하여 전조등을 LO, HI로 켠다. 반면에 고광도 전조등에서는 릴레이 2개를 사용하여 HID 액추에이터 LO를 켜고, 다른 1개의 릴레이를 사용해서 HID 전조등 HI를 켠다. 즉, 3개의 릴레이를 사용한다.
4. 갈색, 흰색, 검정색, 노랑색, 녹색바탕에 오렌지색 줄무늬, 검정색바탕에 오렌지색 줄무늬
5. (1) 2.0

   (2) HID 릴레이와 엔진룸 정션박스의 사이에

   (3) 각 배선에 흐르는 전류의 크기가 각각 다르므로

98P

1.

- 1.1. → 11
- 1.2. → 〔1〕 3, 〔2〕 G02
- 1.3. → 1
- 1.4. → 〔1〕 2
- 1.5. → 10

2.

- 2.1. → G04
- 2.2. → 6
- 2.3. → 1
- 2.4. → 〔1〕 2
- 2.5. → 9

3. 0.3 흰색, 0.3 검정색

1.5. 오토라이트 제어회로

107P

1.

- 1.1. → 3, 17
- 1.2. → 〔1〕 3, 〔2〕 4

2.

- 2.1 → 16
- 2.2. → G02
- 2.3. → D4, 5
- 2.4. → 〔1〕 2
- 2.5. → 10

3.

- 3.1. → 2, 16

2. 자동차 모터제어

2.1. 와이퍼 및 와셔 모터 제어회로

118P

1. 4, 5, G04
2. ETACM, 와셔 모터, 와이퍼 모터 릴레이, G03 접지

3. 갈색, 녹색, 검정색

123P

1. 27, 2, 6
2. ETACM, 와셔 모터, 와이퍼 모터 릴레이, G03 접지
3. 갈색, 자주색, 검정색

127P

1. 1, 6
2. G03 접지
3. 갈색, 파랑색, 검정색

131P

1. 1, 3
2. ETACM, 와셔 모터, G04 접지
3. 갈색, 녹색, 노랑색, 검정색

135P

1.
    - 1.1. → F7, 11
    - 1.2. → F6, G02
2. ETACM, G11 접지, 와셔 모터
3. 갈색, 회색, 검정색, 녹색

2.2. 레인센서 제어회로

141P

1. 레인센서, 레인센서 릴레이
2. 없다.
3. 레인센서
4. ②
5.
   - 5.1. → 7
   - 5.2. → G04
   - 5.3. → 13
   - 5.4. → (1) F7, (2) F6
   - 5.5. → (1) JM09, (2) 4, (3) F6
6. 와셔 모터, G04 접지
7. 갈색, 검정색, 회색, 파랑색 바탕에 검정색 줄무늬

2.3. 파워 윈도우 제어회로

152P

1.
   - 1.1. → 12
   - 1.2. → 13,
   - 1.3. → D04, 1
2. 우측 뒤 파워 윈도우 스위치, 좌측 앞 파워 윈도우 모터, G04 접지
3. 작동하는 모터 2

   작동하지 않는 모터 1, 3, 4
4. 황갈색, 흰색, 하늘색

159P

1.

- 1.2. → 1, D21

2.4. 파워 도어록 제어회로

165P

1.

- 1.1. → 13
- 1.2. → 4
- 1.3. → D02
- 1.4. → 4
- 1.5. → 4

2. ETACSM, G05 접지, G07 접지
3. ① D02의 2번 ② D02의 4번 ③ D25의 4번 ④ D25의 2번
⑤ D26의 2번 ⑥ D26의 4번 ⑦ D01의 2번 ⑧ D01의 4번
⑨ D02의 4번 ⑩ D02의 2번 ⑪ D25의 2번 ⑫ D25의 4번
⑬ D26의 4번 ⑭ D26의 2번
4. 파랑색에 오렌지색 줄무늬, 파랑색, 하늘색

2.5. 파워 아웃사이드 미러 제어회로

173P

1.

미러 스위치	위치	UP/DOWN 스위치	LEFT/RIGHT 스위치	LEFT 스위치	RIGHT 스위치
LEFT	UP	UP	LEFT	ON	OFF
	DOWN	DOWN	RIGHT	ON	OFF
	OFF	DOWN	LEFT	ON	OFF
	LEFT	UP	LEFT	ON	OFF
	RIGHT	DOWN	RIGHT	ON	OFF
RIGHT	UP	UP	LEFT	OFF	ON
	DOWN	DOWN	RIGHT	OFF	ON
	OFF	DOWN	LEFT	OFF	ON
	LEFT	UP	LEFT	OFF	ON
	RIGHT	DOWN	RIGHT	OFF	ON

2. 5, 6
3. 3, 7
4. ③, ④, ⑤
5.

배선 색	기호 명
노란 색	Y
흰색	W
자주색바탕에 흰색 줄무늬	Pp/W
검정색	B

179P

1.

- 1.1. → 8
- 1.2. → 3

2. 5, 7
3. 입력선(자주색), 접지선(검정색)

2.6. 파워 시트 제어회로

187P

1.

스위치	방 향	전류 입력 핀 번호	모터 이름	전류 출력 핀 번호
슬라이드(Slide)	Forward	3	슬라이드 모터	4
	Back	4	슬라이드 모터	3
앞 높낮이 (Front height)	Up	11	앞 높낮이 모터	12
	Down	12	앞 높낮이 모터	11
뒤 높낮이 (Rear height)	Up	5	뒤 높낮이 모터	6
	Down	6	뒤 높낮이 모터	5
등받이 (Reclining)	Forward	14	등받이 모터	15
	Back	15	등받이 모터	14

2. 11, 9
3. 2, 3
4. 리미트 스위치를 지나게 되면 전류를 차단하여 모터에 과부하가 걸리는 것을 방지한다.

5.

- 5.1. → 오렌지색, 파랑색, 빨강색, 파랑색 바탕에 흰색 줄무늬, 노랑색 바탕에 흰색 줄무늬, 검정색
- 5.2. → 오렌지색, 파랑색, 파랑색 바탕에 빨강색 줄무늬, 파랑색 바탕에 검정색 줄무늬, 노랑색 바탕에 빨강색 줄무늬, 검정색
- 5.3. → 오렌지색, 파랑색, 파랑색 바탕에 검정색 줄무늬, 파랑색 바탕에 빨강색 줄무늬, 노랑색 바탕에 빨강색 줄무늬, 검정색
- 5.4. → 오렌지색, 파랑색, 파랑색 바탕에 녹색 줄무늬, 파랑색 바탕에 노랑색 줄무늬, 검정색

2.7. 선루프 제어회로

194P

1.

- 1.1. → 7
- 1.2. → 3

2.

- 2.1. → 4
- 2.2. → 3

3. ① DOWN, ② CLOSE, ③ CLOSE

4. 파랑색에 흰색 줄무늬, 파랑색, 파랑색에 노랑색 줄무늬

2.8. 전장제어 ECU회로

200P

1.

- 1.1. → M01-2
- 1.2. → 14
- 1.3. → F7

• 1.4. → M01-2

2. 노브(knob)를 돌리면 와이퍼 스위치의 간헐 컨트롤 조절기 저항값이 변하게 되어 M33-1 커넥터의 11번 핀을 통해서 ETACM에 전달되는 전압값이 변하게 된다(약 2.5V(SLOW)에서 약 0.01V(FAST)로 변함).

3. ETACM은 간헐시간 조절 전압에(M33-1의 11번 핀) 따라서 와이퍼 모터 릴레이 코일의 접지(M33-1의 8번 핀)를 빠르게 또는 천천히 접지시킨다.

4. 황갈색, 파랑색, 갈색

205P

1.

- 1.1. → 6
- 1.2. → 5
- 1.3. → 8
- 1.4. → B7

2. 작동하지 않는다.

ETACM이 와이퍼 모터 릴레이를 구동시켜야 하는데 ETACM이 고장나면 와이퍼 모터 릴레이를 구동시키지 못하게 되므로 와이퍼는 작동하지 않는다.

3. M33-1의 8번 핀

4.

- 4.1. → 파랑색
- 4.2. → 회색
- 4.3. → 검정색

참고문헌

- 현대자동차 전기회로집(EF 쏘나타)
- 현대자동차 전장회로집(EF 쏘나타)